孕产
育儿百科
YUNCHAN
YUER BAIKE

宝宝养育

高山凤◎主编

青岛出版社
QINGDAO PUBLISHING HOUSE

图书在版编目（CIP）数据

孕产育儿百科·宝宝养育 / 高山凤主编 . —— 青岛 : 青岛出版社，
2018.7

ISBN 978-7-5552-7270-0

Ⅰ .①孕… Ⅱ .①高… Ⅲ .①婴幼儿—哺育—基本知识
Ⅳ .① TS976.31

中国版本图书馆 CIP 数据核字 (2018) 第 154349 号

《宝宝养育》编委会

主　编	高山凤
编　委	胡小燕　路博超　李　政　梁　爽　李志梅　郝小峰　顾　勇　顾　菡　汤仁荣
	陈丽娟　崔雪梅　孔劲松　陈建军　郝云龙　王业波　梁学娟　王泽宇

书　名	孕产育儿百科·宝宝养育 YUNCHAN YUER BAIKE · BAOBAO YANGYU
出版发行	青岛出版社
社　址	青岛市海尔路 182 号（266061）
本社网址	http://www.qdpub.com
邮购电话	13335059110　0532-68068026
责任编辑	徐　瑛　王秀辉
特约审校	李　军
插图宝宝	赵梓烨等
插图设计	顾　勇
封面设计	周　飞
制　　版	青岛乐喜力科技发展有限公司
印　　刷	青岛乐喜力科技发展有限公司
出版日期	2018 年 9 月第 1 版　2018 年 9 月第 1 次印刷
开　　本	20 开（889mm×1194mm）
印　　张	13
字　　数	260 千
图　　数	231 幅
印　　数	1–15000
书　　号	ISBN 978-7-5552-7270-0
定　　价	39.80 元

编校质量、盗版监督服务电话　4006532017　0532-68068670
建议陈列类别：孕产妇保健

怀胎十月，宝宝终于呱呱坠地，带给了爸爸妈妈无比巨大的快乐和希望，因为宝宝是爸爸妈妈爱情的结晶、生命的延续、生活的未来。但是养育宝宝并不是一帆风顺的，不仅有快乐、幸福，还有一些让爸爸妈妈烦恼的事情。

尤其是新手爸爸妈妈，刚开始和宝宝在一起生活时，总会有许多不可预知的事情发生，面临怎么抱宝宝，怎么给宝宝洗澡，宝宝感冒了怎么办，什么时候可以给宝宝喂辅食，如何让宝宝吃得更健康等一系列的护理和喂养方面的问题。这时，除了口口相传的经验外，新手爸爸妈妈也需要掌握一些科学的育儿常识。

0～3岁是宝宝大脑高速发育的时期，是其多元潜能发展的关键期。抓好0～3岁宝宝的早期潜能开发，会为宝宝日后的学习与潜能开发打下坚实的基础。因此，如何哺育好新生儿，如何对0～3岁宝宝进行潜能开发，是所有为人父母者的首要职责，也是决定孩子未来成长的关键一步。

为了让爸爸妈妈们更科学、更精心地呵护宝宝，我们特别编写了此书。本书以0～3岁宝宝的同步发育为重点，包括三个部分：新生儿期、宝宝出生1个月～12个月、宝宝1～3岁。新生儿期以每周为重点进行讲述，宝宝出生1个月～12个月以每月为重点进行讲述，宝宝1～3岁以不同的阶段进行讲述，每章都从宝宝的生长发育特点、日常护理要点、科学喂养、家庭诊所、潜能开发、专家问答六个方面进行了科学而详细的阐释，收集了新手爸爸妈妈极为关心的育儿问题，以让新手爸爸妈妈在养育宝宝时，能够针对出现的问题及需求有个基本了解，拥有足够的信心去应对宝宝成长发育过程中的每一个阶段。

第 1 部分
新生儿——天使降临人间

第 2 部分

婴儿期——雨后春笋般长大

6 个月的宝宝 / 123

第 3 部分

幼儿期——蹦蹦跳跳的小人儿

第1部分

新生儿——天使降临人间

1 周的宝宝

生长发育特点

身体成长指标

性别\n指标	男宝宝			女宝宝		
	最小值	均 值	最大值	最小值	均 值	最大值
体重（千克）	2.4	3.3	4.3	2.2	3.3	4.0
身长（厘米）	45.9	50.5	55.1	45.5	49.9	54.2
头围（厘米）	31.8	33.9	36.3	30.9	33.5	36.1
胸围（厘米）	29.3	32.3	35.3	29.4	32.2	35.0

感觉发育

宝宝的视觉功能较弱，只能看清距离自己 25 厘米左右的物体，所以逗弄新生儿的时候需要离他的眼睛近一些，才会有反应。宝宝的听力也比较差，对声音的反应不敏锐，普通的声音不会吵醒睡着的宝宝。

出生后，宝宝嗅觉迅速发育。宝宝刚出生时几乎闻不到味道，一般第 6 天已经可以通过味道辨认出妈妈。宝宝出生时便有良好的味觉，能够精细地辨别出食物的滋味。

宝宝的触觉很敏感，能够对不适应的感觉做出相应的反应，同时伴有与生俱来的多种反射反应，比如觅食反射、握持反射、拥抱反射、自动踏步等。

语言发育

离开母腹的第一声啼哭，即是第一次发音，并表明发音器官已经为语音的发出做好了最基本的准备。刚出生一周的宝宝通常会发出两种声音：一种是哭声，他们通常会通过哭声来表达他们的诉求；另一种是细语声，如"啊"之类的声音。

动作发育

受到惊吓时，会拱背和腿，并伸出手臂。

会将头从一侧转向另一侧。

新生儿特有的生理现象

螳螂嘴

当宝宝出生后，两侧脸颊后部通常会长出两个突向口腔的脂肪垫，使宝宝口腔前部的上下牙床不能接触。这种现象通常叫作"螳螂嘴"，是一种正常现象，无需治疗。宝宝吸奶的时候，用舌头、口唇黏膜、颊部黏膜抵住乳头，两个脂肪垫自然关闭，这样能增加口腔中的负压，方便宝宝吸奶。当宝宝逐渐长出乳牙时，脂肪垫就会慢慢变扁平。一些父母认为这两个脂肪垫多余，想把它们割除，这是十分不可取的。这么做，轻者会影响到宝宝正常吸奶，或引起口腔感染；重者可造成败血症，使宝宝出现生命危险。

皮肤色斑

新生儿身上往往有一些大大小小的皮肤色斑，让爸爸妈妈紧张不已，其实这些斑都是正常的现象，不必特别担心。

❋ 青斑

多见于骶尾部、臀部、手足、小腿等部位，呈蓝灰色，形状大小不一，不高出皮肤，无不适。这是皮下色素细胞堆集的结果，又称胎斑或胎记，不需要治疗，多于5～6岁时自行消失。

❋ 红色斑

为云状红色痣，又称毛细血管瘤。常见于眼睑、前额以及颈后部，这是接近皮肤表面的微血管扩张所致，1岁左右可消失。

宝宝受伤了？

不必紧张，这是胎斑！

❋ 草莓状痣

表面似草莓状凹凸不平，医学上称草莓状血管瘤，至6个月左右时可以长得很大。但妈妈不要担心，因为颜色会渐渐变浅，有的3岁左右会消失，即使不消失也可以进行治疗。只是不主张在新生儿期便急于采用手术方式治疗，当然特殊部位必须切除者除外。

❋ 牛奶咖啡斑

为牛奶咖啡色、大小不等的斑块。可在宝宝四肢或躯干见到，少数几块对宝宝健康无妨碍，如果数量很多，则应请小儿神经科医生诊治。

四肢屈曲

细心的爸爸妈妈都会发现自己的宝宝从一出生到满月，总是四肢屈曲，有的家长害怕宝宝日后会是罗圈腿，干脆将宝宝的四肢捆绑起来。其实，这种做法是不对的，正常新生儿的姿势都是呈英文字母"W"和"M"状，即双上肢屈曲呈"W"状，双下肢屈曲呈"M"状，这是健康新生儿肌张力正常的表现。随着月龄的增长，四肢会逐渐伸展。而罗圈腿即"O"型腿，是由于佝偻病所致的骨骼变形引起的，与新生儿四肢屈曲毫无关系。

鼻尖小丘疹

新生儿出生后，在鼻尖及两侧鼻翼处可以见到针尖大小、密密麻麻的黄白色小结节，略高于皮肤表面，医学上称粟粒疹。这主要是由于新生儿皮脂腺潴留引起的。几乎每个新生儿都可以见到，一般在出生后1周就会消退，这属于正常的生理现象，不需任何处理。

生理性黄疸

新生儿黄疸是新生期常见症状之一，是由于宝宝胆红素异常代谢引起血中胆红素水平升高而出现于皮肤、黏膜及巩膜的现象。在出生后2～3天出现，4～6天达到高峰，7～10天消退，早产儿持续时间较长。一般，除有轻微食欲不振外，无其他临床症状。在自然光线下，观察宝宝皮肤黄染的程度，如果仅仅是面部黄染为轻度黄染；躯干部皮肤黄染为中度黄染；用同样的方法观察，如果四肢和手足心也出现黄染，即为重度黄染。重度黄染应该及时到医院检查和治疗。足月的宝宝，如黄疸超过2周，甚至3周，黄疸延迟消退，则可能是病理性黄疸，应及时就医。

假月经与白带

一些女宝宝的爸爸妈妈可能会发现，刚出生的女宝宝就出现了阴道流血，有时还有白色分泌物自阴道口流出，这是怎么回事呢?

这是由于胎宝宝在母体内受到雌激素的影响，使新生儿的阴道上皮增生，阴道分泌物增多，甚至使子宫内膜增生。胎儿娩出后，雌激素水平下降，子宫内膜脱落，阴道就会流出少量血性分泌物和白色分泌物，一般发生在女宝宝出生后3～7天，持续1周左右。无论是假月经还是白带，都属于正常生理现象，爸爸妈妈不必惊慌失措，也不需任何治疗。

生理性体重下降

新生儿出生后的最初几天，睡眠时间长，吸吮力弱，吃奶时间和次数少，肺和皮肤蒸发大量

水分，大小便排泄量也相对多，再加上妈妈乳汁分泌量少，所以新生儿在出生后的头几天，体重不增加，甚至下降，是正常的生理现象，新手妈妈不必着急。在随后的日子里，新生儿体重会迅速增长。

日常护理要点

宝宝第一次排便与排尿

❂ 第一次排尿

新生儿出生时膀胱仅有少量尿液，约90%的新生儿会在出生后24小时内第一次排尿，有的会延长至48小时，这些都是正常的情况。如果宝宝超过48小时仍然无尿，应该咨询医师，查找原因。

❂ 第一次排便

新生儿第一次排便是排胎便。由于新生儿积存在肠道内的胎便含有较多的毒素，所以胎便越早排出越好。给新生儿腹部做简单的按摩或者让新生儿游泳，都可以促进胎便尽早排出。新手父母要注意观察，如果出生后超过24小时胎便仍没有排出，要警惕孩子可能是巨结肠了，需要及时通知医生。胎便颜色暗绿，质黏稠，染在尿布上很难清洗，最好用纸尿裤，用后即扔，很方便，可以省掉一些麻烦。

纸尿裤和尿布，哪个更适合宝宝

宝宝排胎便的时候用纸尿裤较合适，之后就可以用尿布。尿布吸湿性、透气性都较纸尿裤好，不容易使孩子起湿疹。但在外出时，携带尿布和更换尿布都不太方便，用纸尿裤就比较合适。总之，在确保孩子健康、舒适的基础上，方便操作即可。选购纸尿裤时，其透气性是最重要的。可以用一杯热水和一个冷杯子试验一下：将热水倒在尿不湿的正面，将冷杯口贴在尿不湿的背面，如果透气性好，冷杯子的内壁就会出现雾气或者凝结出水珠，反之则无。

宝宝最喜欢的尿布：纯棉、浅色

新生宝宝尿布的选择以纯棉质地、颜色素净为宜。

（1）纯棉质地的尿布透气性和吸湿性均优于化纤织品，而且柔软舒适，便于洗晒，很适合宝宝使用。旧棉布、床单、衣服都是很好的备选材料。也可用新棉布制作，但要充分揉搓后再用。尿布可折成长方形或三角形，一般应准备30～40块，以备洗涤、更换。

（2）新生宝宝尿布的颜色以白、浅黄、浅粉为宜，便于看清宝宝大小便的颜色和性状，忌用深色，尤其是蓝、青、紫色的，以防染料刺激宝宝皮肤引起过敏。

（3）尿布不宜太厚或过长，以免长时间夹在腿间造成下肢变形，也容易引起污染。

（4）尿布在宝宝出生前就要准备好，使用前要清洗消毒，在阳光下晒干。如果选用纸尿裤，一定要选择透气性好的，且符合宝宝身材，大小合适的纸尿裤。

垫尿布、洗尿布、给尿布消毒

✺ 垫尿布

（1）尿布可以做成正方形，也可以做成长方形，大小要适宜。正方形尿布可对角折叠两次成三角形，或折叠三层成长方形使用；长方形的尿布一般折叠四五层，注意折叠后不宜过宽，以免新生儿不舒服。系尿布的带子最好用布条，不要使用松紧带。尿布的数量要充足，一般新生儿一昼夜需要20～30块。

（2）爸爸妈妈可以先用长方形尿布兜住宝宝的肛门及外生殖器。男宝宝的尿流方向向上，腹部宜叠厚一些，但不要包过肚脐，防止尿液浸渍脐部；女宝宝尿往下流，尿布可在腰部垫厚一些。

（3）在给新生儿垫尿布时，不仅要保证大小便不泄漏出来，不弄脏衣裤和被褥，还要使他们的膝、髋关节处于自然的状态，切忌拉直新生儿的双腿而造成髋关节脱位。

（4）换尿布时，首先要轻轻提起新生儿的腿及臀部，把污染的尿布处折叠覆盖，然后用温水棉球轻轻擦净臀部及周围的部分，再用纸巾擦干，最后拿走脏尿布换上干净尿布。

（5）尿布要勤换，妈妈只需将手指从宝宝大腿根部探入摸摸就知道了。如果尿布湿了，要及时更换，防止宝宝皮肤在浸湿的情况下受到大小便的刺激而造成红臀。

◉ 消毒及清洗

宝宝尿布的清洗消毒非常重要，如果处理不当，尿布上残留的污物和气味可能会损伤宝宝的皮肤并引起感染。

如果尿布上仅有尿液，可用温水浸泡后再用清水漂洗干净。如果有大便，可将尿布上的粪便清理后放入清水中，用中性肥皂揉搓洗净后再用清水漂洗。漂洗要彻底，以防止肥皂残留在尿布上，刺激宝宝的皮肤。

所有的尿布洗净后，再用开水烫一烫，拧干后晾在阳光下，以达到杀菌消毒的目的。如果遇到天气不好，可以用熨斗熨干。不要用炉火或暖气烘干，这样烘干的尿布容易返潮，对宝宝的皮肤造成伤害。

尿布最好是用一块清洗一块，如果图省事将尿布集中起来清洗，要避免需要洗的尿布太多而洗不干净。

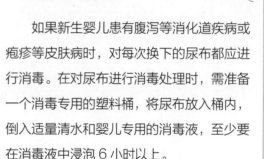

·尿布如何消毒·

如果新生婴儿患有腹泻等消化道疾病或疱疹等皮肤病时，对每次换下的尿布都应进行消毒。在对尿布进行消毒处理时，需准备一个消毒专用的塑料桶，将尿布放入桶内，倒入适量清水和婴儿专用的消毒液，至少要在消毒液中浸泡6小时以上。

宝宝衣服宜纯棉质地，颜色素净

宝宝的皮肤特别娇嫩，汗腺还特别旺盛。所以，为了保护宝宝娇嫩的皮肤，最好选择纯棉质地的衣服。纯棉织品的通透性和保暖性俱佳，对宝宝皮肤刺激小，而且容易洗涤。衣服的颜色宜素净。一方面避免了深色颜料染成的布对娇嫩的皮肤造成刺激，另一方面，如果宝宝的便便弄脏了衣物，妈妈也可以及时发现。

"和尚服"最适合宝宝

宝宝的衣服要求宽松、简单，穿脱方便，不宜太小。因为新生儿四肢常呈屈曲状态，袖子过于窄小则不容易伸入，衣服以不妨碍活动为准。

衣裤上不宜钉扣子或摁扣，以免损伤宝宝的皮肤或被误服，可用带子系在身侧。衣服的袖子、裤腿应宽大，使四肢有足够的活动余地，并且便于穿脱、换洗。宝宝的胸腹部不要约束过紧，否则会影响胸廓的运动，甚则造成胸廓畸形。

3个月内的宝宝因为颈部较短，衣服应选择没有领子、斜襟的"和尚服"，最好前面长些，后面短些，以避免大小便污染。

给宝宝洗澡，温度适合最重要

对于健康的新生儿，只要条件许可，出生后的第二天起就可以每日洗一次澡，新生儿洗澡不但能清洁皮肤，还可以加速血液循环，促进生长发育。给宝宝洗澡时应注意室温和水温，一般应使室温保持在 26 ~ 28℃，水温在 38 ~ 40℃。每次给新生儿洗澡时，时间应安排在喂奶前 1 ~ 2小时，以免引起吐奶。在给宝宝洗澡之前要做一些必要的准备工作，先把需要换洗的衣服、尿布和洗澡时要用的浴巾、毛巾、婴儿浴皂等放在身边；选择一个大小适中的浴盆；把洗澡水的温度调整到 38 ~ 40℃，然后用手背试一下水温，以不觉得烫为宜；这一切准备好后，就可以给宝宝脱衣服洗澡了。洗澡时间不要拖得太长，应控制在 3 ~ 5 分钟，以免宝宝着凉生病，尤其是天气不太好的时候，更是如此。

至于宝宝的洗澡次数，可以根据当时的气候和家庭条件来决定。如果是夏天，每天至少洗 1次；如果是冬天，可以隔日洗一次或每周 2~3 次。

给宝宝洗澡的 4 个正确步骤

若新生儿的脐带尚未脱落，是不能将宝宝直接浸泡在浴盆中洗澡的，要上、下身分开洗，以免弄湿脐带，引起炎症。

第一步 先洗头和脸。妈妈坐在椅子上，给宝宝脱掉衣服，用大毛巾裹住宝宝的全身，然后把宝宝仰放在大人的一侧大腿上，给宝宝清洗头部和面部。用一条干净的毛巾沾水先擦洗眼睛，然后再擦其他部位，由脸部中央向两侧擦洗。这时要注意用手轻轻摁住孩子的耳廓，以免进水。

第二步 洗上半身。洗完头和脸，用大毛巾裹住宝宝下半身，用毛巾依次清洗宝宝的颈部、腋下、前胸、后背、双臂和双手，然后擦干。洗上半身时，注意不要让水弄湿脐部。

第三步 洗下半身。在洗下半身的时候，应该用干净的大毛巾将新生儿的上半身包裹好，让新生儿卧在大人的一条手臂上，头靠近大人手臂同侧胸前，用手托住宝宝的大腿和腹部，清洗外阴部、腹股沟处、臀部、双腿和双脚。

第四步 洗干净后立刻用干净的大毛巾将宝宝包裹起来，注意保暖，在颈部、腋窝和大腿根部等皮肤褶皱处涂上润肤液，夏天扑上婴儿爽身粉。注意使用的必须是对婴儿皮肤无刺激的有品质保障的护肤品，不宜使用成人用的护肤品，以免被皮肤吸收引起不良反应。待孩子身体完全干燥后就可以穿衣服了。

若新生儿的脐带已完好脱落，可将新生儿的臀部放在水盆内，依次洗腹部、胸部、四肢，然后使新生儿俯卧在大人左前臂，为其清洗背部、臀部。

如何护理宝宝的小肚脐

脐带脱落的时间与新生儿出生后脐带结扎的方法有关，一般来说，如果残留端很短，脐带在 24 ～ 48 小时内就会自然干瘪，3 ～ 4 天后开始脱落。残留端较长的话，则需要 5 ～ 7 天，大多数宝宝在半个月左右可以自行愈合。脐带脱落后，根部经常湿乎乎的，这是正常现象，可以每天用消毒棉签蘸 75% 的酒精擦拭脐带根部，很快就会干燥，干燥后就不要每天都消毒了。

在脐带未脱落前，爸爸妈妈每天要注意观察脐部有无渗血、渗液或者脓性分泌物。每天可用 75% 的酒精擦拭脐带根部，并且轻轻擦去分泌物，每天 1 ～ 2 次即可。不能用纱布包裹，更不要用厚布盖上，再用胶布粘上，这样很容易滋生细菌，造成脐部感染。一旦脐部有脓性分泌物，有臭味，或脐带表面发红，甚则伴宝宝发热，可能已经感染，应及时请医生处理。

手托法　　　　腕抱法

·温馨小贴士·

1. 千万不能用脏手抚摸宝宝的脐部，清洗时应先把手洗干净。

2. 给宝宝换尿布时，千万不要把尿布覆盖于脐部，以防脐部遭受尿液污染。

3. 洗澡时应小心地对脐部进行清洗，洗完之后应及时擦干，以免发炎。

宝宝最爱的抱抱姿势

抱新生儿两种正确的方法是：手托法和腕抱法。

◈ 手托法

用左手托住宝宝的背、颈、头，右手托住他的小屁股和腰。这一方法较多用于把宝宝从床上抱起和放下。

◈ 腕抱法

将宝宝的头放在左臂弯里，肘部护着宝宝的头，左腕和左手护背和腰部，右臂从宝宝身上伸过护着宝宝的腿部，右手托着宝宝的屁股和腰部。这一方法是比较常用的姿势。

·抱新生儿应该注意哪些事项·

1. 不要竖着抱，因为宝宝的颈椎还不足够支撑整个头部，会损害到宝宝的脊椎。

2. 在抱着宝宝时，要同他说话，并进行温柔的目光交流，可以使宝宝的视野更开阔，对宝宝的大脑发育、精神发育以及身体生长都有着极大的好处。

3. 让宝宝紧贴左胸，听到母亲的心跳，会让他感觉安全，容易安静下来。

4. 宝宝刚出生身体很柔软，所以最好用包被将宝宝包裹起来。这样既能保暖，还方便父母抱。

科学喂养

母乳，宝宝的最佳食物

母乳是上天赐给宝宝最好的食物，它易消化、好吸收，含有免疫物质，可帮助宝宝抵抗疾病，又能避免牛奶蛋白过敏所造成的伤害，不但经济、卫生又安全，且妈妈可借着哺乳，增进亲子间的互动，更可帮助母亲子宫收缩、避孕，甚至能减少乳腺癌的发生。食母乳是大自然赐给宝宝的权益，喂母乳是妈妈应享的权利及应尽的义务。

"三早"是母乳充足的关键

"三早"是指孩子出生后要早接触、早吸吮、早开奶，这是母乳喂养成功的保证。

早接触：分娩后，妈妈应马上和宝宝接触，贴身拥抱宝宝，有肌肤的直接接触，可以促进妈妈分泌充足而质优的乳汁。另外，初生的宝宝和妈妈的皮肤早接触，不仅能促进母婴情感上的紧密联系，也有助于新生儿的吸吮能力尽早形成。

早吸吮：宝宝应在出生后30分钟以内开始吸吮母亲乳房。尽早地吸吮乳汁，会给宝宝留下一个很强的记忆，以后就可以很好地进行吸吮。也可使母亲体内产生更多的催产素和泌乳素，前者增强子宫收缩，减少产后出血，后者刺激乳腺腺泡，可提早使乳房充盈。

早开奶：第一次开奶时间宜在分娩后30分钟以内。宝宝早开奶可获得珍贵的初乳，也就能早一步获得第一次免疫。

初乳最珍贵

新妈妈分娩后7天内分泌的乳汁称为初乳，颜色淡黄，质地黏稠。人们常以"初乳滴滴赛珍珠"来形容初乳的珍贵。初乳除了含有一般母乳的营养成分外，更含有大量抵抗多种疾病的抗体、免疫球蛋白、噬菌酶、生长因子、维生素、微量元素，它们对提高新生儿抵抗力，促进新生儿健康发育，有着非常重要的作用。初乳中蛋白质含量高，热量高，容易消化和吸收；还有促进肠蠕动的作用，可加速胎便排出，减轻新生儿生理性黄疸……

有些妈妈因为初乳看上去"不太干净"而将其挤出来丢弃，这是非常无知的行为。其实初乳之所以颜色发黄，是因为其中含有大量胡萝卜素的缘故。

正确的喂奶姿势

摇篮抱法

这是最简单常用的抱法，妈妈用手臂的肘关节内侧支撑住宝宝的头，使宝宝的腹部紧贴住妈妈的身体，用另一只手支撑着乳房。因为乳房露出的部分很少，将它托出来，哺乳效果会更好。

摇篮抱法

交叉摇篮抱法

这种抱法适合早产儿或吸吮能力弱、含乳头有困难的宝宝。这种抱法和摇篮抱法中宝宝的位置一样，但在这种抱法中，妈妈不仅要将宝宝放在肘关节内侧，还要用双手扶住宝宝的头部。这样，妈妈就可以更好地控制宝宝头部的方向。

交叉摇篮抱法

足球抱法

如果妈妈是剖宫产，或者乳房较大，这种方式比较合适。将宝宝抱在身体一侧，胳膊肘弯曲，手掌伸开，托住宝宝的头，让宝宝面对乳房，让宝宝的后背靠着妈妈的前臂。为了舒服起见，可以在腿上放个垫子。

足球抱法

侧卧抱法

疲倦的时候可以躺着喂奶。身体侧卧，让宝宝面对妈妈的乳房，用一只手揽着宝

侧卧抱法

宝的身体，另一只手将奶头送到宝宝嘴里。这种方式适合于早期哺乳，也适合剖宫产、会阴切开或痔疮疼痛的妈妈。

喂完奶别忘拍嗝

宝宝吸奶时咽下了空气，会感到很不舒服，尤其是宝宝剧烈哭闹后，立即喂奶的话会吸入大量空气，如不及时拍嗝很容易吐奶。因此，每次哺乳后应给孩子拍嗝。拍嗝的方式有直立式和端坐式。

◉ 直立式

尽量把宝宝直立抱在肩膀上，以手部的力量将宝宝轻扣住，再用手掌轻拍宝宝的上背，促使宝宝打嗝，排除胃内空气。为了方便宝宝呼吸，当宝宝面朝自己的时候，要注意身体不要捂住宝宝的口和鼻。

◉ 端坐式

如果觉得直立式比较辛苦，可考虑端坐式，妈妈可坐着，让宝宝朝着自己坐在大腿上，妈妈一只手托宝宝的头，另一只手轻拍宝宝的上背部。为宝宝准备好小毛巾，防止吐奶。如果宝宝在拍打几次之后仍然没有打嗝，应考虑先抚摸再拍打。

◉ 拍嗝的注意事项

帮宝宝拍嗝时，照顾者一定要注意自身力道的控制，毕竟新生儿还有很多器官功能尚未发育成熟，如果拍打的位置不正确，比如误拍到腰部两侧的肾脏时，就会损伤到宝宝的器官。另外，喝完奶后不要摇晃宝宝，剧烈的摇晃容易让宝宝眩晕，不利于宝宝的脑部健康，甚则可能导致宝宝脑出血。

按需喂奶 PK 按时喂奶

一般来说，0～2个月的宝宝按需喂奶比较好，只要宝宝饿了，或者妈妈感觉奶胀了就可以给宝宝喂奶。如果宝宝不吃，说明不饿，就可以暂时不喂。不过要注意喂奶间隔不能超过4小时，以免引起宝宝低血糖。随着宝宝月龄的增加，可渐渐过渡到按时哺乳。2个月后，通常每隔3~4个小时哺乳1次，夜间可以间隔1次喂奶时间，慢慢使宝宝养成按时吃奶的好习惯。

如何判断宝宝是否吃饱

仅从宝宝吃奶时间的长短来判断宝宝是否吃饱是不正确的。因为宝宝的个体差异很大，从吃奶情况来看，有的宝宝在吸空乳汁后还会继续吮吸10分钟或更长时间，还有的宝宝只是喜欢吮吸着玩，每个宝宝吃奶的速度和吮吸的力度也不同，这些都导致宝宝吃奶的时间有长有短，吃奶时间的长短并不能准确判断出宝宝是否吃饱。

宝宝是否吃饱可以从吃奶后的状态、排便、体重几个方面来判断。宝宝吃饱了奶之后会表现出满足、快乐，能安静地入睡，并且短时间（1～2个小时以内）不会醒来哭闹。宝宝吃饱后排出的大便呈黄色软膏状，如果宝宝的大便出现秘结、稀薄、发绿、排便次数增多但每次排便量少等情况，排除疾病因素，这些现象都是宝宝没吃饱的表现。吃饱奶水的宝宝精神状态良好，体重一天天增加，如果宝宝的体重长时间增长缓慢，又没有患病，则说明宝宝可能经常吃不饱。

家庭诊所

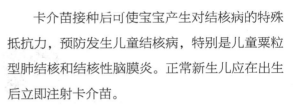

1个月宜接种的疫苗

⊛ 卡介苗

卡介苗接种后可使宝宝产生对结核病的特殊抵抗力，预防发生儿童结核病，特别是儿童粟粒型肺结核和结核性脑膜炎。正常新生儿应在出生后立即注射卡介苗。

接种卡介苗1个月后，接种处局部出现红肿、化脓、结痂，不需要处理，痂皮脱落后留下瘢痕。接种后可到保健站或医院检查接种是否成功，不成功者还需要重新接种。接种卡介苗成功的宝宝，以后都不需要复种。

⊛ 乙肝疫苗

注射乙肝疫苗是为了预防乙型肝炎。宝宝要进行3次乙肝疫苗的注射，接种的方法，即出生后24小时内接种第一次，30～40天后接种第二次（满1个月时），5～8个月后（一般在6个月时）接种第三次。

接种之前应注意以下几点：①接种前如宝宝有发热，应积极治疗，直到体温恢复正常后再进行接种。②过敏体质的宝宝，尤其是有严重过敏反应者，应及时告知医生，再视具体情况判定是否接种。③伴有先天性免疫缺陷病、严重心脏病、急性传染病、严重湿疹等疾病的宝宝，不宜接种乙肝疫苗。

宝宝在接种完毕后，建议观察15～30分钟，以确保无异常反应的发生；如有不良反应，应叫医生及时处理。接种之后同时要注意宝宝接种部位的卫生，以免感染。对于局部出现红肿、疼痛、发痒或低热等轻微异常反应的宝宝，可采取多饮水、多休息、物理降温等对症治疗，多数轻微的异常反应会自然消除。如果情况没有减轻，则应该及时就医。

·以下宝宝不宜接种卡介苗疫苗·

（1）早产、难产并伴有明显的先天性畸形的新生宝宝。

（2）患有发热、腹泻等急性传染病的宝宝。

（3）有心、肺、肾等慢性疾病，及严重皮肤病、过敏性皮肤病、神经系统疾病的宝宝。

（4）对预防接种有过敏反应的宝宝。

新生儿脱皮很正常

在给宝宝洗澡或换衣服的时候，常会发现宝宝有薄而软的白色小片皮屑脱落，特别多见于耳后、手指及脚趾部位，这是正常现象，一般在宝宝出生两周左右出现，不需要治疗。因为宝宝出生后从浸在羊水中的湿润环境转变为干燥环境，加之新生儿皮肤的表皮角化层薄弱，表皮和真皮联结不紧密，新陈代谢旺盛，所以特别容易脱皮。

在脱皮期间，妈妈要尽量保持宝宝肌肤湿润，不要强行撕掉宝宝未脱落的皮肤，应等待它自然脱落。如确有必要，可在宝宝的皮肤上涂些润滑油，促其脱落。若脱皮部位出现红肿或水疱等症状，则需要就诊。

马牙需要治疗吗

有些新生宝宝在口腔上腭中线两侧和齿龈边缘，会出现一些芝麻大小、数目不一、黄白色的小点，很像是长出来的牙齿，俗称"马牙"。医学上把马牙叫作上皮珠，上皮珠是由上皮细胞堆积而成的，是正常的生理现象，马牙并不影响宝宝吃奶和乳牙的发育。通常在出生后的1~2周即会逐渐脱落，通常不需要医治。

妈妈注意不要自行为宝宝挑破马牙，因为宝宝的口腔黏膜很薄且毛细血管丰富，如出现破口容易引发感染，甚至造成败血症。

先锋头该如何处理

经产道分娩的新生儿，刚刚出生时，头上可能会有一个"大包"，头形像个橄榄，医生们称之为"先锋头"，也叫产瘤。出现这种情况，主要是因为生产过程中，胎儿头部受到产道的挤压，引起头皮充血水肿、淤血，颅骨部分重叠，头顶高而尖，像个"先锋"。先锋头是新生儿正常的生理现象，不需要任何治疗，一般出生数天后就会渐渐转变正常。

头颅血肿须细心呵护

部分新生儿，在其顶骨的一侧或两侧，出现囊性突起，可大可小，称为头颅血肿。头颅血肿摸上去有波动感，但宝宝多无痛感，血肿界限不跨过骨缝。这是由于宝宝在分娩出产道过程中，由于异常压迫或产伤，颅骨骨膜下血管破裂出血所致。血肿期间，要注意头部清洁，可以洗头、洗澡，但勿用手揉搓，更不能穿刺抽出血液，以免引起感染，形成脓肿。如果血肿突然增大，或头部出现红肿，伴有小儿发热，可能是继发感染，应立即请医生诊治。

病理性黄疸不可忽视

有些年轻妈妈育儿经验不足，认为宝宝出现黄疸是正常现象。殊不知，新生儿黄疸虽然大部分属生理性的，但也有部分是病理性的。病理性黄疸如不及时治疗，可能会发展为核黄疸，造成中枢神经系统损伤，导致婴儿智力障碍、脑瘫甚至死亡。如果出现以下几种情况之一，就应考虑病理性黄疸的可能性，家长应及时送宝宝到医院进行检查治疗。

- 新生儿出生后 24 小时内黄疸就非常明显。
- 黄疸遍及全身，且在短时间内明显加深。
- 黄疸持久不退，或消退后又出现黄疸。
- 黄疸出现后 2 ~ 3 周仍不减轻甚至更明显。
- 大便颜色淡或呈白色，尿呈深黄色。
- 出现发烧、拒奶、精神不好、嗜睡、两眼呆滞等症状。

早产宝宝需要更多特殊照料

有一些宝宝，由于各种各样的原因，还没有足月就提前来到人世间，一般来说，早产儿因在胎内的生长发育不充足，免不了比正常新生儿弱，所以照顾早产宝宝，爸爸妈妈要更为精心、细致。

⊛ 注意保暖

早产宝宝的体温调节中枢发育不全，体温调节能力比足月新生宝宝差。早产宝宝肌肉活动少，皮下脂肪少，抗寒能力差，容易散热，体温偏低。所以，早产宝宝要特别注意保暖。

⊛ 精心喂养

早产宝宝吸吮和吞咽能力差，早产宝宝的正确喂养十分重要。

早产宝宝出生后，一般 6 ~ 12 小时喂糖水，24 小时开始喂奶，体重 2 公斤左右的早产儿可以每 3 小时喂一次奶，体重 1.5 公斤以下的早产儿每 2 小时喂一次奶。

⊛ 疾病预防

早产宝宝由于出生得太早，身体器官还未发育成熟，抵抗力较弱，因而易引发呼吸窘迫综合征、呼吸暂停、视网膜病变等病症。爸爸妈妈在护理早产宝宝时，要了解有关早产宝宝易患疾病的知识，密切关注早产宝宝的状况，做到未病预防，生病早知道、早治疗。

平日除了专门照料宝宝的人以外，其他人员尽量不要接近宝宝，同时也不要在家喂养小猫、小狗等宠物，因为猫狗身上常带有病菌。另外，室内空气要清新，常开窗户通风换气，但要注意保暖，不要使风直接吹到宝宝。

⊛ 细致耐心的护理

妈妈在为宝宝哺乳、擦身体、换尿布时，动作也要尽可能地轻柔。例如，哺喂速度要慢，防止呛奶和窒息；换尿布时，不能像对待健康儿那样握住两脚向上提，而要轻轻地把早产儿的臀部和整个后背向上抬起来；衣被要软、暖、轻才好。

潜能开发

常做抚触操，增强宝宝抵抗力

为出生后的宝宝适当进行一些抚触，可以良性地刺激宝宝的神经系统、淋巴系统，增强抵抗能力，改善消化，促进睡眠；还可以平复宝宝焦躁的情绪，减少哭泣。最重要的是，抚触能促进母婴间的交流，令宝宝感受到妈妈的爱护和关怀。

准备工作

将室温调节至 22 ～ 26℃，为宝宝宽衣解带，分步裸露全身，妈妈洗净双手，取适量按摩油至手心，轻搓使其微热，准备好后开始按摩。

脸部按摩

妈妈分别用双手拇指在宝宝眉头、上唇、下巴处由中心向两侧呈微笑状滑动，一个动作反复 4 ～ 6 次。适宜的面部按摩可放松宝宝面部肌肉因吮吸造成的紧张感，还可缓解因出牙引起的不适。

头部按摩

妈妈用双手从宝宝前额发际处轻抚至后脑，停留片刻，再重复进行。

胸部按摩

妈妈双手分别由宝宝胸部肋缘下方，向对侧肩部逆上推进，形如反打的"X"，此节按摩可促进宝宝呼吸顺畅。

腹部按摩

在宝宝腹部以顺时针方向按摩。这个动作可以促进婴儿肠蠕动，有助排气，缓解便秘。注意在脐痂未脱落前不要进行这个按摩动作。

腿部抚触

从宝宝的大腿开始轻轻挤捏至膝、小腿，然后按摩脚踝、小脚及脚趾。这个动作能促进腿和脚的灵活性，增强宝宝的运动协调功能。

手臂按摩

妈妈先双手握住宝宝的一只胳膊，由上至下轻轻捏压，然后再用双手，对宝宝的同侧手臂，沿腋窝至手腕进行轻搓，两只手交替按摩。这节按摩有利于促进宝宝的血液循环，缓解宝宝的皮肤"饥渴"，增强免疫力。

背部按摩

将宝宝翻身趴下，妈妈用双手沿脊柱分别向身体外侧延展按摩，自上而下推进；再将食指和中指并拢，由上向下顺脊柱滑动。按摩时要注意观察宝宝呼吸是否顺畅，防止被单、衣物掩住口鼻。

开发宝宝语言能力

因为怕宝宝听不懂而不和宝宝讲话，这种做法很不明智。宝宝虽然不会讲话，但他可感知声音，也会表达情绪，妈妈通过讲话能让宝宝时常感知妈妈的声音。其实这个声音宝宝已经听了好几个月，非常熟悉；有些宝宝甚至在吃奶、哭闹或烦躁时，只要听到妈妈的声音就会变得安静下来。所以妈妈应该与宝宝多说话，多"交流"。

◉ 亲子游戏：听妈妈说话

游戏目的 训练听觉和视觉，促进宝宝大脑发育。

游戏方法 抓住平日里每个生活细节和宝宝对话，比如换尿布时对他说"宝宝尿湿了，妈妈给你换一块"，给宝宝洗澡时说"妈妈给宝宝洗干净"，还可以问他"你喜欢洗澡吗"。

多和宝宝讲话，不是一件奇怪的、不好意思的事情，相反，是非常有意义的事！语言交流开始得越早，宝宝的大脑发育就越迅速。

听妈妈说话

◉ 亲子游戏：发声应和

游戏目的 逗引宝宝发出细小的喉音，并且让宝宝熟悉爸爸妈妈的声音。

游戏方法 （1）宝宝啼哭之后，妈妈试着发出与宝宝哭声相同的声音。这时宝宝就会试着再发声，妈妈再次回声应答。渐渐地，宝宝就能学会发声。

（2）妈妈也可以将嘴巴张得大大的，用"啊"来诱导宝宝对答，渐渐让宝宝发出第一个元音"a"或"o"。对于宝宝的应和，妈妈都应该以肯定、赞扬的语气回应，并将宝宝的点滴进步记录在成长日记中。

发声应和

多与宝宝对视，训练宝宝视觉能力

细心的妈妈会发现，宝宝常会对着头顶的灯"出神"，这是因为宝宝对光线很敏感。不过，这个时期的宝宝视力功能较弱，视力范围在25厘米左右。知道了宝宝的这些特性，妈妈在日常生活中可以有针对地训练宝宝的视觉能力。

看一看

✳ 亲子游戏：看一看

【游戏目的】发展视觉。

【游戏方法】（1）宝宝醒着的时候，妈妈可以把宝宝抱起来，面对面地跟宝宝说说话。如果宝宝看着妈妈的脸，妈妈可以将脸转向一边，让宝宝的眼睛随着妈妈的脸移动。如果宝宝看着妈妈的眼睛，妈妈可以用眼睛尝试着与宝宝"交流"，以满足宝宝情感发育中的视觉需求。

（2）妈妈可以拿着一个颜色鲜亮的玩具逗引宝宝，看宝宝究竟有什么反应。需要注意的是，妈妈最好把玩具放在宝宝最佳的视力范围内，这样宝宝才能看清楚。当宝宝注意到玩具后，妈妈可以将玩具上下、左右移动，让宝宝的视线追随着玩具。

（3）妈妈还可以拿着一张黑白卡片给宝宝看，并微笑着对他说"宝贝！看这是什么""这里是黑色的""这里是白色的"……出乎大多数妈妈意料的是，宝宝对黑白图案很感兴趣。

常对宝宝笑，加强宝宝模仿能力

新生宝宝能注意到不同的表情，如果妈妈用各种夸张的表情逗宝宝，宝宝会目不转睛地盯着妈妈看。更不可思议的是，许多宝宝天生就具有模仿能力，当妈妈对他做出吐舌头的动作时，宝宝也会学着吐自己的舌头。而且在所有表情中，宝宝最喜欢看到的还是妈妈的微笑，因为他能从妈妈的微笑中接收到安全、甜蜜的信号。

✳ 亲子游戏：笑一笑

【游戏目的】发展宝宝的感觉。

【游戏方法】宝宝只要醒着，妈妈就应该在照料宝宝的时候，跟宝宝亲切地说说话，抚摸他，对他时常微笑，这就是游戏。不过，宝宝想要睡觉的时候，妈妈就不要打扰宝宝了。

笑一笑

专家问答

宝宝哭了就要喂奶吗

有些新妈妈因为缺少育儿经验，宝宝一哭就以为是宝宝饿了，就立即给宝宝喂奶。其实这样做是不对的，因为宝宝啼哭的原因很多，尿布湿了会哭，想妈妈抱了会哭，受到惊吓了也会哭。妈妈应该细心观察并准确判断，而不是宝宝一哭就直接喂奶。

事实上，频繁喂奶也有负面影响，一方面会影响妈妈休息，另一方面妈妈的乳汁会因为来不及充分分泌而造成宝宝每次都吃不饱，这样宝宝过不了多久就又饿了，如此便会形成恶性循环。一般来说，大多数新生宝宝每隔2~3小时喂一次奶，白天8~10次，晚上一般临时喂奶2~3次。

喂奶前，要清洁乳房吗

俗话说"病从口入"，刚出生的宝宝更需格外注意。给宝宝喂奶前，妈妈一定要做好乳房的清洁工作。而且妈妈保持乳房清洁，对日后乳房的恢复和健康也有重要作用。

那么，妈妈该如何清洁乳房呢？事先准备2~3块干净的专用小毛巾，每次给宝宝喂奶前，用温水沾湿毛巾，轻轻擦拭乳房，尤其是乳晕和乳头部位，动作要轻柔，不要太用力，以免擦破乳头上的皮肤。

哪些宝宝暂时不宜接种疫苗

接种疫苗前，年轻的父母一定要仔细了解接种疫苗的禁忌症，否则很可能不仅没有起到预防疾病的作用，反而对宝宝健康造成危害。如以下几种情况，宝宝便暂时不宜接种疫苗：

（1）感冒、发热时；患有哮喘、皮炎、湿疹、荨麻疹时；患有癫痫或惊厥时。

（2）患有传染病、传染病恢复期，或有急性传染病接触史而未过检疫期。

（3）患有急慢性肾脏病、严重心脏病、化脓性皮肤病、化脓性中耳炎及其他严重疾病。

（4）神经系统发育异常、严重营养不良、先天性免疫缺陷等。

2 周的宝宝

生长发育特点

身体成长指标

出生后第 2 周，宝宝的体重一般会继续下降，这种状况会一直持续到第 10 天左右，之后体重会稳定增长。不过，从外表来看，宝宝的变化并不大，只是皱纹比刚出生时减少了很多，宝宝的肌肤也开始变得光滑起来。

感觉发育

宝宝 2 周大的时候，看东西依旧不清楚，当妈妈把他抱到眼前时，他才能看清妈妈的脸。如果此时宝宝不爱看妈妈的眼睛，请不必担心，因为宝宝更爱看妈妈的眉毛、刘海和动来动去的嘴。等宝宝慢慢跟妈妈熟悉后，他就会想用眼神跟妈妈交流。研究发现，此时的宝宝更喜欢看妈妈的脸，其次是颜色明亮、能活动、对比鲜明及有黑白图案的物品。

语言发育

哭是 2 周大宝宝唯一的语言，并且不同的哭声代表着不同的需求，妈妈要学会区分。如当宝宝饿了，发出的哭声比较有规律，而且常伴有吸吮动作；当宝宝感觉不舒服了，发出的哭声常强弱不一，往往开始时哭声高，结尾时哭声低……

动作发育

2 周大的宝宝，表情已经很丰富了，会噘嘴、皱眉、微笑，能够无意识地抬抬胳膊、蹬蹬腿。当妈妈托住宝宝腋下时，宝宝还会出现踏步反射。不过，此时的宝宝抬头还很困难，头部也无法保持竖直，当身体直立时，头部会前倾或后仰，妈妈抱宝宝时请务必注意。

日常护理要点

新生儿居室的布置

刚出生不久的宝宝非常娇嫩，对外界环境要有一个适应的过程。因此，给小宝宝安排一个舒适的居室环境非常重要。

（1）宝宝的居室应该和妈妈在一起，这样便于妈妈能随时看见他、照顾他，为按需哺乳提供有利条件。

（2）宝宝居室的光线宜明亮，不仅有利于生长发育，而且便于妈妈观察宝宝的状况，如黄疸是否出现、皮肤有无感染等，还可以促进宝宝分辨白天和黑夜，帮宝宝养成良好的睡眠规律。

（3）宝宝的居室宜少放家具，不仅安全还有利于对宝宝的护理。居室的墙壁上，可以张贴一些色彩鲜艳的图画，丰富多彩的环境刺激，能促进宝宝视力及智力的发育。

（4）在宝宝小床的上方，15~20厘米的高处，宜悬挂一些色彩鲜艳并可发出声响的玩具。在宝宝清醒时，妈妈轻轻摇动或按动玩具，可以随时训练宝宝的视力和听力。

（5）宝宝居室的舒适、清洁很重要。一般来说，足月宝宝的居室温度宜在18~22℃，早产宝宝的居室温度宜在22~26℃，湿度保持在55%~65%。居室要保持空气新鲜，每天定时开窗换气1~2次。

（6）宝宝的抵抗力较弱，应避免亲朋好友频繁进屋探望。同时要避免患病的人接触宝宝，以免增加宝宝患病的概率。

哭是宝宝唯一的语言

对还不会说话的宝宝来说，啼哭是传达信息的主要方式。无论是饿了、尿了，还是不舒服了，宝宝都会用啼哭来表达。因此，妈妈千万不要对宝宝的啼哭感到厌烦，要耐心加以辨别以及时满足宝宝的需求。

（1）如果宝宝的哭声比较有规律，而且伴有吸吮的动作，常是因为宝宝饿了，这时妈妈要及时给宝宝喂奶，宝宝便会立即安静下来。

（2）宝宝的哭声不规律，开始时声音强，结尾时声音弱，常是因为宝宝感到不舒服了。这时妈妈要寻找宝宝不舒服的原因，可能是尿布湿了，也可能是姿势不舒服，妈妈要帮宝宝更换尿布或调整一下姿势。

（3）如果宝宝哭声拉得很长，甚至打着可爱的小哈欠哭泣，常是因为宝宝困了，妈妈应立即安抚并协助宝宝入睡。

宝宝是不是饿了呀？

（4）如果宝宝哭声中伴有一些行为，常常是宝宝想吸引妈妈的注意，这是由于心理需求而哭泣，妈妈应哄哄宝宝，跟宝宝多交流、多互动。

（5）如果宝宝的哭闹比较异常，哭声比平时凄厉而尖锐，难以安抚，甚至有握拳、蹬腿的动作，就很有可能由病理因素所引起，如发热、腹胀等，此刻应及时寻找专业医师做详细诊断，以便尽早找出原因。

清洗囟门要当心

新生宝宝头部前后各有一个地方头骨没有合拢，摸上去手感柔软，并有与脉搏一样的跳动，医学上称为"囟门"。前面的囟门较大，呈菱形，叫"前囟"；后面的囟门较小，叫"后囟"。后囟一般在出生后3个月内闭合，前囟在1~1.5岁闭合。

大多数新妈妈对囟门不了解，因此不敢碰、不敢清洗，以致污垢堆积，容易引起宝宝头皮感染，继而感染脑膜、大脑，引起脑膜炎、脑炎。因此，妈妈要特别注意宝宝囟门的清洁。

（1）囟门的清洗可在洗澡时进行，可用宝宝专用洗发液而不宜用强碱肥皂，以免刺激头皮诱发湿疹。

（2）清洗时手指应平置在囟门处轻轻地揉洗，不应强力按压或强力搔抓，更不能以硬物在囟门处刮划。

（3）如果囟门处有污垢不易洗掉，可以先用麻油或精制油蒸熟后润湿浸透2~3小时，等这些污垢变软后再用无菌棉球按照头发的生长方向擦掉，并在洗净后扑以婴儿爽身粉。

·怎么保护宝宝的囟门·

妈妈在照顾宝宝时，不要让硬物或尖锐的东西碰触宝宝头部。如果不慎擦破了宝宝的头皮，可以立即用棉球蘸取酒精帮宝宝消毒，以免感染。另外，室温比较低或要带宝宝外出时，最好给宝宝戴上帽子。

如何正确地给宝宝洗脸

给小宝宝洗脸可不是一件轻松的事，因为大多数宝宝都不喜欢洗脸，有些宝宝每次洗脸时都会哭得很伤心，这让妈妈心疼不已。那么，究竟该如何正确给宝宝洗脸呢？

（1）用宝宝专用的小脸盆盛好温水，准备好小毛巾。

（2）妈妈用左臂将宝宝抱起，并用左肘部和腰部夹住宝宝的臀部和下肢，左手托住宝宝的头和脖子，用拇指和中指压住宝宝双耳，使耳廓盖住外耳道，防止洗脸水进入耳道引发炎症。

（3）抱好宝宝后，妈妈用右手将一块小毛巾蘸湿后略挤一下，先给宝宝洗双眼。注意小毛巾擦过一只眼后要换一面擦另一只眼。

（4）然后将小毛巾在水中清洗一下，再擦前额、面颊及嘴角。

（5）再将小毛巾清洗一下，用手挤得稍干，然后轻轻擦洗宝宝的耳廓。

宝宝睡得好有特征

小宝宝似乎天生喜欢睡觉，有时想把他弄醒吃奶都很困难，这让不少新妈妈有些担心。其实，刚出生的小宝宝长时间都在睡觉是很正常的。一般来说，新生宝宝每天能睡16~17个小时。当然，宝宝通常都是断断续续地醒来，然后又重新入睡。

宝宝在睡眠状况良好的时候，面部非常放松，小眼睛紧闭着，全身除偶然有惊跳和嘴部轻微的吮动外没有其他动作，呼吸十分均匀。

被子盖得厚，宝宝很难受

有些新妈妈怕宝宝睡觉的时候着凉，常给宝宝盖上厚被子，甚至多穿衣裤。其实，这样做并不正确。因为这会导致机体产生的热量难以散发，宝宝不仅闷热难受，而且出汗较多，宝宝会不自觉地把被子踢开，这样宝宝就很容易生病感冒。时间长了，还容易使宝宝养成睡觉时踢被子的坏习惯。因此，宝宝睡觉时被子千万不要盖得太厚，尽量少穿衣裤，而且被子宜轻而薄，里子的面料不要选择透气性差的化纤材质。

新生儿需要枕头吗

枕头的作用是支撑颈椎，并使颈部肌肉松弛。不过，0~3个月的宝宝生理弯曲尚未形成，平卧时背和头部在同一个平面上。而且新生宝宝的头相对较大，几乎与肩同宽，侧卧也很自然。因此，0~3个月的宝宝不需要垫枕头。

宝宝睡硬床，骨骼发育更完全

造型美观的沙发床或弹簧床虽然能让宝宝睡得舒服，但长期给宝宝睡软床是有害的。因为宝宝出生后，骨骼发育非常迅速。宝宝骨骼中的有机质含量多，无机质含量相对较少，因此具有柔软、弹性大等特点。如果长期让宝宝睡软床，就会影响宝宝骨骼的健康和正常生理曲线的形成，易导致驼背或漏斗胸，甚至还会影响身体内各器官的发育。因此，宝宝宜睡在硬床上，如木板床、竹床等，以保证宝宝骨骼的正常发育。

衣服穿多穿少有学问

有些新妈妈仅从宝宝手脚的冷热程度来判断宝宝穿衣服的多少，这是很不科学的，因为宝宝手脚的温度受环境影响很大，在冬天时容易发冷，而在活动后又很快可以暖和起来。

这里教新妈妈一个简单的方法：让宝宝自由活动 10 分钟，如果宝宝面色红润，贴身衣服是温热的，那就说明宝宝衣服刚好；如果宝宝面唇色红，贴身衣服有些湿，那就说明宝宝的衣服穿多了；如果宝宝面色不红润，贴身衣服是干冷的，那就说明宝宝的衣服穿少了。

此外，看宝宝衣服穿多了还是穿少了，新妈妈还要留意以下小细节。如：

观察体态 宝宝如果衣服穿少了、感觉到了寒冷，常会躯体屈曲不舒展，头缩在衣服或襁褓里，肢体活动减少。

看看面颊 宝宝面色红润，表示衣服刚好；宝宝脸色发青或变白，表示衣服穿少了。

摸摸鼻子 宝宝的小鼻子是温暖的，说明宝宝不冷；宝宝的小鼻子冰冷则说明衣服穿少了。

摸后脖子 如果宝宝后脖子的温度与妈妈手的温度相近，说明衣着合适；如果温度相对较低，则说明宝宝的衣服穿少了。

科学喂养

不会吸吮的宝宝怎么喂

有些新生宝宝有缺陷，如早产或唇腭裂等，不会吸吮，新妈妈可以用小勺和杯子喂养。

✳ 器具选择

准备一个小杯子与一个大杯子，使小杯子方便放入大杯子里。重要的是小勺的选择：小勺要质地柔软，最好是透明塑料产品，因为宝宝的口腔皮肤、黏膜比较脆弱，柔软材质的小勺才能确保安全；小勺的头要稍小一些，其宽度以宝宝口腔宽度的一半为好。

·温馨小贴士·

宝宝在觉醒和睡眠之间的过渡阶段，常有以下表现：眼睛半睁半闭，眼睑出现闪动；有时微笑、皱眉或噘嘴；目光变得呆滞，反应迟钝；对声音或图像表现茫然；很容易受惊，出现四肢的抖动。

⊛ 喂养方法

新妈妈将乳汁挤在小杯子里。将大杯子装满热水，再将装有乳汁的小杯子放进大杯子里保温，以防喂养时间过长使乳汁变凉。然后妈妈用哺乳的姿势将宝宝抱在怀里，用小勺舀着乳汁喂食。如果宝宝不太会吞咽，妈妈可以将小勺放在宝宝嘴角，让乳汁顺着宝宝的嘴角自然流入喉咙。

混合喂养的正确方法

母乳不够吃或由于条件限制妈妈无法完全母乳喂养宝宝时，宝宝需要混合喂养，通过配方奶补充母乳的不足。混合喂养不当会严重影响宝宝的生长发育，妈妈应掌握正确的喂养方法。

⊛ 妈妈母乳不足的表现

（1）妈妈感觉乳房空软。

（2）宝宝吃奶时间长，用力吸吮却听不到连续吞咽声，有时突然啼哭不止。

（3）宝宝睡不香甜，常吃完奶不久就哭闹，来回寻找乳头。

（4）宝宝大小便次数少，量少。

（5）体重不增或增长缓慢。

⊛ 按需喂养

混合喂养应按需给予，时间间隔可灵活掌握，1～3小时喂一次即可，只要宝宝饿了或妈妈感觉胀奶了就可以给宝宝喂母乳。如果某一顿宝宝没有吃到母乳，喝的完全是配方奶，那么下一顿的喂奶时间应间隔得长一些，最好3小时后再喂给宝宝母乳或配方奶。

⊛ 喂养方法

混合喂养分为补授法和代授法。先给予母乳，如果宝宝吃了母乳后安然入睡，说明已经吃饱了，不需要再添加配方奶，如果吃过母乳之后宝宝依然哭闹、表现出不满足，妈妈需要冲调配方奶喂宝宝，奶量以宝宝表现出吃饱后的满足为标准，这就是补授法。代授法是指根据母乳的分泌情况，每天母乳喂养宝宝3次，其余都选择配方奶喂养宝宝。

混合喂养的主角是母乳，配方奶只是母乳的补充，混合喂养的同时妈妈应该通过各种方法努力提高乳汁的分泌量，如保证充足的休息和睡眠，保持轻松、愉快的心态；多吃催乳的食物，如鲫鱼、鲤鱼、花生、芝麻、丝瓜等；多让宝宝吸吮乳头，刺激乳腺分泌乳汁。

人工喂养的注意事项

没有乳汁、患有不能母乳喂养的疾病或因其他原因导致妈妈不能母乳喂养宝宝时，宝宝需要人工喂养。人工喂养具有吃奶量容易确定、可减轻妈妈负担的优点，但喂养不当也会给宝宝带来腹泻、便秘、胃肠不适等麻烦，妈妈在人工喂养宝宝时应注意以下事项：

◉ 冲调有讲究

冲配方奶粉时，要先阅读奶粉冲调说明书，并且洗净双手，要注意奶具的清洁与消毒。水温一般 40~60℃，将配方奶滴至手腕内侧，或贴至脸部，感觉温热即可。

◉ 给宝宝喂点水

吃配方奶的宝宝需要及时喂水，一般安排在吃过配方奶后的 1~2 小时，饮水量为 20 毫升左右。宝宝满月后，妈妈可以适量增加喂水量。

◉ 剩奶及时处理

宝宝喝剩的配方奶不能冷藏后再加热给宝宝喝，配方奶应该现冲现喝，没喝完的配方奶应马上倒掉，并及时清洗奶瓶奶嘴，以免滋生细菌。

◉ 按需喂养更科学

和纯母乳喂养、混合喂养一样，人工喂养宝宝依然需要坚持按需喂养的原则。

奶粉选购有诀窍

奶粉几乎是每个宝宝的必需品，奶粉质量的好坏直接影响着宝宝的身体健康状况。因此，爸爸妈妈一定要精心为宝宝选购奶粉。

（1）看包装上的标签标识是否齐全。按规定，在奶粉外包装上必须标明厂名、厂址、生产日期、保质期、执行标准、商标、净含量、配料表、营养成分表及食用方法等项目，若缺少上述任何一项最好不要购买。

（2）看奶粉的颜色和杂质。质量好的奶粉颗粒均匀、无结块，颜色呈均匀一致的乳黄色，杂质极少。如果奶粉有团块，色深或焦黄色，则不宜购买；如果奶粉颜色呈白色或面粉状，说明其中可能掺入了淀粉类物质。

（3）看奶粉的冲调性和口感。质量好的奶粉开始时悬浮于水面，需要搅拌才能溶解，液体呈乳白色，散发清淡的乳香味。质量差的奶粉冲调后迅速溶解，无味或有异味。此外，淀粉含量较高的奶粉冲调后呈糊糊状。

选好奶瓶、奶嘴很重要

市售的奶瓶分为玻璃和塑料两种。玻璃奶瓶耐热性强，容易清洗。塑料奶瓶方便携带，但清洗起来相对不容易，更易沾上污渍，使用寿命比较短。新妈妈可以根据需要购买，也可以分别购买一个，在家时使用玻璃的，外出时使用塑料的。

市售的奶嘴分为橡胶和硅胶两种。橡胶奶嘴质地柔软，宝宝吸吮时能感受到乳汁的温度，感觉就像在吃母乳。硅胶奶嘴不易变形和受潮，便于清洗，但不易传热，没有妈妈乳头的柔软度。妈妈可以根据宝宝的需要购买，如果宝宝过于依恋妈妈的乳头，妈妈可以选择橡胶奶嘴，但橡胶奶嘴容易变形，宝宝使用一段时间后应及时更换。

奶嘴有大、中、小不同型号，小号奶嘴适合0～4个月的宝宝使用，中号奶嘴适合5个月～1岁的宝宝使用，大号奶嘴则能满足偏好大奶嘴的宝宝的需要。

奶瓶应及时清洗和消毒

✴ 及时清洗

妈妈需要准备2个奶瓶刷（大、小各1个）和一瓶专门清洗婴儿奶瓶的清洗剂。每次喂完奶后，妈妈应立刻将剩余的奶倒掉，先用清水冲洗一下奶瓶，然后加适量奶瓶清洗剂，大奶瓶刷刷一遍奶瓶（先刷里面后刷外面），小奶瓶刷刷一遍奶嘴（先刷外面再刷里面），重点检查一下奶孔及奶瓶奶嘴的连接处，不要有残留的奶渍。最好用洁净的流动水多次冲洗奶瓶、奶嘴，洗净后倒放在家里通风的地方晾干。

✴ 及时消毒

宝宝的奶瓶、奶嘴需要每天消毒一次。妈妈可以购买专门的消毒锅，也可以用普通的蒸锅或汤锅，用蒸锅蒸或汤锅煮8~10分钟即可。给宝宝消毒奶嘴、奶瓶的锅最好专用，不要再用于烹调食物，以免滋生细菌和造成污染。

家庭诊所

宝宝出现脐肉芽肿怎么办

宝宝的脐带脱落后，其创面形成的红色息肉样增生物，有少量脓性分泌物，可呈米粒至黄豆大小不等，医学上称之为"脐肉芽肿"。这是由于宝宝的脐带脱落后，未愈合的伤口被异物刺激或发生细菌感染所致。如果遇见这种情况，爸爸妈妈应尽快带宝宝看医生，千万不要在家里盲目给宝宝治疗。医生治疗，一般需要清除肉芽组织，并使创面保持清洁干燥。

宝宝乳房肿大不要慌

有些宝宝出生后一个星期内会出现乳房肿大的现象，通常是双侧对称性肿大，可呈蚕豆到鸽蛋大小不等，有时还会分泌少量乳汁。妈妈不必担心，这种乳腺肿大是宝宝正常的生理现象，医学上称之为"生理性乳腺肿大"。

这是由于宝宝在胎儿时期，宝宝体内存有一定量来自母体的雌激素、孕激素和泌乳素。宝宝出生后，来自母体的雌激素、孕激素被切断，泌乳素作用释放，刺激乳腺增生，从而出现双侧乳腺肿大。

一般来说，宝宝乳房肿大无需治疗。宝宝出生后 8~18 天内乳房肿大症状最明显，2~3 周后自然消失，少数可持续 1 个月左右才消失。

妈妈千万不要盲目地把宝宝乳腺内的乳汁挤出来，这样易引发乳腺炎。如果发现宝宝两侧乳房肿大不对称，局部发热发红，甚至轻轻抚摸时有波动感，宝宝时常哭闹不安，则要警惕化脓性乳腺炎，爸爸妈妈要及时带宝宝到医院诊治。

宝宝有了红屁股，妈妈怎么办

"红屁股"又叫尿布疹，是由于潮湿的尿布未能及时更换，长期刺激宝宝娇嫩的肌肤所致。宝宝有了"红屁股"，局部肌肤会发红，或出现小丘疹，甚至溃烂流水，妈妈务必要做好宝宝的臀部护理。

（1）要选择易清洁、柔软、吸水力强的尿布，千万不要在宝宝尿布下垫放塑料布，因为塑料布不透气。

（2）定时更换尿布或纸尿裤，不要让宝宝的臀部经常处于潮湿的状态。一旦出现轻度"红屁股"，每次排完大便后，妈妈要用清水洗净宝宝的臀部，并且涂上香油或紫草油。

（3）夏季更应警惕，这是因为宝宝的体温调节功能不稳定，汗腺功能不完全，汗液不易排出，环境湿热，更易患"红屁股"。

（4）洗尿布时应充分洗净皂液，并用开水烫洗后在阳光下晒干，以免残留的洗涤液刺激宝宝柔嫩的肌肤。

（5）如果"红屁股"较严重，可在局部涂护臀膏，如鞣酸软膏。在棉签上先挤上一点药膏，采取滚动的方式在宝宝患处涂抹，涂抹范围要稍大一些。

皮肤颜色异常或与疾病有关

新生宝宝皮肤颜色的变化或与疾病有关，足月的新生宝宝皮肤红润，如果宝宝皮肤颜色异常，爸爸妈妈请务必加以警惕。

（黄色）如果新生宝宝皮肤颜色偏黄，则可能是患了黄疸，爸爸妈妈要特别警惕病理性黄疸。

（青紫色）如果新生宝宝皮肤出现青紫色，特别是口唇、指（趾）尖、鼻尖、耳垂等部位，因为血液中血红蛋白未能充分与氧结合，导致皮肤呈青紫色。引起皮肤青紫的疾病多为肺部疾病、呼吸道先天畸形、先天性心脏病、先天性膈疝、中枢神经系统损伤及某些血液病。

（苍白色）如果新生宝宝皮肤呈苍白色，往往是由于贫血引起的，这常常提示有出血症状，如产程中宝宝受伤出血、颅内出血、新生儿溶血等。

（紫红色）新生宝宝的皮肤比较红，一周后逐渐转为肉色。如果此时宝宝的皮肤颜色仍很红，尤其是口唇和指甲部位，则要引起警惕，因为颜色过红常常是血液里的红细胞过多引起。

潜能开发

握握小手，训练抓握能力

刚出生的宝宝，许多时候都会有握拳的现象，尤其是在睡觉的时候，宝宝的手常会呈轻度的握拳状态，这是新生宝宝特有的行为反射——抓握反射。妈妈可以利用这一特点，有针对性地训练宝宝的抓握能力。

◉ 亲子游戏：握握小手

游戏目的 促进宝宝手部肌肉、关节的发育，丰富手指的触觉刺激，提高手的抓握能力。

游戏方法 （1）妈妈轻抚宝宝的手，宝宝会握着妈妈的手不放。此时妈妈可以让宝宝握住自己的食指，约30秒钟后把手指拿开，然后换宝宝的另一只小手，如此反复进行3~5次。

（2）宝宝醒着的时候，妈妈可以轻柔地给宝宝的双手进行按摩。按摩从手心开始，然后是手背、各个手指。按摩宝宝小手的时候，妈妈要愉快地跟宝宝多"交流"，可以对他说"喜欢吗""宝贝的小手真好看"……

听听音乐，开发右脑潜能

给宝宝听听音乐有很多好处，可以培养宝宝的音乐记忆力、促进宝宝智力发育，可以培养宝

宝稳定愉悦的情绪，还可以训练宝宝的听觉能力。

不过，给宝宝听的音乐要有所选择。宜挑选基调轻松、活泼、明快的，以不带歌词为好。刚出生的宝宝大多数时间都在睡觉，妈妈可以给宝宝放摇篮曲听。尽量不要给宝宝听太吵闹的摇滚乐或说唱音乐。

播放音乐的时候，妈妈要把音量调得稍小一些，每次播放的时间不宜超过半小时，且不宜频繁更换曲子，可以一段时间让宝宝听一首曲子，这样能让宝宝更好地适应，而且更有利于增强宝宝的记忆力及音乐欣赏能力。妈妈给宝宝放音乐要持之以恒，且每天最好在固定的时间放，尤其是摇篮曲，这样能让宝宝形成条件发射，帮宝宝养成良好的作息习惯。

◉ 亲子游戏：和妈妈一起感受音乐

游戏目的 通过音乐旋律开发右脑无限的潜能和创造力，培养注意力并激起愉悦的情绪，培养宝宝对音乐音律的感觉与兴趣。

游戏方法 （1）给宝宝选择几首摇篮曲，作为宝宝睡前程序的一部分，让舒缓的音乐伴着宝宝入睡。

（2）宝宝醒着的时候，妈妈可以将宝宝抱在胸前，让宝宝的头靠在妈妈的肩膀上，给宝宝播放一段旋律优美的音乐。

（3）妈妈可以学几首摇篮曲，唱给宝宝听。不要担心自己唱得不好，小宝宝不会挑剔妈妈的歌唱技巧，而会欣赏妈妈的努力和关爱。

和妈妈一起感受音乐

练习抬头，促进感官发育

刚出生不久的宝宝有抬头反射，如果妈妈坐着，双手环抱着宝宝，宝宝能将头部竖立1~2秒，随着月龄的增加，竖头的时间会越来越长。妈妈可以利用宝宝的这一特点，有针对性地训练宝宝的抬头能力。

✳ 亲子游戏：练习抬头

游戏目的 锻炼宝宝颈部、背部肌肉，促进宝宝早抬头，也有助于视觉和空间感觉的发展。

游戏方法 （1）竖抱抬头：妈妈给宝宝喂奶后，可以竖抱宝宝，使宝宝的头靠在妈妈的肩膀上，轻轻拍几下宝宝的背部，让宝宝打几个嗝以防吐奶。然后妈妈不要扶着宝宝的头部，让宝宝的头自然直立片刻，每日3~5次。

竖抱抬头

（2）俯腹抬头：宝宝还没吃奶的时候，妈妈仰卧在床上，将宝宝放在妈妈的胸腹部，逗宝宝抬头。虽然小宝宝抬头有些困难，但只要宝宝努力就可以了。

俯腹抬头

（3）俯卧抬头：宝宝还没有吃奶的时候，妈妈将宝宝俯卧放在稍有硬度的床上，用玩具逗引宝宝左右转头并稍做片刻抬头。

爸爸妈妈可抚摸宝宝背部，用玩具吸引等方法鼓励其抬头。最好拿色彩鲜艳有响声的玩具在前面逗引，可以用"宝宝，漂亮的玩具在这里"等类似的话来诱使宝宝努力抬头。

宝宝每次抬头训练的时间以不超过两三分钟为宜。上述3组动作，也不要同时进行，仅需选择一种。每次宝宝完成训练后，妈妈可以帮宝宝稍微进行按摩，重点按摩一下颈部、背部，以帮助宝宝放松肌肉。

俯卧抬头

专家问答

乙肝妈妈能母乳喂养吗

乙肝妈妈要到医院进行母乳检查，以查清母乳中乙肝病毒的浓度。一般来说，不提倡乙肝"大三阳"妈妈母乳喂养，因为乳汁中含较高浓度的乙肝病毒颗粒，对宝宝具有传染性。而乙肝"小三阳"妈妈，乳汁中乙肝病毒含量较低，如果宝宝注射了乙肝疫苗和乙肝免疫球蛋白，且妈妈的乳房无破损，则可以母乳喂养。

乳头凹陷可以喂奶吗

有些妈妈乳头不能凸出乳晕表面，而是向内凹陷，医学上称之为"乳头凹陷"。那么，妈妈乳头凹陷还能喂奶吗？一般来说，程度较轻的乳头凹陷并不影响妈妈喂奶，如短或扁的乳头及脐状乳头（乳头内陷但能被拉出）。但严重的乳头凹陷(乳头内陷，不能被拉出)则会影响妈妈喂奶，且容易引发感染，妈妈应尽快到医院做乳头矫正手术。

如果属于乳头凹陷可以喂养的情形，妈妈要特别注意喂养方法及乳房护理。每次喂奶时，将乳头轻轻拉出，送入宝宝的口中，使宝宝能含住乳头并吸吮。但应特别注意乳头处的清洁，平时应常将乳头拉出清洗；每次喂奶前后都要清洗乳头，避免因乳头周围残留乳汁及污垢而引发感染。

3~4 周的宝宝

生长发育特点

身体成长指标

性别 指标	男宝宝			女宝宝		
	最小值	均　值	最大值	最小值	均　值	最大值
体重（千克）	2.9	4.3	5.6	2.8	4.0	5.1
身长（厘米）	49.7	54.6	59.5	49.0	53.5	58.1
头围（厘米）	35.4	37.8	40.2	34.7	37.1	39.5
胸围（厘米）	33.7	37.3	40.9	32.9	36.5	40.1

感觉发育

　　宝宝的视力和听力均有较大发展，在视力范围内可以追着妈妈看，能够辨认出妈妈的脸和声音，喜欢听悦耳的声音，对声音开始敏感，会被突然或刺耳的声音吓哭。宝宝的触觉敏锐，尿布脏了，不舒服了会用哭泣来表达。1 个月的宝宝一般不喜欢苦味与酸味的食品，如果给他吃，他会拒绝。

语言发育

　　此时的宝宝能从喉咙中发出"咕咕"的微小声音。很喜欢周围的人和他说话，没人理他的时候会感到寂寞而哭闹。哭闹是宝宝这一时期主要的表达方式。另外，这一时期逗弄宝宝时，他会微笑了。

动作发育

宝宝听到人声会转头寻找，俯卧的时候会短暂性抬头。

日常护理要点

宝宝耳朵进水很危险

宝宝出生1个月左右，耳部发育基本完全，但外耳道还相对狭窄，一旦污水流入耳道深处，极易发炎。因此，无论是给宝宝洗头、洗澡或护理时，一定注意勿使污水、药液等流入耳道深处。

如果宝宝耳朵进水，应先将宝宝侧躺着放于自己的大腿上，使进水一侧的耳朵向下，用手掌紧压宝宝的耳根，然后快速松开，连续数次，将水"吸"出来；或者用手指轻轻按压宝宝的嘴唇，诱使其做张嘴动作，反复数次，以便活动颞下颌关节，促使水从外耳道流出。

紧接着固定宝宝的头部，用消毒棉签轻轻伸进宝宝耳朵，将水拭干，注意适度，不可过深，以免伤及鼓膜。如果宝宝不配合，千万不可强行掏耳，否则会有造成鼓膜穿孔的危险。可等宝宝睡着后再试，或直接带宝宝去医院请专业护士处理。

处理宝宝眼屎的小妙招

如果宝宝有眼屎，他会觉得不舒服，这个时候妈妈清洁双手后，可以用专用的干净小毛巾沾温水然后拧干，在宝宝有眼屎的地方轻轻温敷一下，时间不宜过长，每次3秒钟左右即可，目的在于将宝宝的眼屎软化。需要注意的是，毛巾必须是宝宝擦眼睛专用的。

然后再用棉签轻轻将宝宝的眼屎擦下来，记住动作要轻，还要小心宝宝会不会乱动。如果依旧擦不下来，可以再次用温毛巾敷一下，然后再擦一次。

夏天，能给宝宝吹空调吗

在给宝宝用空调的问题上，爸爸妈妈要把握好度，因为空调确实对宝宝有不利的一面，它会降低宝宝的身体调节功能。此外，空调的散热片也容易携带、播散尘螨细菌。如果确实室内温度较高，可以适当使用。

宝宝吹空调时，一是要控制好温度，一般25 ~ 28℃比较合适；二是注意经常对空调进行清洁；三是开空调时门窗不要关得太严、太久，要常开门窗通风换气；开空调睡觉时，要注意给宝宝穿长衣长裤，以免着凉；记住千万不能让空调对着宝宝近距离直吹。

宝宝排尿次数多属正常现象

由于宝宝新陈代谢旺盛，又是以乳汁等液体食物为主，加上膀胱容量又较小，所以每天排尿次数很多。

刚出生头几天，由于进食量少，宝宝尿量很少，一天只有4～5次。几天之后，排尿次数会迅速增多；6个月以前，一天可达20～30次，每次约30毫升。6个月后，随着半流质的辅食的添加，以及宝宝泌尿系统功能的逐渐完善，排尿的次数会逐渐减少。到周岁时，一天排尿15～16次，每次约60毫升。2～3岁时，平均一天10次左右，每次的量也逐渐增至约90毫升。不过受宝宝的个体差异及饮水量、气温等因素的影响，宝宝的尿量和排尿次数都可能有较大的变化。

健康宝宝便便的次数与形状

吃母乳的宝宝大便呈金黄色，偶尔会微带绿色且比较稀，或呈软膏样，均匀一致，带有酸味且没有泡沫。通常新生儿大便次数较多，一般一天排便2～5次，但有的宝宝会一天排便7～8次。随着宝宝月龄的增长，大便次数会逐渐减少，2～3个月后大便次数会减少到每天1～2次。吃母乳的宝宝如果出现大便较稀、次数较多等情况，只要宝宝精神饱满，吃奶情况良好，身高、体重增长正常，爸爸妈妈就不必担忧。如果宝宝吃的是配方奶，那么大便通常呈淡黄色或土黄色，比较干燥、粗糙，如硬膏样，常带有难闻的粪臭味。有时大便里还混有灰白色的"奶瓣"。如果奶中含糖量较多，大便可能变软，而且每次排便量也较多。

由于生长各异，宝宝每日大便次数也不相同。妈妈不宜将自己的宝宝和别的宝宝进行比较，但要注意，如果平时每天仅有1～2次大便的宝宝，突然大便次数增至5～6次，则应考虑是否患有疾病。

仰睡、俯睡、侧睡大比拼

对于1岁前的宝宝来说，吃和睡是他生活的一部分，宝宝的睡眠时间每天可达12～16小时，因此，睡姿对于宝宝很重要。

🍊 侧卧睡

侧卧睡可以减少呕吐和呛咳，但这种姿势宝宝很难自己维持，因为宝宝身体太柔软，需要用枕头在前胸及后背进行支撑。但是，侧睡时间久了容易形成"招风耳"，影响美观。

侧卧睡适合出生后胃肠功能不好的宝宝，例如有肥厚性幽门狭窄、贲门松弛、幽门痉挛等疾病的宝宝。

◉ 仰睡

仰睡最大的好处是可以使妈妈直接观察到宝宝面部的变化，以便及时发现问题，同时宝宝四肢活动灵活。但仰睡时空气中的灰尘等漂浮物容易进入宝宝的眼睛、鼻腔及口腔。如果发生呕吐，食物会积聚在宝宝的咽喉处，不易由口排出，容易发生危险。所以宝宝仰睡时，必须有人看护，一旦吐奶，应立即使宝宝侧身，或将宝宝及时抱起。

◉ 俯睡

宝宝俯卧时比较有安全感，容易熟睡，也少哭闹，但宝宝还不太能转头或抬头，万一出现呕吐，或有毛巾、枕头阻挡口鼻呼吸的问题，就会造成呼吸障碍，严重的还会导致窒息死亡。

低体重儿、早产儿或体重太重的宝宝抬不起头，都不太适宜这种姿势。

宝宝俯睡的时候，爸爸妈妈必须在旁边守护，可以试着让宝宝的小手放在胸底下，令宝宝的小脸侧过来，使嘴、鼻子露在外面。

◉ 哪种睡姿最合适

应根据每个宝宝的具体情况来选择，每种睡姿都有好处，也有弊端。如果一直采用一个姿势睡，是非常不科学的，宝宝也不会自在，对生长发育不利。一般来说，正常的新生儿，爸爸妈妈应该每 2～3 小时给宝宝换一个睡姿。选择哪种睡姿，关键取决于能否让宝宝感觉安逸、舒适。等宝宝到了 3 个月以后，爸爸妈妈就不需要特意帮宝宝翻身了，此时大多数宝宝都已具备了自己翻身的能力，可以根据自己是否舒服来调整睡姿。

沐浴品和护肤品须慎用

与成人相比，新生宝宝皮肤薄嫩而血管丰富，有较强的吸收性和通透性，对同样剂量的洗护用品的吸收，比成人要多得多，对过敏物质或毒性物质的反应也要强烈得多。此外，新生宝宝一般靠皮肤表面的一层天然酸性保护膜来保护皮肤，以防细菌感染，并维持皮肤湿润，而且，皮肤维护酸碱平衡的能力比较差。因此，在给宝宝清洗皮肤时，应根据季节变化，选用经过严格医学测试证明的、品质纯正温和的、安全性高的洗护用品。切忌使用成人洗护品，也不能使用碱性洗护品清洁肌肤，以免破坏皮肤保护膜。沐浴之后，可适当为宝宝涂上婴儿专用爽身粉，以保持身体的清新干爽。

科学喂养

人工喂养的宝宝要补水

一般4个月以内母乳喂养的宝宝是不用喝水的，但人工喂养的宝宝，由于奶粉中含有各种特殊成分，所以一定要注意及时补水。人工喂养的宝宝可以在两餐之间喂点水，一般情况下，每次给宝宝饮水不应超过100毫升，炎热的季节或宝宝出汗较多的时候，可适当增加。

最好给宝宝喝白开水，满月后也可以用一些水果、蔬菜煮水喂给宝宝喝，但不要给宝宝喝一些人工配制的饮料。饮料大多含有香精、色素、防腐剂，这些添加剂对宝宝生长及健康不利，会对宝宝肠道产生刺激，轻则引起宝宝肠胃不适、妨碍消化，重则引起胃肠痉挛。

新生宝宝也不宜喝糖水，糖水并没有多少营养价值，还会养成宝宝嗜糖的不良习惯。

要补钙，适量喂点鱼肝油

因为母乳中维生素D的含量不高，维生素D一旦缺乏会影响宝宝的钙质吸收，导致宝宝骨骼发育不良，诱发佝偻病。宝宝太小不适合出门晒太阳，无法通过阳光补充维生素D。因此，妈妈应该在医生的指导下，从宝宝2~3周开始给宝宝喂些鱼肝油，尤其是早产儿、双胞胎、人工喂养的宝宝，在冬季、梅雨季节更应该注意补充。鱼肝油是一种维生素D和维生素A的混合物，补充维生素D的同时也补充了维生素A。母乳喂养的宝宝可以吃浓缩鱼肝油滴剂，每天喂宝宝2~3滴即可。鱼肝油要直接滴入宝宝口腔内，不要将鱼肝油滴在汤匙中再喂给宝宝，这样会造成浪费。

妈妈要喂奶，千万别化妆

许多爱美的妈妈出月子以后，都会恢复每天化妆的习惯，其实这对宝宝的健康不利。妈妈的体味对宝宝有着一种特殊的魔力，闻着专属于妈妈的味道，宝宝会感到幸福与安心，并且产生出愉悦的吃奶情绪。浓烈的化妆品气味会掩盖住妈妈的体味，宝宝闻不到熟悉的气味会难以适应而产生失落情绪，奶量也会随之减少，长此以往将会严重影响生长发育。此外，粉末状的化妆品还可能会引发宝宝过敏。

冲调好的奶宜这样贮存和加热

有时候，为了避免宝宝醒来后不能及时喝到奶而哭闹，妈妈会提前调配一瓶奶粉备用，但要切记，冲调好的奶粉要盖上盖子放入冰箱里贮存，而且应在24小时内喝完。对于喝剩下的配方奶，如果剩余量较少，最好倒掉；如果剩余量很多，可以放入冰箱中贮存，但也不能存放时间过长，最好在1小时内喝掉。

从冰箱中取出的配方奶，要在加热后饮用。加热时，可用碗装好热水，然后把奶瓶放在热水里隔水烫热。也可以将装有配方奶的奶瓶直接放入热水龙头下冲，直到冲热奶水。不要用微波炉热奶，这样可以避免局部过热的奶水烫伤宝宝口腔。

宝宝漾奶是怎么回事

漾奶，也就是溢奶，是指喂奶后，随即有1～2口奶水反流，从宝宝嘴边溢出。也有因为妈妈在喂奶后不久给宝宝换尿布而引起漾奶的情况。一般情况下，这不会影响宝宝的生长发育，可视为正常现象。随着月龄的增长，到6个月左右。宝宝漾奶的现象会自然消失。

宝宝吐奶是怎么回事

吐奶是新生儿期常见的现象。吐奶也可称喷奶，不同于漾奶，它是由于消化道和其他有关脏器受到某些异常刺激而引起的神经反射性动作，呕吐时奶水多是喷射性地从嘴里，甚至鼻子里涌出的。吐奶从新生儿时期就可能发生，有的宝宝到1～2个月时才会出现吐奶现象，吐奶前、吐奶后宝宝面部并无任何痛苦的表情，吐奶也是突然发生的，这种情况一般属于习惯性吐奶，不影响宝宝的健康。但要注意，有时吐出的奶会流到耳朵里，应及时用干净的棉签轻轻擦去，以免引起外耳道炎。

宝宝吐奶一般是由于摄入食量过大，与之相联系的表现还有大便次数增多，体重增加显著，若体重每天增加40克以上，就应适当控制宝宝每日摄入的食量。此外，最好不要让宝宝躺着喝奶。应抱着宝宝喂奶，喂完后，将宝宝竖直抱起轻拍背部，直到他打嗝为止。有时宝宝吐奶吐得很多，不到3个小时便又哭着想吃奶，这时应给宝宝适量喂奶。

习惯性吐奶的宝宝一般体重增长正常，精神好，睡眠好，大便正常，宝宝 3 个月后吐奶会自然减轻。但应注意，有些疾病也会伴有吐奶的症状，如食道和胃肠道的先天畸形、肠梗阻等。新生儿患脑膜炎、败血症和其他感染疾病也会出现吐奶状况，这些疾病引起的吐奶通常比较剧烈和频繁，且不是一两天能恢复的。所以遇到宝宝吐奶时，要仔细观察宝宝每天的吐奶次数，大小便情况，有没有腹胀、发热或精神不好等症状。当吐奶又伴有其他症状，或每天吐奶次数在 2 ～ 3 次以上时，应及时到医院诊治。

家庭诊所

宝宝打嗝怎么办

打嗝是由于膈肌痉挛所致，由于宝宝膈肌发育还不完善，所以经常打嗝，这是一种正常的反射，一般很短的时间后就会停止，不会对宝宝造成伤害。

（1）如果宝宝是受凉引起的打嗝，可先抱起宝宝，轻拍他的后背，然后喂点温水，将宝宝的胸部和小肚子盖上衣被。

（2）如果宝宝是因为吃奶过急、过多或奶水凉引起的打嗝，可刺激宝宝的脚底，促使他啼哭。这样，可使宝宝的膈肌收缩状态停止，从而止住打嗝。

（3）爸爸妈妈用玩具在前面逗引宝宝，转移宝宝的注意力，对打嗝也有缓解作用，玩具最好是带音乐的、颜色鲜艳、宝宝喜欢的，这样很容易吸引宝宝的注意力。

（4）在宝宝耳边轻轻地挠痒，并和宝宝说说话，也可止嗝。

便便是宝宝健康的晴雨表

便便是宝宝健康的晴雨表，它是反映宝宝胃肠功能的一面镜子，爸爸妈妈可以通过细心观察便便来了解宝宝的健康状况。新生宝宝排便的次数较多，但也有的宝宝排便次数较少。在 48 小时内排便一次，并且较有规律，也还正常。不过，最好还是可以每天排便一次。

⊛ 看颜色

正常便便一般呈现黄色，但如果宝宝吃多了猪肝、菠菜等含铁的食物，便便也可能略呈黑褐色；吃的青菜多，可能偏绿色；吃西红柿和西瓜，便便可能偏红。不过，如果便便出现柏油状的黑色，可能是消化道出血的表现；如果便便带血，则有可能是由于大便干燥，造成肛门裂伤；如果排稀便，而且便里含有脓血，可能是痢疾造成；如果大便呈果酱样，可能出现肠套叠，症状十分危险，上述这些情况都必须带宝宝去医院诊治。

✸ 看性状

正常的便便是成形的软便，如果形状改变，成为水样便、蛋花样便、喷射状大便、黏液便、脓血便时，则是危险信号，同样要请医生诊治。例如蛋花便，也就是便便里的水多、粪少，像将鸡蛋打散煮熟的蛋花汤，这种情况则有可能是由病毒感染引起。

警惕新生宝宝破伤风

新生儿破伤风多发生于未经消毒的急产，破伤风杆菌从脐带断裂处进入新生宝宝体内，在体内潜伏7天左右才会发病。发病时，宝宝表现为牙关紧闭，不易塞进乳头，多哭闹，易被惊动，口吐白沫，四肢肌肉强直，面部肌肉痉挛形成苦笑面容。严重者咽喉肌肉痉挛，全身缺氧引起青紫窒息，如抢救不及时，会引起死亡。

破伤风以预防为主，有感染可能或已经感染的宝宝，应立刻送医院诊治，及早注射破伤风抗毒素，并对症处理。

宝宝患了鹅口疮，护理是关键

鹅口疮是宝宝常见的口腔疾病。患了鹅口疮的宝宝嘴巴里常有很多像奶斑一样的东西粘在口腔壁上，与新生宝宝吃奶留下的奶斑很难区别。如果用棉签能擦掉则为奶斑，擦不掉则为鹅口疮。

预防鹅口疮的关键是照顾宝宝的时候注意用流动水洗净双手，食具严格消毒，避免滥用或长期使用抗生素。

✸ 预防鹅口疮很重要

（1）宝宝的餐具使用后消毒。

（2）被褥定期拆洗、晾晒。

（3）经常带宝宝户外活动，增强抵抗力。

（4）洗漱用具母子分开。

（5）母乳喂养前洗手，清洁乳头、乳晕。

✸ 发现鹅口疮巧处理

（1）用冰硼散或硼砂甘油涂抹患处，一天3～4次。也可用棉签蘸1%龙胆紫涂在口腔中，每天1～2次，但龙胆紫会将口腔黏膜染成紫色。

（2）用制霉菌素片1片（每片50万单位）溶于10毫升冷开水中，然后涂抹患处，每天3～4次。并服用维生素B和维生素C，以增加黏膜的抵抗力。一般2～3天鹅口疮即可好转或痊愈，如仍未见好转，就应到医院儿科诊治。

宝宝呛奶的应对方法

宝宝由于神经系统发育不完善，容易造成会厌失灵，而呛奶就是其主要表现。宝宝吐奶时，由于会厌运动失灵，没有把气管口盖严，奶汁就容易误入气管。呛奶严重，可出现面部青紫、全身抽动、呼吸不规则，吐出奶液或泡沫等，宝宝可能会有生命危险。

轻微的呛奶，宝宝自己会调适呼吸及吞咽动作，一般不会吸入气管，妈妈只要密切观察宝宝的呼吸状况及肤色即可。

严重呛奶时，如果宝宝是平躺发生呕吐，应迅速将宝宝的脸侧向一边，以免吐出物流入咽喉及气管。然后把手帕缠在手指上，伸入宝宝口腔中，将吐出和溢出的奶快速清理出来，以保持呼吸道顺畅，最后用小棉花棒清理鼻孔。

宝宝憋气不呼吸或脸色变暗时，表示吐出物可能已进入气管了，这时应让宝宝俯卧在床上，用力拍打背部3~5次，使宝宝能将奶咳出来。

若以上方法都没有作用，需要马上掐捏宝宝的脚底，刺激宝宝，使宝宝因疼痛而啼哭，加大呼吸，此时最重要的是让他吸入氧气，同时及时送宝宝去医院诊治。

·呼吸很顺畅也要大哭一下·

即使宝宝在呛奶后呼吸很顺畅，最好还是想办法让他再用力哭一下，以观察啼哭时的吸气及吐气动作，看有无任何异常，如声音微弱、吸气困难、严重凹胸等，如有则请立即到医院诊治。如果宝宝哭声洪亮，脸色红润，则表示没有问题。

宝宝鼻塞就是感冒吗

宝宝出生 15 天后，一般经常出现鼻塞，其实这不是感冒，妈妈不用担心，更不要乱给宝宝服用感冒药。

当宝宝鼻腔的黏膜水肿，并没有发现分泌物堵塞鼻道时，妈妈可以用温水将毛巾打湿后，热敷宝宝鼻根处，这样有助于缓解鼻塞。

如果发现有分泌物堵塞鼻道时，可用棉棒将分泌物轻轻地拨出来。若是干性分泌物，应先涂些软膏，使其变得松软，再用棉棒将其拨出；或用柔软安全的物品刺激鼻黏膜，引起打喷嚏反射，鼻腔的分泌物也可随之排出，从而使宝宝鼻腔通畅。

如果宝宝的鼻腔经常被分泌物堵塞，妈妈可以尽量保持室内空气新鲜，湿度和温度适宜，使宝宝逐步适应环境。天气好的时候，妈妈要经常带宝宝到室外多接触新鲜空气。

最后需要提醒的是，有鼻黏膜水肿的宝宝，清理鼻道一时也无法改变鼻塞的症状，妈妈一定不要着急，消除水肿的症状是个自然过程，一般一个月左右即可消失。

潜能开发

定期更换床头玩具

宝宝的视觉发育在 3 周岁之前是关键期，尤其是 1 岁以内这段时期尤为重要，这段时期宝宝眼球及视网膜都在快速发育着。刚满月的宝宝视觉水平较低，一般喜欢注视一些色彩鲜艳的玩具。因此，在床头挂一些色彩艳丽（如红色、绿色）的玩具，或彩色的花环、气球等，有助于宝宝的视觉发育。但床头玩具应该定期更换，增加宝宝视觉色彩的丰富性，而且还要经常变换位置，以免宝宝总是朝一个方向注视，造成双侧视力发育不对称。

利用玩具，启发宝宝探索能力

也许有些爸爸妈妈认为这么小的宝宝不需要什么玩具，因为宝宝根本不懂玩耍。研究表明，即使新生儿也有很强的学习能力，一出生，他们就会用自己的独特方式来认识周围的世界。不到一个月的宝宝，吃饱睡足后也能积极地吸收周围环境中的信息。玩具可以启发宝宝的探索能力。对比强烈的颜色和鲜艳的图案对宝宝很有吸引力，而慢速移动并能发出柔和声音的物体，远比那些静止和无声的东西更有趣。

所以，满月宝宝比较适合的玩具有手摇玩具、录音机、音乐盒、音乐床铃、打不破的镜子、有声音的玩具、风铃等，这些物品都能吸引他们的注意力。

✺ 亲子游戏：听铃声

游戏目的 训练听力。

游戏方法 （1）妈妈将铃铛或其他的发声玩具在宝宝周围摇动，看宝宝能否根据声音寻找声源。

（2）在一个纸盒里放入适量黄豆，宝宝醒着的时候，在他耳边约 10 厘米的地方轻轻晃动盒子，发出声响，看宝宝会不会寻找声源。

听铃声

✺ 亲子游戏：视力定向

游戏目的 训练宝宝对声音和形状的视听定向能力，提高大脑的辨别能力。

视力定向

游戏方法 在宝宝的小床上方挂一些能动的物体，最好是颜色鲜艳有响动的玩具，每次挂一件，要定期更换。妈妈可以在宝宝精神好的时候轻轻触碰这些玩具，引起宝宝的兴趣，让宝宝眼睛集中到这些玩具上。

常逗宝宝笑，有益提高注意力

越早会笑的宝宝越聪明，宝宝一般在出生后 10 ~ 20 天时学会笑。如果宝宝到 1 ~ 2 月时还不会笑，就需要请医生检查。笑也需要学习，从出生第 1 天起爸爸妈妈就要多对宝宝笑，并逗引宝宝笑。宝宝的第一次笑，也应记入宝宝的成长记录中。

✺ 亲子游戏：逗宝宝笑

游戏目的 有助于提高宝宝的注意力，给宝宝创造模仿学习的条件。

哇，在这儿呢!

游戏方法 （1）将宝宝平放在床上，妈妈面对宝宝，用手轻轻抓挠或抚摸宝宝的胸脯，促进宝宝微笑。观察宝宝的反应是否愉悦，并用细小的声音或微笑回应。

（2）妈妈用手挡住自己的眼睛说："宝宝哪儿去了？宝宝哪儿去了？"然后把手拿开："哇，在这儿呢！"让宝宝观察妈妈的表情变化，并引他笑。

学"行走"

利用行走反射，锻炼宝宝小腿

别以为宝宝身体很软，连头都抬不起来，肯定不会行走。宝宝天生就有行走反射的能力，这种反射一般会在出生 56 天左右消失。妈妈可以充分利用宝宝的这一反射能力，锻炼宝宝的小身体。

◉ 亲子游戏：学"行走"

游戏目的 锻炼宝宝的腿部。

游戏方法 妈妈双手托住宝宝腋下，让宝宝光脚接触床面，宝宝就能反射性地迈步，妈妈可以一边逗宝宝，一边喊节奏。

行走训练宜在宝宝吃奶半小时后或睡醒后进行，每天 3 ~ 4 次，每次 2 分钟左右。

如果宝宝不喜欢行走不要勉强，生病时不要做此训练，早产宝宝不宜做这项训练。

专家问答

宝宝"满月头"必须剃吗

我国传统习俗中有一个宝宝满月必须剃"满月头"的习俗，认为这样做，以后孩子的头发会长得多、长得好。其实，这种做法毫无科学根据。

正常情况下，宝宝的胎发都会被日后长出的头发替换掉，不需要去剃除。而且，头发长得快慢，头发的粗细、多少与剃不剃胎毛并无关系，而是与宝宝的生长发育、营养状况及遗传等因素有关。宝宝皮肤薄嫩，抵抗力弱，剃刮容易损伤头皮，引起皮肤感染，如果细菌侵入头发根部，破坏了毛囊，不但头发长得不好，反而会弄巧成拙，导致脱发。因此"满月头"还是不剃为好。如果需要为宝宝理发，让宝宝舒服些，这时也应采取"剪"而非"剃"的方式。用剪刀剪去过长的头发，既可以让宝宝显得精神，又不会对头皮造成损伤。

第2部分

婴儿期——雨后春笋般长大

两个月的宝宝

生长发育特点

身体成长指标

性别 指标	男宝宝			女宝宝		
	最小值	均 值	最大值	最小值	均 值	最大值
体重（千克）	4.7	6.1	7.6	4.4	5.7	7.0
身长（厘米）	55.6	60.4	65.2	54.6	59.2	63.8
头围（厘米）	37.0	39.6	42.2	36.2	38.6	41.0
胸围（厘米）	36.2	39.5	43.4	35.1	38.7	42.3

感觉发育

一般此时的宝宝仍然无法看清 30 厘米外的物体，但能注视 30 厘米内的东西。宝宝能紧盯着物体，好像要用眼神把东西抓住，但难以长时间追视物体。

宝宝两个月时已经对妈妈的声音很熟悉了，即使妈妈在其他房间，他也可以辨认出妈妈的声音。宝宝对熟悉的音乐也会有积极的反应，有些乐曲会使宝宝快乐得四肢舞动；这时的宝宝更喜欢听爸爸妈妈唱歌。

两个月的宝宝能辨别不同的味道，对不好的味道会表现出厌恶，会逃避难闻的气味。

语言发育

两个月的宝宝虽然不能用语言进行表达，但已经有表达的意愿。当爸爸妈妈和宝宝说话时，可能会惊奇地发现，宝宝的小嘴会模仿说话动作，嘴唇微微向上翘，成"O"形。两个月的宝宝可以笑出声来了。

动作发育

在这一个月，宝宝身体的许多运动仍然是反射性的，例如每次转头时采用的是防御体位（强直性颈反射），听到噪音或受到惊吓时伸开手臂（摩罗反射）。尽管这个时候宝宝的头只能抬起1～2秒钟，但这种能力至少可以让宝宝换一种视野看这个世界。

宝宝的腿也逐渐变得更加强劲有力，腿会从刚出生时的屈曲状态变为伸展。虽然踢腿仍然以反射性为主，但动作却变得有力而迅速。宝宝的手部运动出现许多变化，手会突然间放松，手臂外展。

日常护理要点

千万别给宝宝戴小手套

两个月的宝宝比较活泼爱动了，但还不能控制手脚的定向运动，有时会把自己的小脸蛋抓破。有的妈妈为了防止出现这种情况，就给宝宝戴上小手套。其实这种做法是比较危险的，这是因为手套毛边的棉线，很容易绕在宝宝嫩小的手指上，手指越动，线勒得越紧，很快宝宝的手指会因为血液循环受阻、缺血而坏死。轻者可引起指端脱落致残，重者可引发骨髓炎、败血症等。

如何纠正宝宝睡觉日夜颠倒

正常情况下，宝宝在出生后的一段时间，就会逐渐养成白天觉醒时间长、夜里睡眠时间长的作息规律。但有些宝宝恰恰睡反了，白天睡眠时间长，夜里睡眠时间短，与正常的作息规律正好相反，让爸爸妈妈十分疲惫。那么，宝宝睡觉日夜颠倒应该怎么办呢？

（1）要为宝宝合理制定生活作息表，并切实执行下去。1岁以内的宝宝除了洗澡、吃东西、玩耍之外就是睡觉了。一天平均睡眠的时间为15个小时。最让爸爸妈妈头疼的应该是宝宝夜间的啼哭，这时就要找出造成宝宝夜间啼哭的原因。

（2）白天尽量让宝宝玩耍，减少午睡的时间，或者不要让宝宝太晚睡午觉。沐浴时间最好改在睡前半小时至1小时，如此可使宝宝放松心情，易于入睡。

（3）注意宝宝是否吃饱了，尿布是否干爽，身体是否有任何不适，在排除这些状况后，才能开始为宝宝进行睡眠调整计划。

包捆宝宝影响大脑发育

为了给宝宝保暖，防止罗圈腿，有些妈妈会把宝宝的胳膊、腿脚强行伸直，用布条或包布、被子包捆起来，这种做法是很不科学的。

捆住宝宝的胳膊、腿脚，使宝宝僵硬挺直，限制了四肢的活动，使宝宝的肌肉、关节得不到运动锻炼，不利于神经、肌肉的发育，同时神经得不到有效的刺激，会影响大脑的发育。同时，还可能影响宝宝的呼吸和胸廓的正常发育。

最简单理想的保暖方法是给宝宝穿上合适的肚兜，或者宽大一点的连体衣，既能保暖，又能使宝宝四肢自由地活动。

·罗圈腿是由于缺钙·

"罗圈腿"主要是由于缺钙或其他原因引起的，与新生宝宝的自由活动无关，包捆住宝宝的胳膊、腿脚并不能防止"罗圈腿"的发生。

宝宝眼睛的护理

眼睛是心灵的窗户，每个宝宝不但要有健康的身体，还要有一双明亮的眼睛，眼睛又是十分敏感的器官，极易受到各种侵害，如温度、强光、尘土、细菌以及异物等。眼睛是否健康常常会关系到孩子一生的幸福。

防感染：宝宝要有自己的专用脸盆和毛巾，并定期消毒，不可以用成人的手帕或直接用手去擦拭宝宝的眼睛。

防噪音：您可能不知道，噪音能使宝宝眼睛对光线亮度的敏感性降低，使视觉清晰度的稳定性下降，使色觉、视野发生异常，使眼睛对运动物体的对称性平衡反应失灵。因此，宝宝居室环境要保持安静。

防强光：宝宝睡眠要充足，一般可以不开灯。如要开灯，灯光亦不要太强，尽量不要让光线直射。免得灯光刺激眼睛，影响宝宝睡眠。宝宝到户外活动要防止太阳直射眼睛。

防"近物"：如果把玩具放得特别近，宝宝的眼睛可能因较长时间地内聚，而发展成内斜视。应把玩具挂在围栏周围，并经常更换位置和方向。

防睡姿：宝宝睡眠的位置要经常更换，切不可长时间地向一边睡，日久容易形成斜视。

防异物：宝宝的瞬目反射尚不健全，因此防止眼内出现异物格外重要，如宝宝所处的环境应清洁、湿润；打扫卫生时应及时将宝宝抱开；宝宝躺在床上时不要清理床铺，以免飞尘或床上的灰尘进入宝宝眼内；外出时如遇刮风，用纱巾罩住宝宝面部，以免沙尘进入眼睛；洗澡时也应该注意避免浴液刺激宝宝眼睛。

宝宝有耳屎怎么办

一些妈妈有给宝宝掏耳屎的习惯，很容易碰伤宝宝娇嫩的耳道黏膜引发细菌感染，甚至伤及鼓膜和听小骨，引发中耳炎，导致听力下降。耳屎一般会随着身体运动及口腔的张合，向外移动而自行排出。所以，耳屎不多的宝宝，一般不需要清理。如果妈妈担心，也可以用棉签在外耳道入口处轻轻清理一下即可。

如果耳屎过多，可以用3%的碳酸氢钠（即小苏打溶液）滴耳，每2～3小时滴1滴，一天3～4次，1～2天后待耳屎变软，再用小镊子轻轻将其取出，注意在操作过程中一定要固定好宝宝头部，勿使其乱动。

有时可以用涂有金霉素眼药膏的小棉签，在外耳道擦一下，既可以帮助杀菌，也能帮助润湿外耳道，有助于耳屎自然脱落。但如果耳屎结成硬块，造成外耳道阻塞，应该去医院请医生处理，切勿在家中强行给宝宝挖耳朵。

宝宝有鼻屎怎么办

宝宝的鼻道相对狭窄，鼻黏膜很娇嫩，布有丰富的血管。鼻屎处理不当，会引起鼻黏膜的损伤，甚至出血、感染，所以处理宝宝的鼻屎需要特别谨慎。

清理宝宝鼻腔分泌物时，要先软化分泌物，可用棉棒蘸清水往宝宝鼻腔内各滴1～2滴，1～2分钟后，待分泌物软化，再用干棉棒将其拨出；或用软物刺激鼻黏膜引起打喷嚏，鼻腔分泌物即可随之排出，从而使宝宝鼻腔通畅。

给宝宝准备一张小床

一些妈妈为了夜里照顾宝宝方便，就把宝宝放在自己的床上一起入睡。这种做法其实是不可取的。妈妈最好在卧室中为宝宝准备一张大小适宜的婴儿床，让宝宝单独睡。宝宝如果与妈妈同睡，非常容易把宝宝的头蒙在被窝里，轻则使得宝宝没法呼吸到新鲜空气，造成睡眠不安稳，严重者可导致缺氧、窒息。此外，妈妈在哺乳期相当疲劳，晚上给宝宝喂奶后，翻身时容易把宝宝压在身体下面，发生意外窒息。从小让宝宝自己睡，不仅可以让宝宝拥有更好的睡眠，同时也有助于增强宝宝成长的独立性。

做空气浴

所谓"空气浴"，就是让宝宝柔嫩的皮肤沐浴在空气中，与干净、新鲜的空气相接触。空气浴对于宝宝的气管、黏膜、皮肤的发育非常有益，还能增加宝宝适应气候变化的能力。

空气浴的方法非常简单，让宝宝的肌肤尽量多地接触新鲜空气即可。锻炼要遵循循序渐进原则，可先在室内进行。让宝宝穿上轻薄、宽大、透气的衣服躺在床上，有利于皮肤广泛地接触空气。空气浴的时间也要注意控制，开始阶段可持续 2 ~ 3 分钟；宝宝 4 ~ 5 个月大时可延长至 4 ~ 5 分钟；夏季可逐渐增加到 1 ~ 2 小时。

宝宝满月后，每当给宝宝换尿布或衣服时，可以不要急着给宝宝穿衣服，而让宝宝身体的一部分裸露在空气中 1 ~ 2 分钟，让宝宝的皮肤逐渐适应空气浴。宝宝两个月大后，可在早晚穿脱衣服时、换尿布或洗澡后，积极适当地给宝宝做空气浴。

在冬季，宝宝做空气浴的室温宜保持在 18 ~ 22℃，以免冻着宝宝。随着宝宝的成长，空气浴的室温也可以逐渐适当地降低。不过，3 岁内的宝宝，空气浴的室温不宜低于 16℃。风和日丽的天气，户外温度在 20℃以上时，最好带宝宝到户外进行空气浴。

室外空气浴需从夏天开始，要求在天气晴朗、微风徐徐的情况下进行，最理想的温度在 20℃左右。时间最好选在早饭后 1 ~ 1.5 小时，因为此时空气中灰尘杂质与有害成分较少，空气凉爽，对机体的兴奋刺激明显。地点宜选择在干燥的、没有穿堂风的背阴处。

科学喂养

本月喂养特点

两个月的宝宝吸吮能力大大增强，对外界的适应能力也逐渐提高，妈妈喂养宝宝也比上个月顺利得多。

这一时期宜继续按需喂养，如果母乳不够，可适当增喂一次奶粉。喂奶粉的时间可安排在下午 4 ~ 6 时，因为这个时间妈妈的泌奶量相对较少，可单独喂奶粉，每次约 120 毫升。

如果是人工喂养的宝宝，要注意不要让宝宝吃得过量，否则会加重身体负担。宝宝的吃奶量有一定的标准，一般来说，出生时体重为 3 ~ 3.5 千克的宝宝，1 ~ 2 个月期间，每天宜吃 600 ~ 800 毫升的配方奶，每天分 7 次吃，每次吃 100 ~ 120 毫升，如果每天吃 6 次，则每次吃 140 毫升。对食量过大的宝宝，尽管每次能吃 150 ~ 180 毫升，最好也不要超过 150 毫升，否则会加重肾脏、消化器官的负担。如果宝宝吃完 150 毫升后好像还没有吃饱并啼哭，可给宝宝喝 30 毫升左右的白开水。冲调奶粉时不要再加糖，否则会使宝宝过胖。

宝宝边吃边睡易呛奶

很多妈妈为了让宝宝能更好地睡觉，常习惯在宝宝快要睡觉时喂奶，让宝宝一边吃奶一边慢慢入睡。其实这种做法对宝宝健康不利。宝宝边吃边睡极易呛奶，奶水一直在嘴里发酵，还会损害宝宝的乳牙。因此，妈妈应该让宝宝清醒着吃奶。宝宝吃奶后要喂点清水，进行口腔清理后再让宝宝入睡。

适量给宝宝补充维生素 K

母乳中含有的维生素 K 很低。6 个月内的宝宝生长迅速，对维生素 K 的需求量增多，但由于宝宝肠道内合成维生素 K 的菌群不足，无法满足身体对维生素 K 的需求，如果宝宝缺乏维生素 K，容易发生维生素 K 缺乏性出血疾病，尤其是早产及出生时体重低的宝宝。

预防是避免宝宝出现维生素 K 缺乏的关键。母乳喂养的宝宝可以通过母乳间接补充维生素 K，妈妈适量多吃些富含维生素 K 的食物（如绿色蔬菜、鱼类、动物肝脏等），可以增加乳汁中维生素 K 的含量；此外，0~3 个月的宝宝可以在医生的指导下口服维生素 K。由于我国规定婴幼儿配方奶粉中需添加维生素 K，因此混合喂养和人工喂养的宝宝，可以在医生的指导下确定补充量。

妈妈感冒了，怎么喂宝宝

很多妈妈在感冒的时候就停止给宝宝喂奶，其实这样做并不能保护宝宝不受病毒侵害，因为病毒早就通过空气和身体的接触传给了宝宝，停止母乳喂养反而会减少宝宝从母乳中获得的抗体，降低宝宝免疫力。那么，妈妈感冒了怎么给宝宝喂奶呢？

给宝宝喂奶时，妈妈可以戴上口罩，以免感冒病毒通过空气直接进入宝宝的呼吸道。妈妈可以多喝白开水，在医生的建议下服用感冒冲剂、板蓝根等，但一定不要私自服用药物，以免药物对宝宝造成伤害。

夜间如何轻松喂养宝宝

由于宝宝需要不定时地喂奶，难免会出现给宝宝夜间喂奶的情况。那么，如何减轻夜间喂奶的压力呢？

（1）按需哺乳：宝宝生长迅速，所以夜里吃奶也比较多，妈妈可以根据宝宝的需求按需喂奶。

（2）延长喂奶间隔：未满月的宝宝每天夜里需喂奶 2 ~ 3 次，等到宝宝满月后，随着夜里一次性睡眠时间的延长，妈妈就可以慢慢减少夜里喂奶的次数了。减少喂奶次数的同时，妈妈需要保证宝宝每天的吃奶量，可以在睡前把宝宝喂得饱一些，早晨起床后的第一顿奶可以适当提前一点。

（3）尝试躺着喂奶：躺着喂奶可以减轻妈妈的负担，也让宝宝轻松。妈妈可以在背后多垫几个枕头，自己选择侧卧的姿势，让宝宝和自己面对面侧卧，乳头与宝宝的嘴巴处于同一水平面上。但要注意不要让宝宝含着乳头睡觉，或者边睡边吃。

（4）营造环境：夜里喂奶要保持安静，尽量少逗宝宝，以免宝宝醒来哭闹。灯光宜柔和、昏暗，以帮助宝宝养成良好的睡眠习惯，不睡颠倒觉。

（5）寻找帮手：人工喂养的宝宝，妈妈可以让爸爸帮忙冲调配方奶粉、给宝宝喂奶，以减轻妈妈夜里喂奶的压力。给宝宝喂奶时要注意保暖，先给宝宝包上一床小被子再抱起来喂奶，喂过奶后不要忘记拍嗝，以免宝宝溢奶。

不要边喂奶边逗宝宝

有些妈妈喂奶时为了让宝宝高兴多吃点，会故意逗引宝宝，这种做法是不对的，因为这样很可能导致乳汁误入气管，引起呛奶甚至导致吸入性肺炎。另外，宝宝边玩边喝奶也容易引起消化不良。所以，妈妈一定要让宝宝专心喝奶，以免对宝宝健康造成危害。

家庭诊所

两个月宜接种的疫苗

◉ 脊髓灰质炎混合疫苗

脊髓灰质炎病毒通过患者的粪便或口腔分泌物传染，宝宝感染后会诱发小儿麻痹。所以，宝宝满两个月时宜接种脊髓灰质炎混合疫苗。一般来说，脊髓灰质炎混合疫苗共需要接种 5 次，时间分别为满两个月、满 3 个月、满 4 个月、满 1 岁、满 4 岁各一次。脊髓灰质炎混合疫苗的接种形式为口服糖丸 1 粒。接种时需要注意：口服糖丸前 1 小时不能饮水、喝奶、吃饭；口服糖丸后 1 小时不能饮水、喝奶、吃饭；宝宝口服糖丸后要在接种现场观察 30 分钟，如果出现不良反应可以及时请医生处理；少数宝宝口服糖丸后会出现轻度腹泻。如果宝宝有高烧、免疫力低下或正在使用肾上腺皮质激素或抗癌药物，则不宜接种该疫苗。

◉ 乙肝疫苗

宝宝满月后，爸爸妈妈要带宝宝去医院第二次接种乙肝疫苗，也就是乙肝疫苗第一次加强针，到宝宝 6 个月左右还要进行第三次接种。

宝宝流泪不止是怎么回事

一些刚出生的宝宝可能会有流泪不止的问题，这究竟是怎么回事呢？这是因为宝宝出生时，鼻泪管的下端出口被先天性的一层薄膜封闭，或因上皮碎屑堵塞了泪道，这样正常分泌的眼泪就不能通过泪道而排出，眼泪只好从面颊上流下来，导致流泪不止的现象。一般来说，在宝宝出生后 3 ~ 4 周，这层薄膜会自行破裂，泪道通畅，流泪不止的现象就会好转。所以，爸爸妈妈不必担心。

但如果宝宝流泪不止，泪囊处可触及囊性肿块，挤压时有脓性分泌物流出，极有可能是患上了新生儿泪囊炎，应该及时带宝宝去医院诊治。

宝宝脐疝不可怕

宝宝满月后，脐带脱落部位早已愈合，可有些宝宝肚脐越来越向外突出，形成一个柔软的突起，这就是脐疝，俗称鼓肚脐、气肚脐，一般多发生于宝宝出生后两周至 3 个月，通常是由于两侧腹肌未完全在中线合拢，留有缺损造成的。

脐疝会随着宝宝年龄的增长，腹壁肌肉的逐渐发达，一般在宝宝 1 ~ 2 岁时自愈。日常护理时，妈妈应注意尽量减少增加宝宝腹压的机会，如不要让宝宝无休止地哭闹；有慢性咳嗽的要及时治疗；调整好宝宝的饮食，不要使宝宝发生腹胀或便秘。如果脐疝太大，就容易被尿布和内衣划伤，引起皮肤发炎、溃疡，这种情况应及时去医院治疗；如果脐孔直径超过两厘米，无自愈的可能时，也应尽早去医院做手术修补。

宝宝急性中耳炎的家庭护理

典型的急性中耳炎易被发现，通常表现为耳痛或伴发热，后期常出现耳朵流脓。但许多患急性中耳炎的宝宝仅表现出烦躁哭闹、用力扯耳、精神萎靡，且与鼻塞、咳嗽、流涕、发热等感冒症状夹杂出现。

⊛ 急性中耳炎的家庭护理

（1）为宝宝提供良好的环境，让宝宝舒适、充分地休息。宝宝睡觉时，尽可能垫高头颈部，以减少耳部充血，缓解疼痛。

（2）不要让宝宝躺着喝奶，以免乳汁溢入耳道。

（3）宝宝发烧时，应给予充足的水分，多喝白开水、鲜榨果汁、菜汁等。

（4）随时注意宝宝的身体状况。在精心照料和治疗下，2~3天内，炎症会被有效控制。如果情况没有改善，反而更加恶化，宝宝出现嗜睡、颈僵硬等现象，可能已有并发症，应尽快去医院诊治。

（5）不要以为耳痛、发烧等短暂的表面症状缓解就表示中耳炎已经痊愈，继续追踪诊治其遗留下来的积液问题，是爸爸妈妈必须要有的基本常识。

给宝宝测量体温的正确方法

宝宝是否发烧，妈妈千万不能以手或自己的额头去"感觉"，必须通过体温计去实际测量。因为6个月内的宝宝体温调节中枢功能还不完善，体温容易受到外界环境的影响，所以妈妈需要掌握正确的给宝宝测量体温的方法。

（1）妈妈把手洗干净，擦干；取出温度计，并做好准备工作，将体温计中的水银柱甩到35℃以下。

（2）腋下测量时，解开宝宝的衣服，轻轻擦干腋窝，将体温计水银端放于宝宝的腋窝深处紧贴皮肤，帮助夹紧体温计，10分钟后取出，看体温计度数。

（3）为宝宝包好身体。

（4）将体温计浸泡于消毒液容器中，消毒后用清水冲洗干净，擦干备用。

潜能开发

给宝宝做做被动操

2～6个月大的宝宝可以在爸爸妈妈的帮助下做做被动操。主要锻炼胸、臂肌肉及肩、膝、股、肘关节及其韧带的功能，同时借助按摩体操促进手臂肌肉和腿脚肌肉的肌力。

⬤ 准备活动

准备活动可以帮助消除肌肉、关节的僵硬状态，以避免宝宝在做被动操时意外受伤。妈妈让宝宝仰卧在床上，一边轻轻抚摸宝宝，一边轻柔地跟宝宝说话，使宝宝很轻松、很放松，像做游戏一样。

⬤ 第一节——两臂胸前交叉

预备姿势：宝宝取仰卧位，妈妈双手握住宝宝腕部，拇指放在宝宝手心里，让宝宝握住，宝宝两臂放在身体两侧。

做法：

（1）两臂左右分开平展。

（2）双臂于胸前交叉。

重复做两个八拍。

⬤ 第二节——上肢屈伸运动

预备动作同第一节。

做法：

（1）左臂肘关节弯曲。

（2）伸直还原。

换右手，重复做两个八拍。

⬤ 第三节——下肢屈伸运动

预备姿势：宝宝仰卧，两腿伸直，妈妈两手握住宝宝脚腕。

做法：

（1）左腿屈曲至腹部。

（2）左腿复原。

换右腿，重复做两个八拍。

⬤ 第四节——抬头运动

预备姿势：宝宝俯卧在床上，妈妈在宝宝身后，两手扶宝宝双肘及前臂。

做法：

（1）将宝宝的两手放于胸下。

（2）使宝宝的头逐步抬起。

（3）慢慢放下宝宝的头。

（4）还原成预备姿势。

重复两个八拍。

● 第五节——举腿运动

预备姿势：宝宝仰卧，两腿伸直，妈妈握住宝宝膝部，拇指在下，其余四指在上。

做法：

（1）妈妈将宝宝两腿向上方举起，与腹部成直角。

（2）还原成预备姿势。

重复两个八拍。

● 第六节——放松运动

妈妈两手轻轻抖动宝宝的两臂和两腿，或让宝宝在床上自由活动片刻，使宝宝全身肌肉放松。

举腿运动　　　　　　　放松运动

两臂胸前交叉

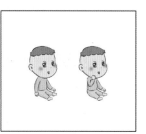

上肢屈伸运动

下肢屈伸运动

抬头运动

·做被动操要注意什么·

（1）做操前，妈妈要洗净双手，摘下手表、戒指，以免划伤宝宝。

（2）时间宜安排在宝宝进食半小时到1小时以后，做完操宜让宝宝自由活动片刻。

（3）做操时，宝宝尽量少穿些衣服。

（4）做操时，放些音乐效果更好。

（5）如果宝宝不喜欢，不要勉强，等他高兴时再做。

语言能力训练

相对于1个月的宝宝来说，两个月的宝宝语言发育进一步完善，他已经能够安静地看着和他说话的爸爸妈妈，有时甚至能够兴奋地回应。因此，这时爸爸妈妈要多和宝宝说说话，以增强和宝宝之间的感情，为宝宝的语言发展加一把力。

◉ 亲子游戏：诱导发声

`游戏目的` 促进宝宝语音感知，提高宝宝"说话"热情。

`游戏方法` （1）妈妈用亲切温柔的声音跟宝宝"说话"，发单个韵母 a（啊）、o（喔）、u（呜）、e（呃）的音。

（2）把宝宝抱在怀里，将宝宝的脸对着妈妈，发出"爸""妈"的音，并让宝宝看见妈妈发音的口型。

◉ 亲子游戏：读儿歌

`游戏目的` 培养宝宝的语感。

`游戏方法` 妈妈将宝宝抱在怀里，一边轻摇一边口中念着儿歌："摇啊摇，摇到外婆桥。我给外婆敬个礼，外婆夸我好宝宝。"

爸爸妈妈宜常给 2 ～ 3 个月的宝宝念儿歌，不仅能训练宝宝的听觉，也是培养宝宝语言能力的一个重要方面。

视觉能力训练

两个月的宝宝要继续进行视觉锻炼，具体方法是动静结合。

静：即训练宝宝的注意力。妈妈可以抱着宝宝，陪宝宝一起看墙上的图画、桌上的鲜花、鲜艳的物品等。妈妈也可以在和宝宝说话的时候，用眼睛注视可爱的宝宝，此时妈妈会惊奇地发现，宝宝也在注视妈妈呢。

动：即训练宝宝的灵活性。妈妈可以抱着宝宝，陪宝宝一起看鱼缸里游动的鱼、窗外的景物等。妈妈和宝宝说话的时候，也可以适时地变化位置，使宝宝有意识地跟着转动眼睛。

◉ 亲子游戏：鲜花在哪里

`游戏目的` 训练宝宝的视觉。

`游戏方法` 妈妈拿着一个彩色的、较大些的花铃棒，一边摇一边慢慢移动，从宝宝左边移到宝宝右边，再从右边移动到左边，开始时宝宝的眼睛会跟着玩具转，一段时间后宝宝的头也会跟着玩具转动。

精细动作训练

宝宝天生有抓握反射能力，妈妈用手指碰触宝宝的小手掌，他就会蜷起自己的小手指去握住妈妈的手指。但在宝宝 8 周前，这些动作都只是出于本能，是不自主的行为。在这段时间里，宝宝的小手大部分时间会保持握拳状态，但他很快会开始有意识地练习开合，并"研究"自己的小手。他甚至可能会试着抓一些软的东西，如毛绒玩具等。

❋ 亲子游戏：抓握训练

游戏目的 训练宝宝手部的抓握能力，提高手部精细动作能力。

游戏方法 （1）妈妈可以用不同质地的布做成小口袋，塞入泡沫塑料，用松紧带吊起，竖抱宝宝，让宝宝去够悬挂的玩具。宝宝还不会伸手，妈妈可以帮助宝宝抓握吊起的小口袋，还可以让宝宝触摸不同的玩具，以促进宝宝的触觉和手部精细动作的发展。

（2）将两个玩具放在桌子上，让宝宝两手一手抓一个玩。

（3）将一副挂铃挂在宝宝的小床上，妈妈抱着宝宝，握着宝宝的手拍打铃铛发出声响，再把一根能牵动挂铃的绳放在宝宝的手里让他握住。宝宝握住后不自主地拉动，挂铃发出声响，宝宝会很高兴。

认知能力训练

两个月的宝宝大脑发育还不完善，爸爸妈妈不要期望过高，或操之过急，应该循序渐进开启宝宝的大脑潜能。

❋ 亲子游戏：好玩的镜子

游戏目的 让宝宝观察自己的脸是培养其良好自我形象的一个步骤。这个游戏能满足宝宝的好奇心，帮助宝宝认识自我。

游戏方法 （1）宝宝心情好的时候，把他平放在床上。

（2）在宝宝的小床上放一枚不易碎的镜子，镜子放在宝宝的视线范围内，略微向下倾斜，以保证宝宝能够看到自己的脸。

（3）引导宝宝去看镜子，并微笑着对宝宝说："镜子里的宝宝真可爱！"

妈妈在让宝宝照镜子的时候，可以把脸凑过去，让镜子里也出现自己，然后告诉宝宝，这个是妈妈，这个是宝宝。这时宝宝会很好奇，慢慢

好玩的镜子

地他也会发现无论自己做什么表情，镜子里的宝宝也会跟着做什么表情。

镜子应由不易破碎的金属材料制成，同时要注意宝宝在镜中的形象不能扭曲过度。

◉ 亲子游戏：感知大小

游戏目的 锻炼宝宝的数学逻辑思维，帮助宝宝感知大小，建立初步的数学概念。

游戏方法 使宝宝扶坐或靠坐，妈妈面对着宝宝。妈妈手持两个红色皮球，一大一小，先让宝宝看大皮球，并反复说："大皮球。"再让宝宝看小皮球，反复说："小皮球。"这样经常练习，慢慢地宝宝就会分辨出大小了。

◉ 亲子游戏：宝宝抚摸妈妈的脸

游戏目的 锻炼宝宝的触觉，开发宝宝的智力。

游戏方法 （1）妈妈可以抱着宝宝，让宝宝能够自由地触摸到妈妈。

（2）妈妈可以把宝宝的手放在自己的脸上，让宝宝的手触摸妈妈的鼻子、嘴、头发和眼睛。

（3）妈妈还可以轻轻地抚摸宝宝的手，轻拍他的胳膊，同他低声细语。

当宝宝的小手抚摸妈妈的脸部时，记得详细告诉宝宝五官的名称。同时要注意的是，要在宝宝清醒的情况下进行游戏。

专家问答

宝宝身上的气味正常吗

一般来说，宝宝身上常常有奶香味，有些宝宝排出的尿略带有呛人的氨水味，这都是正常的。然而，有些宝宝身上会散发出一些奇怪的味道，如烂白菜味、烂苹果味、脚汗味、耗子臊味、臭鱼烂虾味、猫尿味等。如果宝宝身上有这样的味道，千万不要忽视，因为这些味道可能是宝宝患有某种先天性代谢疾病的信号。

先天性代谢疾病如不及时治疗，会直接影响到宝宝的正常发育，尤其是智力发育。但发生先天性代谢疾病的概率很低，妈妈不必过度担心。如果宝宝身上有怪味，要先从卫生方面找原因，排除这些原因后可以带宝宝到医院进行检查，找出具体的原因，及时治疗，以免对宝宝的健康造成危害。

宝宝手足抖动是病吗

宝宝在出生后 42 天左右来医院检查时，很多妈妈都会问同一个问题，自己的宝宝手脚有时抖动是不是抽风，或是因身体缺钙所引起？其实并非如此，在新生儿时期，宝宝的大脑中枢尚未发育完善，功能尚不健全，而运动神经系统相对发育得较为完善，所以有时会表现出手、臂、手指、小腿等肢体的不自主抖动，这一般是一种正常的生理现象。随着宝宝大脑功能进一步完善，手足抖动的现象便会消失，所以爸爸妈妈不必担心。

如果是抽风或缺钙引起的手足抽搐，都会伴有其他的病理现象，如高热、烦躁不安、吃奶不好等。

家里有个"夜哭郎"

有些宝宝白天一切正常（精神、吃奶、大小便都很好），可一到夜晚就哭闹不止，人们给这些宝宝起了个名字叫"夜哭郎"。那么，这究竟是怎么回事呢？其实，这多半是由于爸爸妈妈没有注意培养宝宝良好的睡眠习惯或没有为宝宝创造良好的睡眠环境所造成的。

宝宝白天睡得太多，晚上就哭闹不睡；或睡前逗引宝宝，使宝宝兴奋过度；或是睡前家里人多、吵闹、电视声音太大等，都会影响宝宝的睡眠。爸爸妈妈应该从小培养宝宝良好的睡眠习惯，为宝宝营造一个良好的睡眠环境。

对于白天睡觉、夜晚不睡的"夜猫子"来说，这类宝宝往往白天睡得太多，家人可适时把宝宝叫醒，将其颠倒的生物钟调整过来。

3 个月的宝宝

生长发育特点

身体成长指标

性别 指标	男宝宝			女宝宝		
	最小值	均 值	最大值	最小值	均 值	最大值
体重（千克）	5.4	6.9	8.5	5.0	6.4	7.8
身长（厘米）	58.4	63.0	67.6	57.2	61.6	66.0
头围（厘米）	38.4	41.0	43.6	37.7	40.1	42.5
胸围（厘米）	37.4	41.4	45.3	36.5	39.6	42.7

感觉发育

　　3 个月宝宝的眼睛更加协调，两只眼睛可以同时运动并聚焦。这个时候宝宝已经认识奶瓶了，一看到妈妈拿着它就知道要给自己吃饭或喝水，会非常安静地等待着。如果宝宝满两个月的时候仍不会笑，目光呆滞，对身边传来的声音没有反应，应该检查一下宝宝的智力、视觉或听觉是否发育正常。

语言发育

　　当听到有人和自己说话或特别的声响时，宝宝会认真听，并能发出"啊""呀"的语音。如果宝宝发起脾气来，哭声会比平常大得多。这些特殊的语言是宝宝与大人的情感交流，也是宝宝意志的一种表达方式。

动作发育

到了第 3 个月，宝宝的握持反射会逐渐消失，宝宝开始出现无意识的抓握，这代表宝宝手部的精细动作开始发育了。此时，宝宝喜欢用手够东西，但常常够不到，显得很笨拙；有时候，宝宝还会仔细看自己的小手，双手握在一起放在胸前玩；开始学着吸吮手指，这是宝宝这个时期应该具备的运动能力，妈妈不必制止。

日常护理要点

别总抱着宝宝

有些爸爸妈妈总喜欢抱着宝宝，其实这样做对宝宝并不好。抱得太多会影响宝宝的睡眠，使宝宝不能熟睡。而且，抱得习惯了，会养成爱抱的坏习惯。

宝宝消化功能弱，吃下母乳后，一般要 3～4 小时才能完全排空，经常抱着宝宝，喂奶次数就会增加，胃肠受压，胃肠的正常蠕动受到限制，时间长了容易使宝宝发生消化不良。

宝宝啼哭是一种全身运动，可以增进心肺功能，加快全身血液循环，增加各脏器的新陈代谢，促进宝宝的正常发育。如果宝宝一哭就抱，抱多了会使宝宝的肢体活动量减少，血液流通受阻。但宝宝哭闹时间长了，也不能不管，应该认真找出原因，并给予爱抚。否则长时间哭闹，腹压过高，易导致宝宝发生腹股沟斜疝。

另外，常常抱着宝宝走动，还容易使宝宝大脑受到震动，加上强烈的光线、色彩和噪音的刺激，使宝宝长时间处于兴奋状态，心肺负担加重，身体抵抗力容易下降。

爱宝宝，就不要常亲宝宝

许多爸爸妈妈都喜欢亲宝宝，其实这对宝宝的健康不利。

这是因为宝宝还处于生长发育阶段，免疫力和抵抗力都比较弱，很可能会传染上亲吻者正在患有的感冒等疾病。在亲吻宝宝时，成人很可能把自己口腔里携带的细菌、病毒，尤其是经呼吸道传播的细菌、病毒传染给宝宝。此外，经常亲吻宝宝的嘴，还会造成宝宝口水增多，影响其消化功能。因此，如果爸爸妈妈爱宝宝，就不要常亲宝宝，同时要尽量避免其他人随意亲吻宝宝。

常晒太阳预防佝偻病

宝宝适当晒晒太阳，可以促进体内维生素 D 的合成，对预防佝偻病很有帮助。足月宝宝出生后 15 天左右即可抱到户外散步，每次可在户外停留 10～15 分钟。宝宝 3 个月大后，爸爸妈妈可以适当增加宝宝户外锻炼的时间，每天宜控制在 3 个小时以内。爸爸妈妈带宝宝进行户外活动时，要尽量选择晴朗无风的天气，让宝宝全身的皮肤尽量多接触阳光，同时要注意不要让宝宝太热或着凉。阳光强烈时不要让阳光直接照晒在宝宝的头部或脸部，要戴上帽子或打遮阳伞，尤其要注意保护好宝宝的眼睛。

即使在寒冷的季节，只要不刮大风，在充分保护好宝宝的手脚和耳朵的前提下，选择较暖和的时间，抱宝宝到室外进行至少 20 ～ 30 分钟的空气浴，这对宝宝的健康非常有益，适当呼吸冷空气可以锻炼宝宝的气管黏膜。夏季可带宝宝到室外阴凉的地方，但必须戴上帽子。

户外活动时，不宜给宝宝捂得严严实实。早春、晚秋时节，如果是进行空气浴，应注意不要让宝宝着凉，衣服要比成人稍微多穿一些，带宝宝晒太阳应选择绿化好、平坦、清洁、干燥、空气流通而又避风的地方。

3 个月的宝宝要睡枕头啦

3 个月时，宝宝开始学习抬头，脊柱颈段出现生理弯曲，这时候最好给宝宝准备一个小枕头。

宝宝的枕头应随着宝宝的生长发育调整高度，高度以 3 ～ 4 厘米为宜。枕芯应柔软、透气、轻便、吸水性好，可用荞麦皮或用晒干后的茶叶装填枕芯，枕套最好由棉布制成。妈妈需要注意，宝宝的枕头不能过度柔软，以免宝宝的面部陷入枕头造成窒息。

妈妈不要让宝宝枕成人枕头。成人枕头对宝宝来说往往过高，不仅睡起来不舒服，而且久而久之会使宝宝出现驼背、斜肩等畸形。另外，头部抬得过高，颈部过于弯曲还会使气管受到压迫，造成呼吸不畅、容易惊醒等。因此，最好购买或自制宝宝专用枕头。

给宝宝塑造好头型

宝宝在成长过程中，头型会有所变化，这与宝宝头颅骨的发育有关。刚出生的宝宝头颅骨尚未完全骨化，尤其是 4 个月内的宝宝，头颅骨质地比较软，有很大的可塑性。如果宝宝长期采用一种睡姿，就可能睡偏头型。

一般来说，宝宝采用两侧适时交替的侧卧是安全而理想的睡姿，且头形轮廓优美。同时，针对宝宝好动的特点，可以正确选择和使用枕头，来固定宝宝睡眠过程中的身体和头部。

还可以根据宝宝的长相和睡眠习惯灵活调整睡姿。有些宝宝颧骨较高，如果俯卧，以后颧骨会更高，脸型反而变得不好看，这样的宝宝宜更多地采用左右侧睡的方式。有些宝宝习惯于面向妈妈睡觉，特别是当宝宝能够自己侧头的时候，常常是妈妈刚刚帮他调整好睡姿，过不了多久他就又偏过来了。这时，妈妈可以经常和宝宝互换位置睡。有些宝宝喜欢对着灯睡，妈妈可以移动灯的位置，让宝宝自己调整睡姿。

垫纸尿裤的正确方法

给宝宝垫纸尿裤，看起来似乎很简单，但真正垫起来却让许多妈妈感到烦恼。那么，怎样正确给宝宝垫纸尿裤呢？

（1）将宝宝纸尿裤摊开，放在宝宝的臀部下面。

（2）宝宝纸尿裤背部要放得比腹部稍高些，防止尿液从背部漏出。

（3）将纸尿裤往上拉到宝宝肚脐下，把两边的搭扣对准腰贴部位粘好，注意不要粘得太紧；如果选择的是弹性、无胶的腰贴，纸尿裤则更牢靠，不会随宝宝的滚动而变换位置。

（4）宝宝由于膀胱未发育完善，排尿的次数相对较多，所以纸尿裤更换的次数宜稍微多些。

使用初期，无论宝宝有无排尿，每隔 2 ~ 3 小时都更换 1 次。随着宝宝的不断成长，可逐步改为一天 4 次。

（5）如果隔天晚上的纸尿裤是干净的，第二天也要给宝宝换纸尿裤，以防细菌感染。

背部要放得比腹部稍高

往上拉到肚脐下

不要粘得太紧

科学喂养

本月喂养特点

3 个月时，母乳喂养仍然是最主要的喂养方式。但在 3 个月后，宝宝应该考虑定时喂奶了。定时喂奶可以给妈妈留出充足的时间泌乳，还可以帮助宝宝养成规律的饮食习惯，方便几个月后添加辅食。

母乳充足的情况下，如果宝宝不好好吃奶，总是吃几分钟就睡，睡一会儿又要吃，妈妈应该适当拉长喂奶时间，不要宝宝一哭就喂。定时喂奶可以给宝宝一个信号，饿了不一定能及时吃到奶，促使宝宝每次多吃一点，为自己做个储备。

如果之前的喂奶间隔不足 3 小时，那么现在可以先延长 10 分钟，再到延长 20 分钟、30 分钟，慢慢过渡到 3 个小时喂一次即可。

宝宝吸空奶嘴易影响消化

宝宝爱哭是让爸爸妈妈很烦恼的事，于是有些爸爸妈妈便给哭泣的宝宝吸空奶嘴，其实这样做并不好。因为宝宝在吮吸空奶嘴时，口腔内同样要分泌唾液，胃里也相应地分泌出消化液来，为消化食物做准备。宝宝真正吃奶的时候，口腔和胃已没办法分泌足够的消化液，影响对乳汁的消化吸收，不利于宝宝的生长发育。此外，吮吸空奶嘴时容易把灰尘、细菌和冷空气吸入口腔和胃里，引起宝宝吐奶和腹痛。宝宝经常吮吸空奶嘴，还会常流口水引起口角糜烂。而且，吮吸空奶嘴会影响口唇及牙齿的正常发育，使牙床向外突出。因此，爸爸妈妈不要给宝宝吸空奶嘴。

不要过早添加辅食

有些爸爸妈妈在宝宝 3 个月大的时候就给宝宝添加辅食，这种做法是不对的。因为这个时候宝宝消化腺还不发达，许多消化酶尚未形成，容易导致宝宝消化不良，进而影响宝宝正常吃奶，造成营养不良。而宝宝在妈妈或爸爸的强行喂食下，极易造成能量过剩，日后容易发生肥胖。所以，爸爸妈妈不宜过早给 3 个月大的宝宝添加辅食，也不要强迫宝宝把奶瓶里的奶喝光。此外，不要经常给宝宝喂葡萄糖水，以免影响食欲，造成宝宝拒食甚至厌食。

妈妈要学会如何挤奶

很多新妈妈都会有宝宝吃奶后还有剩余奶水或胀奶的烦恼，剩余的奶水当然是挤出来的好。那么，妈妈该如何正确挤奶呢？

吸奶器

吸奶器一般分为手动和电动，妈妈可以根据自己的喜好和实际情况进行选择，手动吸奶器和电动吸奶器在质量上并没有太大的区别。使用吸奶器前，妈妈要清洗双手，用水煮或蒸汽法给吸奶器消毒，消毒时要将吸奶器拆开，水煮或蒸汽消毒 8 ~ 10 分钟即可，然后将吸奶器正确组装。因为乳房需要和吸奶器直接接触，为了防止污染奶水、使吸奶更轻松，妈妈需要用温水清洗一下乳房，使其变软，然后用手轻轻按摩片刻。

准备工作做好后，妈妈可以正式吸奶了：将吸奶器的漏斗放在乳晕上，保证封闭良好，拉开外筒，将乳汁吸出来。一般来说，挤出60～125毫升乳汁需要10分钟的时间，每个妈妈的实际情况不同，挤奶时不要心急，更不要大力使用吸奶器，以免伤及乳房。

◉ 手动挤奶

不习惯使用吸奶器的妈妈也可以选择手动挤奶。先洗净双手，并准备好杀过菌的容器。清洁乳房后，用拇指放在乳晕上方，其他四指放下面并托住乳房，握成一个"C"形，用自己的身体做有规律的一挤一放的动作，当挤放时手指不要滑动，以免摩擦皮肤而造成红肿。这样一边挤3～5分钟，再换另一边挤3～5分钟，如此交替进行。一般来说，刚开始手动挤奶时乳汁会较少，妈妈不必担心，只要多练习就能一次挤出不少乳汁。

上班妈妈如何哺乳

职场妈妈无法按时哺乳，需要将乳汁挤出来并妥善储存，由家人热给宝宝喝。一般来说，新鲜的母乳在25℃左右的室温中可以保鲜4小时，在20℃左右的室温中可以保鲜10小时，超过这个时间段的母乳就不要再给宝宝喝了。如果母乳挤出来后需要第二天或更长时间后才给宝宝喝，妈妈可以将母乳放进冰箱里冷藏或冷冻。由于解冻后的母乳不能再次冷冻，妈妈应先将母乳按照宝宝一次所需的奶量分别装在不同的集乳袋或奶瓶中，并标上标签，以免弄混先后顺序。使用集乳袋时宜留下1/4的空间，不要装得太满，然后将空气挤出、密封。

密封好的母乳可以放在冰箱里冷藏或冷冻，冷藏的母乳可以保鲜5～8天，冷冻的母乳可以保鲜两周左右，冷藏时不要将盛有母乳的容器放在冰箱门上，这是因为冰箱门温度不稳定，母乳容易变质，最好将容器用保鲜膜包好，放在独立的保鲜盒中，然后再放入冷藏室或冷冻室。

千万别把药混在奶中

许多妈妈都可能有这样的做法，宝宝不肯吃药，妈妈就将药物混在奶里，这对宝宝的病情恢复不利。因为药物和奶充分混合后会出现凝结现象，进而降低药效。此外，如果妈妈混合的奶过多，宝宝一次吃不完，相当于减少了药量，药效也会随之大打折扣。

有的妈妈会试着自己吃下宝宝的药物，然后通过分泌母乳将药物间接"喂给"宝宝，这种做法更加有害。是药三分毒，健康的妈妈吃药等于服毒，首先损害了自己的健康，不健康的身体分泌的母乳质量降低，对宝宝有害无益；药物被妈妈吸收后，进入母乳的量有限，宝宝通过母乳吃到的药量更是微乎其微，达不到应有的治疗效果。

母乳喂养的宝宝会缺钙吗

每100毫升母乳中虽然只含有34毫克的钙，但母乳中钙和磷的比例为2：1，最适于钙的吸收。如果母乳的量比较充足，每天在700～800毫升以上，6个月内母乳喂养的宝宝，基本上不需要额外补钙；而6个月至1岁母乳喂养的宝宝也只需要通过添加含钙的米粉等来获得额外的钙质即可。总之，宝宝如果没有明显缺钙的症状，就没有必要补充钙剂。

相反，如果盲目给宝宝补钙，过多的钙要经由肾脏排出体外，而宝宝的肾脏发育尚不完善，这无疑加重了肾脏的负担。因此，从安全考虑，也不建议给宝宝吃钙片。如果真的担心宝宝会缺钙，那就请妈妈适量补钙吧，这样在乳汁中就会含有充足的钙，对妈妈和宝宝都好。

家庭诊所

3个月宜接种的疫苗

◉ 宜接种脊髓灰质炎混合疫苗

3个月大，此时第二次服用脊髓灰质炎混合疫苗糖丸。妈妈要记住哦！宝宝服用糖丸的前后1个小时，不能给宝宝饮水、喝奶和吃饭，以免影响接种效果。如果宝宝有感冒、发烧等疾病时，也应该暂缓服用，并积极治疗疾病，直至宝宝恢复健康后再进行接种。

◉ 宜接种百白破混合制剂

百日咳、白喉、破伤风混合疫苗简称百白破疫苗，它是由百日咳疫苗、精制白喉和破伤风类毒素按适量比例配制而成，用于预防百日咳、白喉、破伤风三种疾病。目前使用的有吸附百日咳疫苗、白喉和破伤风类毒素混合疫苗（吸附百白破）和吸附无细胞百日咳疫苗、白喉和破伤风类毒素混合疫苗（吸附无细胞百白破）。

宝宝满3个月大时，就应开始接种百白破疫苗第一针，连续接种3针，每针间隔时间最短不得少于28天，在1岁半至两岁时再接种百白破疫苗加强免疫1针，7周岁时用精制白喉疫苗或精制白破二联疫苗加强免疫1针。

百白破疫苗的接种是在宝宝臀部外上1/4或

上臂三角肌进行肌内注射。宝宝接种后24小时内有可能出现接种部位疼痛、红晕，轻微发热（体温低于38℃），个别还会出现注射侧腋窝淋巴结肿大等情况，都属正常现象，这时让宝宝多喝水，以促进宝宝体内代谢产物的排泄，一般不需要进行特殊治疗。也可以用干净的湿毛巾热敷，将毛巾叠成方块浸在60~70℃的热水中，稍拧干后敷在接种部位，每10分钟更换1次，持续半个小时，每日1~2次，能帮助宝宝减轻上述症状。如果宝宝高热不退或有其他异常反应，应及时送医院诊治。

发热、患急性疾病者，既往有过敏史者，神经系统病史者，患脑炎、癫痫、抽风者，都不能接种百白破疫苗。

照顾好宝宝的生理性腹泻

宝宝出生没几天就开始腹泻，每天大便都稀稀的，呈黄色或黄绿色，少则2~3次，多则4~5次，时间长达几个月，甚至半年。但宝宝生长发育良好，也不见瘦，添加辅食后大便逐渐转为正常，这种症状医学上称为"婴儿生理性腹泻"，多见于6个月内纯母乳喂养的宝宝。

宝宝腹泻的时候要区分是生理性腹泻还是病理性腹泻。妈妈应认真观察宝宝有无其他异常，认真记录宝宝每天的大便次数及性状、精神状态、尿量、食量、体重，宝宝腹泻后马上取样，在两小时内送至医院进行检查，经医生诊断后确诊为生理性腹泻才可不采用任何治疗，不要自己根据经验和书本妄下结论，以免延误宝宝病情。

生理性腹泻既不属于消化道感染，也不属于消化不良，不会影响宝宝的生长发育，因此不需要采取任何治疗。所以，妈妈千万不要给宝宝乱吃止泻药。

宝宝生理性腹泻的时候，妈妈需要及时给宝宝更换尿布或纸尿裤，经常用温水清洗宝宝臀部及会阴部，用香油、紫草油或无激素软膏涂抹，避免造成局部感染。

腹泻时，不宜给宝宝吃糖丸

"糖丸"是指预防脊髓灰质炎的药丸，因为是甜的，又像糖，所以又叫糖丸。"糖丸"是一种减毒活疫苗，接种后在宝宝体内需要逗留一段时间才能被吸收。要是宝宝每天排便的次数超过4次，或宝宝正患有腹泻，爸爸妈妈就要考虑让宝宝改天再服用"糖丸"了。

宝宝发热怎么判断

日常生活中，有些爸爸妈妈时常会用手摸一摸宝宝的额头，或摸一摸宝宝的手心，来辨别宝宝是否发热了。还有些爸爸妈妈认为，只要宝宝的体温超过 37℃就是生病了。其实，这种认识并不完全正确。

发热是指体温的异常升高。正常宝宝腋下体温为 36.0~37.4℃，如果超过 37.4℃就可以认为是发热。但宝宝的体温在某些因素的影响下，常常可以出现一些波动。如在傍晚时，宝宝的体温往往比清晨时高一些。宝宝进食、哭闹、运动后，体温也会暂时升高。

衣被过厚、室温过高等原因，也会使体温升高一些。这种暂时的、幅度不大的体温波动，只要宝宝一般情况良好，精神活泼，没有其他症状和体征，一般无需任何治疗。

·正常体温参考值·

口腔温度范围 36.7 ~ 37.7℃

腋窝温度范围 36.0 ~ 37.3℃

直肠温度范围 36.9 ~ 37.9℃

经常摇晃宝宝会致病

1 岁以内的宝宝颈部控制力和支撑力较弱，且头部相对较大较重，如果经常持续性晃动，很容易使柔软的脑组织撞击坚硬的头骨，引起出血或神经损伤。轻者出现嗜睡、呕吐、腹部不适，重者可能出现抽搐、昏迷，甚至造成脑瘫、智力受损等严重后果。这种症状称为"婴儿摇晃综合征"。

因此，抱宝宝时不能随意摇晃，更不能抓着宝宝的双手往空中使劲抛。哄宝宝入睡时，可以把宝宝轻轻放入摇篮，哼一首轻柔的摇篮曲；当宝宝哭闹时，可以温柔地抱起宝宝，轻轻地抚摸后背、四肢等，让宝宝感到安全、放松，同时检查一下衣服是否舒适，给宝宝一个玩具分散注意力等。如果宝宝出现了类似"婴儿摇晃综合征"的表现，要及时到医院诊治，以免造成不可逆损伤。

潜能开发

注意宝宝学翻身的信号

翻身，是宝宝学习移动身体的第一步，代表着宝宝的骨骼、神经、肌肉发育得更加完善。

一般来说，3 个月的宝宝就开始在学习翻身了。但由于宝宝的个体差异，并不是所有的宝宝都适合在这一阶段学习翻身。如果拔苗助长，会对宝宝造成伤害。因此，在训练宝宝翻身前，妈妈应细心观察宝宝的表现，看看他有没有发出想要翻身的信号。

（1）当宝宝俯卧的时候，他能够自觉并自如地抬起头，并且从头部到胸部都能够抬离地面，这说明宝宝的颈部和背部肌肉都已经很有力量了。如果妈妈把玩具慢慢举到比宝宝视线更高一点的位置，宝宝也能够随之把头抬高。

（2）当宝宝仰卧的时候，脚老向上扬，或经常抬起脚来摇晃。妈妈如果握着宝宝的双手，让宝宝抬起上半身，宝宝不仅可以坐起来，还可以与地面保持垂直，而且头部也不会向后仰。

（3）宝宝喜欢朝一个方向侧躺。这时宝宝也许已经有了翻身的意识，只是还没有掌握翻身动作的基本要领。

宝宝学翻身的窍门

虽然翻身只是一个简单动作，但对于宝宝而言，也不是能够一蹴而就的。当妈妈观察到宝宝想要翻身的信号时，应该适时地通过一些简单动作帮助宝宝掌握翻身的窍门。

◉ 第一步：从仰躺到侧卧

宝宝平躺时，妈妈用一只手轻轻扶着宝宝的

肩膀，慢慢将他的肩膀抬高，帮宝宝做翻身的动作。在宝宝的身体转到一半时，就让宝宝恢复平躺的姿势。这样左右交替地训练几次，宝宝就能比较顺利地从仰躺变成侧卧。

当宝宝能够顺利地从仰躺变成侧卧，脸部、手部都可以顺利地转向另一侧时，最后拖后腿的往往是双脚。这时妈妈可以移动宝宝的双腿，使双脚成交叉姿势，以方便宝宝把下半身翻过去。

从仰躺到侧卧　　　　从侧卧到仰躺

◉ 第二步：从侧卧到俯卧或仰卧

如果宝宝已经学会从仰躺翻转为侧卧，但仍无法顺利恢复成仰姿时，妈妈可以从宝宝的身后，扶住宝宝的肩膀和大腿，帮宝宝翻转身体。

如果宝宝无法翻成趴姿，妈妈同样可以从宝宝的身后，扶住宝宝的肩膀和大腿，帮宝宝翻转身体。但需要注意的是，这时可能会出现其中一只手臂压在胸下动弹不得的情形，这种状况可能

从侧卧到俯卧

会让宝宝感到不舒服。妈妈要帮宝宝挪好手臂的位置，以后再慢慢训练他自己把手臂抽出来。

由于此时宝宝的身体还远没有发育成熟，非常娇嫩柔弱，因此妈妈在训练宝宝翻身时，动作一定要轻柔，注意不要扭伤宝宝的小手和小脚。开始训练的时候，次数也不要太多，注意控制宝宝练习的时间，以免宝宝的身体超负荷，反而影响宝宝的健康。

✳ 亲子游戏：宝宝，翻身啦！

　游戏目的　帮助宝宝练习翻身。

　游戏方法　如果宝宝没有侧睡的习惯，那么妈妈可以让宝宝仰卧在床上。妈妈拿着宝宝感兴趣并能发出响声的玩具分别在左右两侧逗引宝宝，并亲切地对宝宝说："宝宝，看多好玩的玩具啊！"宝宝就会自己将身体翻转过来。

宝宝，翻身啦！

视觉能力训练

此时宝宝的视觉已有调节远近的能力，也有追视的能力，可以看见细小的物品，连天上飞过的小鸟都能看见。这个时候要经常带宝宝去看动的东西，或引导他看远处的东西，这不仅能锻炼宝宝的注意力和观察力，还能扩大宝宝的视野和认知范围。

✳ 亲子游戏：目光追随

　游戏目的　促进宝宝视觉发育。

　游戏方法　让宝宝俯卧在垫子上，将红色或黄色等颜色鲜艳的小汽车，放在距离宝宝视线30～40厘米的地方，先让宝宝看见、注视，再向左右缓慢移动。由于 3 个月的宝宝视力调节的范围扩大，头部会转动，所以让宝宝目光追随玩具，范围从小到大，速度由慢到快，可以促进宝宝的视觉发育。

目光追随

✺ 亲子游戏：躲猫猫

> **游戏目的** 促进宝宝视觉发育。

> **游戏方法** 妈妈给宝宝脸上蒙一方手帕，不能用手帕将宝宝的脸全部盖住，配合着说："看不见了，看不见了。"妈妈手中拿一个色彩鲜艳的小玩具，迅速拿开手帕并把玩具放在宝宝眼前，惊讶地说："哇！"注意玩具要放在妈妈与宝宝两人对视的视线之间。

精细动作训练

前两个月我们训练握着宝宝的手让他去击打玩具，本月要加强让宝宝主动去击打、触摸玩具的训练。妈妈可以在宝宝的一侧垂下一个玩具，高度在宝宝的随意动作可以击打到的地方，逗引宝宝，配合宝宝的击打，让宝宝更多次地碰到玩具，从中获取经验，增强宝宝手眼的协调能力。

✺ 亲子游戏：主动抓东西

> **游戏目的** 锻炼宝宝的手部肌肉。

> **游戏方法** （1）宝宝精神愉悦时，可以让宝宝平躺在床上。妈妈拿一个带柄的玩具（宝宝的手有能力抓住的），在宝宝的上方或两侧摇动。先让宝宝听到声音，引起注视，然后逗引宝宝自主挥动双臂，让他想抓又抓不到，再引导宝宝去抓握。每天训练数次，每次3分钟。

（2）抱着宝宝到他喜欢看的玩具或物品前，逗引他击打眼前的东西，当宝宝击打不到时，妈妈可以用身体摆动来帮助宝宝击打到眼前的东西。

（3）选一个小软球或毛绒娃娃，让宝宝观察，逗引宝宝双手触摸抱拿玩具。

认知能力训练

3个月宝宝的世界是一个感知的、触摸的、微笑的和品尝的世界，他开始积极地参与生活了。看见什么都想摸一摸、咬一咬，喜欢有人逗他玩，会四处张望，会"啊啊噢噢"地与你"交谈"，得到回应后还会用可爱甜蜜的微笑来回报你……

此时的宝宝，俨然很积极地要当自己小小世界的主人，能看到、听到、感觉到他周围数不尽的东西，而且为这些有趣的景象感到惊异，妈妈可以利用宝宝的这些特性，有针对性地训练宝宝的认知能力。

◉ 亲子游戏：感知颜色

游戏目的　建立宝宝对颜色的认知。

游戏方法　准备一个红色的氢气球和一个绿色的氢气球，颜色要对比强烈。妈妈抱着宝宝，先拿起红气球，告诉宝宝这是红色，然后放飞气球。再拿起绿色的气球，告诉宝宝这是绿色，然后再放飞气球。每次游戏1～2分钟。如此反复训练几天，观察宝宝的表情，如果宝宝由感兴趣变成不感兴趣了，表明宝宝记住了。再把红气球和绿气球都挂起来，观察宝宝的反应。要明确的是，仅仅是感知颜色，不要在乎宝宝是否真的认识红和绿，3个月的宝宝还无法做到这一步。

感知颜色

◉ 亲子游戏：辨认爸爸妈妈

游戏目的　训练宝宝的认知能力。

游戏方法　妈妈短暂离开后突然出现在宝宝面前，并对宝宝微笑、拍手，或呼喊宝宝的名字，宝宝会有欢笑、呼叫、挥手、蹬腿、扭身、马上投入妈妈怀中等反应。经常照料宝宝的爸爸也会得到宝宝的欢迎。

辨认爸爸妈妈

专家问答

冷冻母乳加热会破坏营养成分吗

母乳最好不要用微波炉或炉火加热，否则会减少母乳中甲型免疫球蛋白及维生素C的含量。此外，56℃以上的高温加热会减少母乳中甲型免疫球蛋白及消化酶活性。

正确的方法是，将冷藏的母乳容器放进低于50℃温热的水里浸泡，在浸泡时要不时地摇晃容器使母乳受热均匀，同时也可使母乳中的脂肪混合均匀。如果是冷冻的母乳，要自然解冻或泡在冷水中解冻，然后再像冷藏母乳一样加热。但如果是加热后的母乳宝宝没有吃完，建议就不要再食用了。

怎么预防宝宝溢奶

（1）适量喂奶：妈妈应根据宝宝的体重来决定一次的喂奶量，不要给宝宝喂得过多，以减少因奶的过量摄入而造成的溢奶。喂奶过程中应暂停片刻，不要喂得太急、太快，要保持宝宝的呼吸顺畅。

（2）掌握正确的喂奶方法：母乳喂养时，尽量让宝宝的小嘴包住妈妈的乳头及大部分乳晕，以减少空气的进入。人工喂养时，尽量选择接近乳房形状的排气奶嘴；奶嘴孔的大小要适宜，把奶瓶倒转，奶液流出以每秒1~2滴为宜；喂奶时要让奶液充满奶嘴，尽量避免空气进入宝宝的胃里。

（3）给宝贝拍嗝：喂奶后拍嗝可以预防溢奶。如果轻拍后宝宝不打嗝，最好轻轻放下，让他右侧卧位，气体便会慢慢排到肠子里，这样同样可以减少溢奶的情况。但经常右侧卧位，容易把头睡偏，为了防止这种情况，经过20分钟左右，宝宝睡得比较踏实也没有溢奶了，再轻轻把宝宝翻个身。

（4）喂奶后不要过多移动宝宝：喂奶前先换好尿布，喂奶后尽量少移动宝宝；喂奶后1小时内，不要让宝宝有激动的情绪，也不要随意摇动或晃动宝宝。

宝宝溢奶后怎么护理

溢奶后的护理非常重要。如果宝宝平躺着溢奶了，妈妈应尽快将宝宝的脸侧向一边，避免奶水进入气管导致窒息。同时，应该尽快给宝宝清洗擦拭，防止吐出的奶引起外耳道炎或吸入性肺炎。如果抱着宝宝时溢奶了，要先抬高宝宝的上身，再进行擦拭。

如果溢奶比较严重，溢奶后宝宝的脸色可能会有点差，妈妈要注意观察宝宝的状况，根据情况适当给宝宝补充一些水分。应在溢奶后30分钟左右用小勺给宝宝喂点白开水，不能在溢奶后立即补充，以避免再次溢奶。

如果宝宝状态正常后又想吃奶，也可以喂给一些，但喂奶量要酌情减少。如果宝宝在喂奶后有强烈的呕吐现象，有时呈喷射状，可见黄绿色胆汁，甚至吐出咖啡色液体，那就不是生理性溢奶，而是病理性溢奶，要立即带宝宝到医院诊治。

4 个月的宝宝

生长发育特点

身体成长指标

性别 指标	男宝宝			女宝宝		
	最小值	均 值	最大值	最小值	均 值	最大值
体重（千克）	5.9	7.5	9.1	5.5	7.0	8.5
身长（厘米）	59.7	64.6	69.5	58.6	63.4	68.2
头围（厘米）	39.7	42.1	44.5	38.8	41.1	43.6
胸围（厘米）	38.3	42.3	46.3	37.3	41.1	44.9

感觉发育

　　4 个月的宝宝视线灵活，目光能从一个物体转移到另一个物体。头和眼睛的协调能力好，双眼随移动的物体从一侧转移到另一侧，能移动 180 度。宝宝能追视物体，如小球从手中滑落掉在地上，他会用眼睛去寻找。而且宝宝开始对颜色渐渐有了分辨能力，一般对黄色最敏感，其次是红色。

语言发育

　　4 个月的时候，宝宝慢慢会"微笑"，会发出"a""e""o"的元音。宝宝情绪越好，发音越多。爸爸妈妈要在宝宝情绪高涨时，多跟宝宝说话，给宝宝发送更多的语音，让宝宝有更多的机会练习发音。

动作发育

4个月时，宝宝用肘部支撑时就可以抬起头部和胸部。这是一个重要的成就，让宝宝获得自由，并根据自己的意愿向四周观看。细心的妈妈会发现，宝宝会自主地屈曲和伸腿，有时还会尝试弯曲自己的膝盖。宝宝趴着时，会伸直腿并可轻轻抬起屁股。这个月，宝宝还不能独立坐稳。宝宝对小床周围的物品很感兴趣，都想抓一抓、碰一碰。

日常护理要点

夏天也要给宝宝穿袜子

半岁以内的宝宝，在夏季也应该穿袜子，以预防腹泻。

对于不会走路的宝宝来说，体温调节功能尚未发育成熟，产生热量的能力较小，而散热能力较大，加上体表面积相对较大，更容易散热。当环境温度略低时，宝宝的末梢循环就不好，摸摸小脚凉凉的，如果给宝宝穿上袜子，可以起到保暖作用，避免着凉，宝宝也会觉得舒服。因此，家里的空调最好保持在26～28℃。如果温度太低，宝宝又光着小脚，很可能会导致宝宝着凉、拉肚子。而带宝宝出门散步时，也应给他穿上袜子，因为当起风或阴天时，宝宝不穿袜子也容易着凉。

不要给宝宝光脚穿鞋，因为有的童鞋含有有害的化学物质。此外，宝宝越来越大，喜欢蹦蹦跳跳，这样损伤皮肤、脚趾的机会就会增多，穿上袜子则可以减少这些损伤的发生。

如何给宝宝轻松穿脱衣服

通常宝宝不喜欢穿衣脱衣，每次穿脱衣服时会四肢乱动，不予配合。妈妈在给宝宝穿脱衣服时，可以先给宝宝一些预先的提示信号，如先抚摸他的皮肤，和他轻轻说说话，如"宝宝，我们来穿上衣服"或"宝宝，我们来脱去衣服"等，使他心情愉快，身体放松。然后，轻柔地开始给他穿脱衣服。

❁ 穿衣服

（1）将胸前开口的衣服打开，平放在床上。

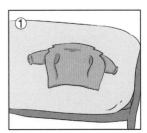

（2）宝宝平躺在衣服上，妈妈一只手将宝宝的手送入衣袖，另一只手从袖口伸进衣袖，慢慢将宝宝的手拉出衣袖。同时，妈妈的另一只手将衣袖向上拉。接着，用同样的方法穿对侧衣袖。

（3）把穿上的衣服拉平，系上系带或扣上纽扣。用同样方法穿外衣。

（4）穿裤子比较容易，妈妈的手从裤管中伸入，拉住宝宝的小脚，将裤子向上提，即可将裤子穿上。

（5）如果是套衫，那么在穿衣服时要把套衫收拢成一个圈，并用两拇指在衣服的领圈处撑一下，再套过宝宝的头，然后把袖口弄宽，轻轻地把宝宝的手臂牵引出来，最后把套衫往下拉平。

⊛ 脱衣服

大多数宝宝都不喜欢脱衣服，一是因为脱下暖和的衣服后就得接触冷空气；二是在脱衣服的时候，胳膊和腿容易受到挤压。因此，在给宝宝脱衣服的时候，应该尽量减少脱衣给宝宝带来的不适，而且脱衣服的动作要轻柔、迅速。给宝宝脱衣服时，妈妈应先用拇指把衣服撑开，把手伸进衣服内撑着衣服，这样宝宝的脖子才能穿过。记住，一定要把衣服撑起来，不能盖在宝宝的脸上，并且要用手护住他的头，不能让衣服遮住他的前额和鼻子。

怎样给宝宝剪指甲

宝宝的指甲很小，又很柔韧，不容易剪断，再加上宝宝的皮肤特别娇嫩，用一般的指甲刀容易伤到宝宝，所以要尽量使用专为婴儿设计的指甲剪。

剪指甲时，妈妈先把宝宝背对自己抱在大腿上，然后用一手拇指和食指牢牢地捏着宝宝要剪指甲的手指，另一只手握住指甲刀，沿指甲的自然弧度轻轻按动指甲刀，将指甲剪下。剪好后检查一下宝宝指甲的边缘处，如果有方角或尖刺，要修剪成圆滑的弧形，以防宝宝抓伤自己。

如果剪好的指甲下方还有污垢，千万不要用锉刀尖或其他锐利的东西处理，应在剪完指甲后用水清洗干净。也可以在宝宝熟睡后再剪指甲，这样可以避免宝宝乱动而伤害到他。如果万一不慎误伤，要尽快用消毒纱布或棉球压迫伤口直至流血停止，再涂一些抗生素软膏。涂了抗生素软膏后，要更加小心地照顾宝宝，不要让他"吃手"。

科学喂养

本月喂养特点

4个月的宝宝食量继续增加，此时应该继续母乳喂养。因为母乳是宝宝最珍贵、最健康的食物，即使宝宝已经开始吃辅食了，母乳的重要性也丝毫不减，仍然是未满10个月宝宝的主要食物。10个月后断奶的宝宝依然以奶类为主食，只不过是将母乳换成了配方奶粉。

4个月可以添加辅食了

4~6个月是给宝宝添加辅食的黄金时期，如果宝宝对母乳和配方奶以外的食物很感兴趣，有时会伸手抓妈妈的食物，看见妈妈吃他也想吃（比如动嘴唇、流口水），说明给宝宝添加辅食的时机已经成熟了。

从这个月开始，妈妈可以给宝宝添加一些半流质的食物，为以后吃固体食物做准备。可以从婴幼儿配方米粉开始给宝宝添加辅食，第一次喂一种新辅食时，应以尝试为主，1~2勺即可，如果宝宝没有过敏反应，下次再增加辅食喂养的量。

有些宝宝由于自我意识较强，会将妈妈喂进去的食物顶出来，这时妈妈不要强迫宝宝吃下去，可以改变一下喂食的方法，如将糊状辅食放在宝宝的嘴角，使其自然流入宝宝嘴里，让宝宝慢慢习惯乳汁以外的食物。

宝宝吃蛋黄要循序渐进

4个月的宝宝容易出现贫血，这是因为从母体带来的微量元素铁已经消耗掉，如果日常食物比较单一，便跟不上身体发育的需要。因此，妈妈宜给宝宝吃些含铁量丰富的辅食，如蛋黄中铁的含量就较高，而且也是宝宝容易接受的食物。

蛋黄一般在每日上午两次喂奶之间添加。先把鸡蛋煮熟，剥去蛋壳和蛋清，取蛋黄的1/8，用温开水或刚榨取的橙汁3~4滴与蛋黄混合搅匀，用小勺喂给宝宝。可以多喂一些用开水稀释的橙汁，让宝宝把蛋黄吃净。或者在配方奶中加上蛋黄搅拌均匀，煮沸后食用。宝宝吃了蛋黄后，要观察宝宝的便便，如果无腹泻及过敏反应，每过5~7天可增加一些，如果月中大概每天吃半个蛋黄，月末前后可增加到每天1个。

宝宝体重过重或过轻怎么办

体重是宝宝健康的重要标志，如果宝宝体重有规律地增长，说明宝宝在这段时间内身体健康；反之，如果宝宝体重不增或增长减慢，说明可能有喂养不当、患病或其他的原因。宝宝体重的增长不是一个直线上升的过程，而是有一定的规律，一般从出生至 4 个月的宝宝，每月体重增长应不低于 600 克；6 ~ 11 个月的宝宝，每月体重增长应不低于 300 克；1 ~ 3 岁的幼儿，每月体重增长应不低于 150 克。

如果宝宝体重过重，可能与吃得多、喝得多、运动不足有关，也有的是遗传原因，这些都是单纯性肥胖，不属于病态。单纯性肥胖的宝宝无需治疗，只要适当限制淀粉的食入量、增加运动即可。事实上，婴儿期的肥胖极少能持续到幼儿期，所以宝宝稍有些胖，爸爸妈妈不必担心。还有一些肥胖是由于内分泌系统异常引起，爸爸妈妈要及时带宝宝到医院治疗。宝宝的体重过轻一般是由于喂养不当，如宝宝吃不饱，或营养不良，或未能及时、合理地给宝宝添加辅食。有时候宝宝生病也会影响体重的增加，如腹泻等。所以，当发现宝宝体重偏轻的时候应该仔细寻找原因，发现问题应请教医生。

给宝宝喝牛奶要注意什么

（1）煮牛奶不要去奶皮：奶皮内含有丰富的维生素 A，维生素 A 对宝宝的眼睛有益。

（2）牛奶不要煮得太久：牛奶加热以刚沸为好，久煮会破坏其营养成分。

（3）煮牛奶时，不要添加果糖、钙粉：牛奶中的赖氨酸与果糖在高温下会生成一种有毒物质——果糖基赖氨酸，这种物质不能被人体消化吸收，还会对人体产生危害；钙粉会使牛奶出现凝固，影响蛋白质和钙的吸收。

（4）保暖杯内不宜久放牛奶：牛奶久放在保温杯中，容易滋生细菌。

（5）不宜把瓶装牛奶放在阳光下晒：把瓶装牛奶放到阳光下晒，牛奶中的维生素 B_1、维生素 B_2 和维生素 C 的含量会降低。因为这三大营养素在阳光下会分解，以致部分或全部失去；而且，在阳光下乳糖会酵化，使牛奶变质。

（6）牛奶不宜与巧克力同食：巧克力中含有草酸，会影响钙的吸收。

（7）不宜用牛奶服药：牛奶能够明显地影响人体对药物的吸收速度。用牛奶服药还容易使药物表面形成覆盖膜，使牛奶中的钙、镁等矿物质离子与药物发生化学反应，生成非水溶性物质，不仅降低了药效，还可能对身体造成危害。

米粉只能做辅食，不能做主食

宝宝4个月的时候，米粉常作为辅食的第一选择，但一些爸爸妈妈却将米粉当作主食喂养宝宝，这种做法是不妥的。一般的米粉、米粥都是以大米为原料制成的食品，其中79％为碳水化合物，5.6％为蛋白质，5.1％为脂肪及B族维生素等。而宝宝生长发育最需要的是蛋白质，一般米粉、米粥中含有的蛋白质较少，不能满足宝宝生长发育的需要。如果只用米粉类食物代替乳类喂养宝宝，会出现蛋白质缺乏症。另外，一定要注意营养素的合理均衡搭配，添加配方米粉的同时，要在合适的时机添加泥糊状食品，如果泥、菜泥等，兼顾膳食纤维和维生素的补充。

不满4个月的宝宝慎喝羊奶粉

羊奶是国内外营养学家一致认为最接近母乳的乳品，不仅营养全面，而且容易吸收。但它并不适合任何一个年龄段、任何体质的宝宝食用。因为宝宝的肠胃功能尚不健全，喝羊奶粉后易出现腹泻等症状，尤其是不满4个月的宝宝更要慎喝羊奶粉。

羊奶与牛奶的营养成分类似，羊奶较牛奶含有更多的蛋白质和矿物质，对牛奶过敏的宝宝可选择羊奶。但羊奶中叶酸含量较少，容易引起宝宝发生巨幼细胞性贫血。由于不满4个月的宝宝不能吃辅食，无法从食物中补充叶酸，因此在给宝宝选择奶粉时要特别慎重。如果选择羊奶粉，最好选择叶酸含量高的配方羊奶粉。

此外，由于羊奶的分子量较大，含有一定的不易消化的乳糖和乳酶，而宝宝的消化功能不完善，部分宝宝喝羊奶可能会引起腹泻、吐奶等症状。因此，宝宝出生6个月后才适宜喝羊奶粉，而且要与辅食搭配食用。

·米粉可以放在冰箱里储存吗·

米粉不适合放在冰箱里储存。冰箱里的温度低于室温，粉状的米粉被沸水一冲会马上凝结，结成很多小块，根本没法给宝宝食用。吃剩的米粉最好放在家里的阴凉干燥处存储，如果遇到多雨的潮湿天气，妈妈可以将保鲜袋套在米粉盒外面以隔绝空气。

宝宝厌奶有对策

宝宝 4 ~ 6 个月大时，喝奶量开始减少，胃口不佳，这是宝宝常有的"厌奶"现象。它的特征是宝宝发育正常，活力很好，只是奶量暂时减少，通常一个月左右就会自然恢复食欲。所以，妈妈不要着急，只要掌握正确的方法，很快就可以让宝宝度过厌奶期，重新喜欢上喝奶。

（1）不强迫喂食：如果宝宝不想喝奶，妈妈请不要强迫他喝，以免使宝宝反感，反而更讨厌喝奶。

（2）营造安静的喂奶环境：面对生理性厌食期的宝宝，妈妈最好选择一个安静、不受干扰的环境来喂奶。

（3）适时添加辅食：当宝宝开始厌奶，妈妈也可以考虑开始添加辅食了。在宝宝 4 ~ 5 个月大时，妈妈可以把握宝宝对食物的好奇心，开始添加辅食。但如果是过敏宝宝，则建议在 6 个月后再开始添加辅食。

（4）改变喂食方式：当宝宝出现厌奶的征兆，妈妈可以从改善喂养方式做起，采取较为随性的方式，以少量多餐为原则，等宝宝想吃的时候再吃。

（5）换个奶瓶或奶嘴：人工喂养的宝宝喝奶少，可能是因为奶瓶上奶嘴的奶孔太小，使宝宝吸得不顺畅。妈妈可先将奶瓶倒过来，检查一下奶瓶，看奶液是否能顺利流出，通常最佳的速度是 1 秒 1~2 滴，滴不出来或滴得太快，对宝宝都不好。

家庭诊所

4 个月宜接种的疫苗

◉ 宜接种脊髓灰质炎混合疫苗

此时宝宝第三次服用脊髓灰质炎混合疫苗糖丸。妈妈要注意：脊髓灰质炎混合疫苗糖丸只可用冷开水溶解后给宝宝送服。因为这个疫苗是活病毒制品，如果用热开水溶解，活疫苗会因温度过高而失去活性，即使宝宝吃了也不起作用，宝宝的体内不会产生抗体。同时要谨记，服用前后 1 个小时不能给宝宝饮水、喝奶和吃饭。

◉ 宜接种百白破混合制剂

此时应进行第二次百白破三联疫苗接种。给

宝宝注射百白破疫苗的第二针后，因为注射剂量有所增加，宝宝会有所反应，比如在接种后的当天晚上哭闹不安，难以入睡，有时还会发烧（一般不超过 38.5℃）。接种部位会红肿、疼痛，从而使宝宝烦躁不安。这种反应一般可持续 1~2 天，妈妈请不必担心，1~2 天后宝宝会自行恢复，不需要特别处理。

小小指甲，宝宝健康"显示器"

指甲也叫甲板，前端是甲尖，后部在皮下的组织叫甲根或甲基。甲根下的组织叫甲母，覆盖甲板周围的皮肤叫甲廓，甲廓前边半月形的淡色区就是甲半月。

健康宝宝的指甲都是可爱的粉红色，静观宝宝指甲，外观光滑亮泽，坚韧且呈优美的弧形，指甲甲半月颜色稍淡，看不见倒刺。妈妈可以轻轻压住宝宝指甲的末端，如果甲板呈白色，放开后立刻恢复粉红色，这就说明宝宝的身体很健康。但如果宝宝出现以下异状，爸爸妈妈就要小心了。

（1）指甲甲板上出现白斑点和絮状的白云朵，多是由于受到挤压、碰撞，致使指甲根部甲母质细胞受到损伤所致。

（2）指甲甲板呈黄色、绿色、灰色、黑色等怪异颜色。甲板变黄，可能因过多食用了含胡萝卜素的食物，或是遗传因素所致。另外，黄甲、绿甲、灰甲、黑甲等多半是真菌感染引起。

（3）指甲甲半月出现红色，多是心脏病的征兆；淡红色多是贫血所致，可在医师指导下补充铁剂，或在食谱中增加含铁食物，如大豆、牛肉、菠菜等。

（4）甲板出现肾状隆起，变得粗糙、高低不平多是由于 B 族维生素缺乏，可在食谱中增加蛋黄、动物肝肾、绿豆和深绿色蔬菜等。

（5）甲板出现小凹窝，质地变薄变脆或增厚粗糙，失去光泽，很有可能是疾病的早期表现，最好到医院进行检查。

（6）甲板纵向破裂，宝宝可能罹患甲状腺功能低下、脑垂体前叶功能异常等疾病，应及时去医院检查。

（7）甲板薄脆，甲尖容易撕裂分层可见于扁平苔藓等皮肤病，但更多是由于指甲营养不良引起的。指甲中 97% 的成分是蛋白质，所以应适当给宝宝吃些鱼、虾等高蛋白的食物。另外，核桃、花生能使指甲坚固，其他微量元素锌、钾、铁的补充也很重要。

添加辅食后，大便改变是病吗

如果宝宝吃了新添加的辅食后，大便出现一些改变，如颜色变深、呈暗褐色，或可见到未消化的残菜等，不见得就是消化不良，爸爸妈妈也无需马上停止给宝宝添加辅食。

只要大便不稀，里面也没有黏液，就不会有什么大问题。但一定要记住，添加辅食的速度不要过快，以便让宝宝的胃肠逐渐适应。若在添加辅食后出现腹泻，或是大便里有较多的黏液，就要立刻暂停下来，待宝宝的胃肠功能恢复正常后再从少量开始重新添加辅食。

服用维生素 D 要适量

爸爸妈妈给宝宝过度服用维生素 D 或浓缩鱼肝油，可造成宝宝维生素 D 中毒。维生素 D 中毒后最早出现的症状有：食欲减退、厌食、烦躁、哭闹、精神不振、低热等，严重的伴有恶心、呕吐、腹泻或便秘、烦渴、尿频、夜尿增多等，更严重的可能会导致骨骼、肾脏和血管出现钙化，引发肾衰竭和心功能障碍等。

如果宝宝对维生素 D 过敏，也会引起维生素 D 中毒。如果宝宝每天服用维生素 D 2 万～5 万 IU，或每日每千克体重服用 2000IU，持续用数周或数月即可发生中毒。个别敏感的宝宝每日仅用维生素 D4000IU，连续 1～3 个月也会中毒。

预防维生素 D 中毒的关键是，掌握维生素 D 的使用剂量和应用时间，并密切观察宝宝的表现，必要的时候咨询医生，按照医嘱服用。如果宝宝吃的奶粉含有维生素 D 也要算在其中。6 个月以内的宝宝正常生理需要为每日 400IU。服用鱼肝油前要仔细阅读说明书，因为很多的鱼肝油是维生素 D 与维生素 A 的混合制剂。

宝宝"攒肚"不是便秘

宝宝满 3 个月或 4 个月后，妈妈可能会发现宝宝不像以前那么能拉便便了，以前一天拉便便好几次，现在可能一天一次或几天都不拉便便，妈妈很着急，就以为宝宝便秘了。其实这是宝宝"攒肚"了，那妈妈这时候应该做些什么呢？

（1）妈妈要利用这个时机，训练宝宝尽早养成良好的排便习惯。

（2）妈妈可以给宝宝做一些按摩运动，如以肚脐为中心，用手掌由左向右旋转摩擦，按摩时以 3 回为宜，按摩 20 次为 1 回，每按摩 10 次后休息 5 分钟。

（3）如果宝宝已经开始添加辅食，还可以为"攒肚"的宝宝在两顿奶之间喂一些白开水或菜水、果汁。大一些的宝宝可以喝些米汤，以帮宝宝调理肠胃。

潜能开发

爸爸妈妈要做宝宝的玩伴

有人陪着一起玩，宝宝的玩兴才能更大，所以妈妈爸爸要多陪宝宝玩，做好他的玩伴。爸爸妈妈无论多忙、多累都要陪宝宝玩一会儿。读书、画画、讲故事、玩积木等，什么都可以，只要有爸爸妈妈陪着，宝宝就会很高兴。其实陪宝宝玩的过程中，爸爸妈妈也可以得到放松，何乐而不为呢？

爸爸妈妈与宝宝玩游戏时，要注意分工合作。在宝宝独立性、支配欲望还不强烈的时候，可以由爸爸妈妈主导，告诉宝宝怎么做；但当宝宝有了支配欲望的时候，爸爸妈妈就要多聆听宝宝的愿望，增强他的独立能力和自信心。

但是，当宝宝在游戏中出现不守规矩或要赖的情形时，爸爸妈妈要及时制止，并告诉他再这样就不玩了，让他懂得守规矩。此外，爸爸妈妈若想让宝宝学习一些知识，也可以以游戏的方式呈现，这样宝宝学起来才能更快、更有兴趣。

爸爸妈妈要学会和宝宝说话

宝宝接受能力和理解能力都较弱，爸爸妈妈跟宝宝说话的时候要拿出足够的耐心。跟宝宝说话时，要面对着宝宝，眼睛看着宝宝的眼睛，这样更能让他集中注意力。同时，宝宝看着爸爸妈妈的嘴形变化，容易被激发模仿欲，能更早学会说话。

此外，跟宝宝说话时，语气、语调要平稳，语速不要太快，语音不要太高。否则宝宝不仅听不懂，而且会感觉莫名的恐怖，不利于沟通。最后，跟宝宝说话用词要准确，最好少用儿语。当宝宝不明白的时候，爸爸妈妈可以多重复几次，并利用物品、动作等帮助宝宝理解。

⊛ 亲子游戏：逗引发声

游戏目的 引导宝宝发声，使宝宝逐渐由发单音向发双音推进。

游戏方法 （1）妈妈手拿一个带响的玩具，一边逗宝宝玩，一边说："宝宝，拿！"触碰宝宝的手让他握住玩具，激发宝宝能自发地连续发出两个不同的单音。

（2）在宝宝的小床上方悬挂一个较大的能发声、会动的塑料娃娃，宝宝仰卧在床上，要让他的手脚都能碰到玩具，逗引他抓、蹬。伴随踢蹬和抓握，宝宝会激动地连连发声，注意宝宝能否发出"a""o""u""mu""ma"等近似音，记录能发出的辅音及时间。

给宝宝提供更多抓握机会

宝宝的小手经过前几个月的训练，现在已经能够抓握各种玩具了，这时妈妈要给宝宝多提供能够抓握的玩具，让宝宝每天有不断抓握悬吊玩具的机会。

✺ 亲子游戏：够取吊物

游戏目的 发展宝宝的手眼协调能力，促进宝宝的视动觉和手眼协调能力的发展及主动伸手抓握能力。

游戏方法 将宝宝扶成坐的姿势，妈妈用绳子吊一个玩具放在宝宝眼前。先将玩具放在宝宝伸手可及而抓不着的地方，不断碰触宝宝的手，触到后立即把玩具移远一些。宝宝再伸手，玩具又会晃动起来。经过每天多次训练，宝宝终于会用手准确抓握了，他会高兴地笑起来。这个过程能奠定宝宝的自信。

和宝宝一起"读书认字"

在宝宝 4 个月大时，爸爸妈妈就可以带宝宝进行早期阅读了。早期阅读的范围很宽泛，婴幼儿凭借色彩、图像、成人的言语及文字等来理解以图为主的儿童读物的所有活动都属于早期阅读。爸爸妈妈可以抱着宝宝一起看一些色彩鲜明、线条清晰、每页只有一两幅图案的画册。最好边看边用清晰的语言说出图案的名称，同时让宝宝的手指去触摸图案，不要在意宝宝是否听得懂，只要多次重复即可。图案的内容最好是宝宝经常看到的，如香蕉、苹果、皮球等，这样容易获得更深刻的印象。而且，每天都应该有一个相对固定的时间抱着宝宝一起阅读，让宝宝养成阅读的好习惯。时间可以从最初的 2 ~ 3 分钟逐渐延长到 10 分钟、20 分钟。

需要注意的是，早期阅读是循序渐进的过程。宝宝的个体差异比较大，有的宝宝进入某个阶段早些，有的则晚些，因此爸爸妈妈最好因材施教。而且在阅读过程中，爸爸妈妈要以搂抱等身体接触以及微笑、说话来向宝宝传递爱的信息。

🍊 亲子游戏：认字

游戏目的 每天反复给宝宝看大字卡片，加深宝宝的记忆。

游戏方法 准备一些大字卡片，妈妈抱着宝宝看一张念一张，每天重复多次。

促进宝宝五官功能的发展

4个月，宝宝的视觉、听觉、触觉、味觉、嗅觉都比出生的时候敏感了许多，所以还要继续感觉器官能力的训练。

🍊 亲子游戏：闻水果

游戏目的 发展宝宝嗅觉。

游戏方法 妈妈可以准备3种有香甜味道的水果，把水果放在宝宝鼻子下方并且要左右移动，让宝宝闻闻水果味。每种水果各做3次，观察宝宝面部表情的变化。

这是苹果的味道！

🍊 亲子游戏：娃娃到哪里去了

游戏目的 发展宝宝视觉。

游戏方法 （1）第一周时，爸爸妈妈可以把布娃娃的一部分用浴巾遮挡，一边说："布娃娃到哪里去了？"一边表现出寻找的样子，吸引宝宝的注意。每天2~3次。

（2）第二周时，重复第一周的游戏，增加遮盖的比例，最后妈妈用夸张的动作表示找到了。

（3）第三周时，将整个娃娃藏在浴巾下，但要显现出娃娃的轮廓，重复游戏。

（4）第四周时，一边和宝宝说话一边慢慢离开，直到宝宝看不到你为止，随后再走近。这个过程中妈妈必须不断和宝宝说话。

游戏时，妈妈要注意观察宝宝是否能快乐地和自己游戏。

布娃娃到哪里去了？

🍊 亲子游戏：声音在哪里

游戏目的 发展宝宝听觉。

游戏方法 妈妈可以在宝宝头部正后方摇

动玩具，或在宝宝侧后方呼喊宝宝的名字，训练宝宝听音找物（人），注意宝宝的视线是否朝着有声音的地方注视。如果宝宝没有注视，妈妈要重复上述动作，直到宝宝注视为止。此游戏不仅能训练宝宝的听力，还能训练他肌肉动作的平衡能力。此外，还要坚持给宝宝多听优美的古典音乐、儿歌等。

⊛ 亲子游戏：触觉训练

> 游戏目的 通过触摸不同质地的玩具刺激宝宝触觉发展。

> 游戏方法 （1）可以让宝宝坐在妈妈的腿上，把羽毛、海绵、卫生纸卷筒、胶带、玻璃纸等放在宝宝面前，当宝宝碰触的时候要把触感描述给他。

（2）妈妈抱着宝宝，当着宝宝的面把小皮球、塑料小勺或其他安全的东西放入较大的塑料容器内，然后让宝宝玩装了东西的容器。

妈妈要注意看护宝宝，别让宝宝把玩具放入口中。

触觉训练

变化环境激发宝宝好奇心

这个月，宝宝头部的控制能力已经很好了，能够非常自由地探索周围的世界，视力和手的操作能力也有了很大的提高，因而很有必要改变一下室内环境布置，使宝宝有新鲜感，以提高他观察、探索的兴趣和能力。研究表明，在明快的色彩环境下生活的婴幼儿，其创造力远比在普通环境下生活的婴幼儿要高。白色会妨碍宝宝的智力发育，而红色、黄色、橙色、淡黄色和淡绿色等能促进宝宝智力的发展。因此，在室内布置的变换上，爸爸妈妈应该注意环境布置的变换、位置的变换。

小动物头像、彩色挂历、地图、小床周围的玩具等要变换位置；床单、桌布等要变换一下颜色；把宝宝放在婴儿车里自由玩耍时，经常调换婴儿车的方向；让宝宝处在不同的角度观看室内的布置。

专家问答

怎么给宝宝吃药

每个爸爸妈妈都希望宝宝能够健康成长，但宝宝难免会有生病的时候。当宝宝生病时，给宝宝喂药便成了一件头疼的事，因为宝宝大多不喜欢吃药。那么，应该怎么给宝宝吃药呢？

⊛ 吃药前看清标签

给宝宝吃药前，妈妈需要认真看一看药物标签，了解药物的用途和用量，避免宝宝吃错药、吃过量，发生药物中毒。每天吃几次、每次吃多少、吃几天，妈妈要谨遵医嘱，不要随意增减药量。

⊛ 喂药的方法

给宝宝喂液体药物时应先把药液摇匀再喂给宝宝，如果是粉状、片状药物，考虑到宝宝的吞咽能力有限，妈妈应先用温开水将药物调匀再喂。

⊛ 错误的喂药方法

（1）吃药要谨遵医嘱，医生说药吃多少次、多少量，一定不能随意加减。每次的药量需要精心计算好。只有在吃药立刻呕吐的情况下可以适当补回相应的量，否则该吃多少就是多少，如果在吃药后半个小时呕吐了就不用加。

（2）不要给宝宝吃亲朋好友介绍的处方药，宝宝生病了一定要去医院诊治。

（3）如果病情没有改善，就不要再继续给宝宝吃药了，应该尽快去医院检查。

（4）不要使用奶瓶喂药，以免宝宝对奶瓶产生不愉快的经验，进而抗拒喝奶。

（5）如果是几种药一起吃，不要混在一个杯子里喂，要分开喂，但不用间隔时间。

可以提前些给宝宝接种疫苗吗

宝宝接种疫苗的时间，医生都会在接种卡上标明。但有些爸爸妈妈特别心急，总想着为宝宝好，就提早抱着宝宝赶到医院去接种。他们认为，反正宝宝都是要接受接种的，早些总比迟些好，提早接种宝宝不是可以早些得到抗体了吗？其实，这种做法不可取。如果不到时间就接种，就达不到免疫的效果和目的。

什么时候接种什么疫苗与宝宝身体内的抗体水平，和注射疫苗后抗体的产生，以及抗体的持续时间有着一定的关联，爸爸妈妈应根据我国卫生部门规定的免疫程序按时接种，提早或延迟都是不好的。如果遇到特殊情况应向医生说明，由医生给予安排，这样宝宝才能获得良好的接种效果。

宝宝接种疫苗后的常见反应

接种疫苗的常见反应有发热、恶心、呕吐、皮疹、头痛、胃口差、精神萎靡、腹泻和哭闹等，局部的反应有局部红晕、红肿、荨麻疹、过敏性皮疹、紫癜、无菌性脓痒、瘙痒等。

有反应的宝宝应休息、多喝白开水，热度高于38℃可在医生指导下服用一些退热药，一般全身反应在 3 ～ 4 天可以恢复正常。个别宝宝热度高于40℃或有神经系统的症状应送医院紧急处理，并在下次接种时向医生说明上次接种后的反应情况。

接种后的 2 ～ 3 天里宝宝应避免剧烈活动，要留心注射部位的清洁卫生。如接种卡介苗的宝宝，在随后的 2 ～ 3 周到 2 ～ 3 个月中，注射部位会有脓疱鼓起，当脓疱破裂后，只要用消毒棉签将脓液擦拭掉就可以了。

5 个月的宝宝

生长发育特点

身体成长指标

性别 指标	男宝宝			女宝宝		
	最小值	均 值	最大值	最小值	均 值	最大值
体重（千克）	6.2	8.0	9.7	5.9	7.5	9.0
身长（厘米）	62.4	65.9	77.6	60.9	65.5	70.1
头围（厘米）	40.6	43.0	45.4	39.7	42.1	44.5
胸围（厘米）	39.2	43.0	46.8	38.1	41.9	45.7

感觉发育

5 个月的宝宝能辨别红色、蓝色和黄色之间的差异。如果宝宝喜欢红色或蓝色，不要感到吃惊，这些颜色似乎是这个年龄段宝宝最喜欢的颜色。此时，宝宝的视力范围可以达到几米远，而且将继续扩展。宝宝的眼球能上下左右移动着注意一些小物品，当他看见妈妈时，眼睛会紧跟着妈妈的身影移动。

语言发育

此时，宝宝不仅注意妈妈说话的方式，也会注意到妈妈发出的音节。他将听到元音和辅音，并开始注意它们结合成音节、词汇或句子的方式。宝宝开始用母语的许多节律和特征咿呀学语，尽管听起来像胡言乱语，但如果妈妈仔细听，会发现宝宝可以升高和降低声音。

动作发育

5个月宝宝会积极倾听音乐，并会随着音乐的旋律摇晃身体，虽然动作还不能与旋律吻合，但已经有节律感了；看到什么东西，都会主动有意识地去摸一摸；手眼动作已经比较协调了，会够玩具，并会把小摇铃摇响。

现在，宝宝开始接受一个重大的挑战——坐起。随着他背部和颈部肌肉力量的逐渐增强，以及头、颈和躯干的平衡发育，他开始迈出"坐起"这一小步。宝宝趴在床上时，可用双手撑起全身，能够独自坐一会儿，但有时两手还需要在前方支撑着。宝宝拿物品时，不再是两手去取，会用一只手去拿。

日常护理要点

给宝宝做做按摩

对于宝宝来说，轻柔的爱抚、细心的按摩，如同吃的食物和呼吸的氧气一样重要。通过按摩，宝宝从爸爸妈妈的微笑中感受到了体贴，从密切的身体接触中受到良性刺激，从而体会到安全、安宁和温暖，促进身体和心理的健康发育。

爸爸妈妈给宝宝做按摩的时候，力度一定要轻，以免伤害宝宝幼嫩的血管和淋巴管，所以给宝宝按摩也叫"抚摩"。该怎样给宝宝做抚摩呢？

（1）室内温度宜温暖，同时宜安静，可放一些轻松的音乐。把宝宝放在柔软的毛巾上，先按摩宝宝的头顶、脸颊、额头，再按摩眼上、耳侧，然后从胸部顺肋骨按摩。

（2）在肚脐周围做环形按摩，先由左向右，再由右向左。

（3）用手指揉宝宝脊柱两侧，从颈部到尾椎。

（4）按摩腿部，从大腿到膝，从小腿到踝，轻轻拿捏。

（5）按摩胳膊，如腿的手法。

别强行制止宝宝哭泣

宝宝大脑发育不够完善，当受到惊吓、委屈或不满足时，就会哭泣。哭可以使宝宝内心的不良情绪发泄出去，所以适当的哭有益宝宝健康。

有些爸爸妈妈在宝宝哭时强行制止或进行恐吓，使宝宝把泪憋回去。这样做使宝宝的精神受到压抑，长期如此，会导致宝宝精神不振，影响健康。

当宝宝哭时，爸爸妈妈要顺其自然。宝宝哭后就能情绪稳定，就嬉笑如常了。

给宝宝准备一套专用餐具

大人用的餐具无论从式样还是使用上都不适合宝宝。因为大人用的餐具往往又大又重且花色单一，用这样的杯或碗盛装果汁或配方奶，不仅影响宝宝的食欲，还容易使宝宝产生压迫感。大人用的餐具相对于宝宝来说本身就有许多弊端，比如不锈钢制的勺子、叉子比较尖锐，宝宝使用不当容易造成外伤；塑料餐具因不能进行高温消毒而容易附着油垢和细菌，会危害宝宝健康；而陶瓷制品怕摔，也不是宝宝理想的餐具。设计合理的儿童专用餐具，从宝宝的适用性与安全性进行了考虑，充分体现儿童的特点：小巧玲珑，不怕摔、不脆化，磕碰中不起毛边等，宝宝尽可放心使用。

当宝宝开始添加辅食，或宝宝开始抢爸爸妈妈手中的碗筷，并笨拙地往自己嘴里送饭吃的时候，爸爸妈妈该考虑为宝宝选择一套儿童专用的餐具了。

宝宝餐具应认真消毒

宝宝的餐具需要认真消毒，这是因为宝宝的抗病能力差，残留在餐具上的细菌很容易造成感染。煮沸消毒是最安全、最简单的消毒方法，将宝宝的餐具放入沸水中煮 5 分钟以上即可。家里备有蒸汽机的妈妈也可以选择蒸汽消毒。需要提醒妈妈的是，消毒后的餐具使用时不要再用冷水冲洗，以免造成二次污染。

· 宝宝需要专门的烹饪锅 ·

宝宝的免疫系统、消化系统尚未发育完善，和成年人的烹调工具混用容易滋生细菌、感染疾病，因此妈妈最好专门买个锅给宝宝制作辅食。选购时不要选铜锅和铝锅，它们会破坏食物的营养，不适合给宝宝蒸煮食物。

科学喂养

本月喂养特点

本月宝宝消化器官及消化机能逐渐完善，而且活动量增加，但体重增加情况与 4 个月时区别不大，可以给予同样方式的喂养。

对于母乳喂养的宝宝，如果母乳越来越少，宝宝与以前相比体重在 10 天内只增加 100 克，就需要及时添加配方奶粉和辅食了。如果宝宝不肯喝配方奶，妈妈就应该找其他的代乳食品。人工喂养的宝宝，喂养量不宜比 4 个月时增加太多。

辅食添加有顺序

给宝宝添加辅食的时候，要注意循序渐进，不可一蹴而就。

◉ 种类由少到多

宝宝较为敏感，添加辅食的时候要一种一种地添加，一旦过敏即可锁定过敏原，每种食物适应至少一周后才能再尝试其他食物。

从食物的种类来说，宝宝的辅食添加需要遵循谷物—蔬菜—水果—动物性食物的顺序，四个种类的食物顺序不能颠倒，从一个种类过渡到另一个种类的时间可以是 1 ~ 2 周。动物性的食物也有一定添加顺序：蛋黄泥、鱼泥（剔净骨和刺）、全蛋、肉末，未满 6 个月的宝宝不宜添加肉类辅食。

另外，添加谷物，妈妈要牢记先米后面（先添加米类食物，后添加面粉类食物）的顺序。

◉ 数量由少到多

每个宝宝都具有独特的个性，消化系统的成熟和对营养的需求都不一样，开始时少量添加辅食有助于妈妈掌握宝宝的消化能力。比如蛋黄，妈妈可以先给宝宝 1 天吃 1 次，等到宝宝适应了之后再逐渐增加每天吃蛋黄的次数。

◉ 稀到稠、细到粗

开始的时候吃流质食物（如米粉或菜汤），然后慢慢过渡到半流质食物（如稀的菜泥或果泥）、泥状食物（如稠的菜泥或果泥），再然后是固体食物（如碎菜、土豆丁、小米粥）。

◉ 时间顺序

4 个月的宝宝可以添加婴儿米粉、菜水、果水、蛋黄泥（加温开水调匀），5 ~ 6 个月的宝宝可以添加泥糊状辅食，7 ~ 8 个月的宝宝可以添加半固体辅食，9 ~ 12 个月的宝宝可以添加固体辅食。

如何添加各类辅食

宝宝出生后 4 个月内可以添加辅食，随着消化能力和咀嚼能力的加强，辅食可以越来越丰富。

✷ 谷物

从米汤开始添加，接着可以添加米粉、米糊，再添加稀粥、稠粥、烂面条、软饭、疙瘩汤、饼干、面包。

✷ 蔬菜

从过滤的蔬菜水开始，到菜泥、菜末、碎菜。

✷ 水果

从果水开始添加，然后添加过滤的果汁、不过滤的全果汁，再添加水果泥、水果块，最后让宝宝拿着整个水果吃。

✷ 蛋类

从蛋黄泥开始添加，7~8个月后可以喂全蛋（过敏体质的宝宝需要等到1岁以后才能吃全蛋）。

✷ 肉类

未满6个月的宝宝不能添加肉类辅食，肉类辅食从肉泥开始添加，然后添加肉末、碎肉，最后可以给宝宝吃小肉丁。

选购辅食要谨慎

市场上销售的辅食有其优点，最主要的是加工方便，妈妈在比较忙的时候可以选购一些给宝宝食用。但市售辅食品质良莠不齐，选购时还需谨慎。

（1）尽量选择大品牌。相对来说，大品牌选料、制作、包装等环节都更安全卫生，而配料、营养等也更科学、合理，所以应尽量选购大品牌产品。

（2）外包装符合国家规定。国家规定，外包装上必须标明厂名、厂址、生产日期、保质期、执行标准、商标、净含量、配料表、营养成分表及食用方法等项目，如果有缺少，说明不规范。外包装都不规范，产品质量就更不能保证了。

（3）选择营养元素全面的产品。好的辅食一般在每个阶段都会添加宝宝当时最需要的营养素。营养丰富、合理的是最好的辅食。

（4）每个阶段的宝宝辅食都应该有相应的咀嚼难度：初期细腻，中期略粗，后期接近成人食品。这样慢慢增加咀嚼难度的才是好辅食。

给宝宝食用市售辅食也要注意观察他的反应，如果有过敏等不良反应，要暂停添加。

5个月宝宝适合吃泥糊状辅食

本月的宝宝吞咽、咀嚼能力比4个月的宝宝

有所加强。但总体来说，5个月的宝宝吞咽、咀嚼、消化能力都很脆弱。因此，辅食应该以容易吞咽、咀嚼的泥糊状食物为主。泥糊状辅食指的是米粉、玉米粉、藕粉单纯制成或搭配水果和蔬菜做成的半流质辅食。泥状辅食指的是将蔬菜、水果、肉类食物或蒸或煮，压制成泥。

给宝宝制作蔬菜泥、果泥时，妈妈要掌握正确的烹调时间，以免烹调时间太长破坏蔬菜和水果中的维生素。尤其需要注意的是，蔬菜要用清水洗净、水果则要去皮，以免蔬菜、水果上残留的农药损害宝宝的健康。

宝宝口渴的判断方法

人体缺水的信号是口渴，宝宝由于不能准确感受和表达自身机体的状况，所以需要妈妈细心认真地观察、用心分析，来判断宝宝是否缺水。以下这些迹象，都是宝宝口渴时发出的信号：

（1）宝宝不断用舌头舔嘴唇，口唇干燥，这是宝宝缺水的首要表现。

（2）宝宝排尿次数减少，尿液变黄。

（3）宝宝大便变得干燥、硬结。

（4）宝宝食欲减退，这是因为水分不足，胃肠道的消化液分泌减少，影响消化功能。

（5）1周岁以内的宝宝一般囟门尚未闭合，所以只要用手轻轻地摸摸宝宝的前囟门，如果感觉往里凹得比较深，就说明宝宝缺水。

（6）如果宝宝经常会出现夜间哭闹、烦躁不安等情况，在排除其他原因时，应该考虑到孩子是否缺水。

（7）用拇指和食指轻轻捏起宝宝手背的皮肤，如果皱褶较多，恢复平滑时间较长，弹性较差，则应及时给宝宝补水。

（8）脱水的宝宝由于身体内水分减少，会感到强烈口渴，小宝宝虽然不会说话，但常会用嘴四处寻找奶头来表示。

给宝宝吃冷饮坏处多

一些妈妈在夏季会给宝宝吃冷饮，结果导致宝宝胃肠道出现不适。在这里提醒妈妈，不宜给宝宝吃冷饮。

冷饮中含有香精、防腐剂、人工合成色素等添加剂，成人吃不会造成身体不适。但宝宝就不一样了，冷饮不仅对宝宝的生长发育没有任何帮助，所含的各种添加剂还极易造成过敏，损害宝宝的健康。

冷饮经过多道加工程序，再加上运输、出售等环节，难免会被细菌污染，尤其是作坊式工厂生产的冷饮，质量和卫生都无法保证，宝宝吃了卫生不合格的冷饮会感染细菌。

那么，质量和卫生都达标的冷饮可以放心地给宝宝吃吗？当然也不行。因为宝宝的消化系统尚未发育成熟，冰冷的冷饮进入胃肠后造成强烈刺激，轻则胃肠功能失调，影响食物的消化和吸收，重则导致消化道痉挛，诱发宝宝腹痛、腹泻，甚至造成可怕的肠套叠。

如果天气太热，妈妈可以给宝宝多榨点西瓜汁、黄瓜汁等清热生津的蔬果汁，或做点冬瓜泥、黄瓜泥喂给宝宝。

5 个月宝宝辅食不加盐

宝宝的辅食应少糖、无盐、不加调味品，过早、过量在宝宝辅食里添加食盐会对宝宝尚不成熟的肾脏造成负担，更会为成年后患上高血压埋下隐患。不满 6 个月的宝宝每天所需钠元素为 200 毫克，相当于 0.5 克食盐，完全可以从母乳和辅食中获取，不必在辅食中另外添加。

宝宝的肾脏功能在 6 个月左右才能发育比较

完善，基本可接近成人水平。所以，在正常情况下，宝宝到 6 个月后，辅食中可以加少量的食盐调味，每天约 1 克，仍以清淡为主。

值得注意的是，要十分注意宝宝的食盐量，一般年龄越小，所吃的盐量也应越少。通常 6 个月至 1 岁以后可逐渐增加，直到接近成人量。在夏季，由于出汗过多，或发生腹泻、呕吐等不良情况时，宝宝体内盐分流失较多，食盐量也可适当增加。

家庭诊所

5 个月宜接种的疫苗

◉ 宜接种百白破混合制剂

本月为第三次百白破三联疫苗接种。妈妈必须注意，宝宝注射第三针百白破三联疫苗时，反应可能会较前两次更大，所以要给宝宝做好准备。接种完之后过了观察时间，应尽早带宝宝回家，给宝宝多喝水、多休息，有助于减轻不良反应。注射百白破后出现的硬块，快的话 1 周内会消退，慢的可长达 6 个月。请妈妈放心，只是宝宝有个体差异，导致吸收得慢了点，只要宝宝没有其他不适感，就不用去医院诊治。

宝宝消化不良都有哪些表现

宝宝年龄小，消化系统尚不成熟、消化能力较弱，往往容易造成消化不良。引起消化不良的原因很多，如喂养不当、天气突然变化、滥用抗生素等。宝宝消化不良的表现有：腹泻，这是最常见的表现；宝宝口臭，呼出的口气中有酸腐味，舌苔白厚；食欲不振，宝宝不愿意吃饭；睡眠中身子不停翻动，有时还会咬牙；面颊潮红，面部皮肤粗糙，环境稍热面部红得更明显。

宝宝消化不良该怎么办

母乳喂养的宝宝因消化不良出现腹泻，一般可以继续哺喂母乳，暂停辅食。人工喂养的宝宝，6 个月以内的可喂些米汤或水稀释的配方奶；6 个月以上的宝宝宜选用平时习惯的少渣食品，如粥、面条等，少量多餐，逐渐过渡到正常饮食。

宝宝没有腹泻，但有其他一些消化不良的表现时，也应该对饮食进行调整。如少吃主食和肉类、鱼类，代之以蔬菜、水果，以利于消化吸收；减少食量，以利于肠胃功能的恢复；临睡前不要吃得太饱；宝宝偶有一顿食欲不佳，不必勉强进食。

宝宝便秘如何治疗

所谓便秘，是指大便很硬而导致排便困难。如果宝宝排便时间延长，经常 3 ~ 4 天排便 1 次，排便感到困难，大便干燥，有时呈羊粪球样或有腹胀、拒食、烦躁、呕吐等现象，就可以判断宝宝可能是便秘了。

便秘可由肠道病变引起，也可由饮食、精神及习惯等诸多因素引起。如果妈妈有便秘的习惯，宝宝也往往容易发生遗传。如果是疾病因素导致宝宝便秘，如肛门狭窄、巨结肠等，需到医院治疗并接受排便训练。那么，宝宝发生便秘的时候应该怎么办呢？

⊛ 调整饮食

如果因饮食不足造成便秘，应增加食物的摄入量。母乳喂养期间，宝宝一般不会发生便秘。如果发生了，可以在喂奶之间添加水果汁、菜水等，并需要调整妈妈的饮食。对于人工喂养的宝宝，可能是宝宝的胃肠道不能适应奶粉中的成分的缘故，发生便秘的情况较频繁。在没有添加辅食前，需要多喝白开水、菜汁水。对于添加辅食的宝宝，需要增加粗纤维的摄入，如新鲜的蔬菜和水果，妈妈也可以在煮粥的时候放些蔬菜和水果，以增加宝宝膳食纤维的摄入量。此外，可以让宝宝适当吃一些粗粮，如玉米、小米、黑米、紫米等，妈妈可以用粗粮煮成粥给宝宝吃。

⊛ 训练宝宝养成良好的排便习惯

宝宝可以从满月后开始训练排便习惯。由妈妈把着，宝宝的头部及躯干需靠在妈妈的身体上。开始时比较困难，需要观察宝宝排便前的反应时间，逐渐就可形成定时排便的规律。如果不观察宝宝的排便反应行为，强行定时排便，对宝宝并无益处。

⊛ 增加运动按摩

多让宝宝运动，以促进肠蠕动，有利于大便的排出；每天给宝宝做腹部按摩，也可以促进肠蠕动。

夏季怎么预防宝宝长痱子

（1）预防宝宝长痱子的方法是设法降低室内的温度，可以开空调或电风扇等，但要注意应在宝宝醒时和活动时使用，因为宝宝的体温调节中枢发育尚不完善，若使用不当，反而易引起疾病。

（2）经常开窗通风，及时换下宝宝身上沾有汗渍的衣服，勤洗澡，这样宝宝就不会长痱子了。

（3）为了增加宝宝皮肤的抵抗力，要经常带宝宝进行日光浴、空气浴、水浴。

（4）宝宝夏季的衣服是很重要的，宜选择吸水性好的薄棉布，而且衣服要宽松，有利于宝宝身体中热量的散发，汗水被棉布衣服吸去自然不易长痱子。因此，在炎热的夏季让宝宝穿棉布衣服比光着小身子要好。

（5）宝宝洗澡时水温要适当，不可过热或过冷，洗后在宝宝的颈部、腋窝、胸背、腹股沟处擦些痱子粉。

（6）夏季应少食油腻及刺激性食物，及时补充水分，可减少和避免长痱子。

潜能开发

看图画，让宝宝学会认事物

当宝宝视觉发展以后，彩色图片对他有足够的吸引力，妈妈可以通过图片教他认识事物。开始时，可将宝宝抱在怀里给他看一些简单的画。这些画色彩应简单明快，画中的物要大而清楚，如画上只是一只猫、一条鱼、一个杯子。在看图片时，妈妈要告诉宝宝图片上物品的名称，告诉他图片上主要的颜色，并可就图片的内容编个儿歌、小故事唱或讲给宝宝听。如果是小动物，就学着动物的声音叫几声，"小猫咪咪咪""小狗汪汪汪""小鸭嘎嘎嘎"，以增加游戏的乐趣。也可讲解图片，如"小猴吃桃，猴子最爱吃水果。小猴淘气，爱上树"等。不要担心宝宝听不懂，慢慢地他会明白的。

练好基本功之学坐

这个月，宝宝还无法完全控制自己的身体，但如果爸爸妈妈扶着宝宝坐立，宝宝的头可以保持基本稳定，仅偶尔晃动；而宝宝挺直身体保持坐姿时，只是腰部有些弯曲；如果让宝宝靠着支撑物，他能坐一会儿……可见，宝宝 5 个月时可以为学坐打基础了。

刚开始学坐的第一步：要将宝宝的体重分配到支撑物上，如靠在妈妈怀里，靠在沙发上，围坐在被子中等；第二步：可短时间离开支撑物，在身体晃动时找到控制身体的平衡点；第三步：将宝宝拉坐起来，两臂支撑身体坐着，让宝宝自己支撑一会儿，直到整个身体明显向前倾，再将宝宝扶起。只要宝宝没有表现出明显的不高兴就可以多练几次。

◉ 亲子游戏：独坐耐力练习

游戏目的 训练宝宝的耐力，为坐打基础。

游戏方法 把宝宝扶正，确定宝宝坐稳后放开双手，并在一旁随时保护。宝宝缺少控制重心和协调身体的能力，独坐片刻后就会向侧后方倒下，妈妈此时要用一只手扶住快要倒下的宝宝，然后将他扶正。注意在宝宝上身不停地摇摆时尽量不要扶住宝宝，在一旁保护即可。每一次摇摆都有助于宝宝找到平衡点，学会控制身体。

独坐耐力练习

❂ 亲子游戏：拉坐运动

游戏目的 锻炼宝宝颈部和背部肌肉，帮助宝宝能将头部伸直，使躯干上部挺直。

游戏方法 宝宝仰卧位，妈妈握住宝宝的双手，缓缓拉起，宝宝会自己用力配合成坐位。几次拉坐练习后，宝宝会自己用力拉妈妈的双手坐起。如此每天练习数次，每次训练 1～2 分钟，宝宝会越来越棒。

拉坐练习结束后，给宝宝做全身整理运动，即反复伸展屈曲双上肢，伸展屈曲双下肢，再按揉手心和脚掌。

拉坐运动

锻炼发声能力，为说话打好基础

5 个月的宝宝能发出一些元音和简单辅音拼出的音，如"ma""ba""da"等。当爸爸妈妈跟他说话的时候，他会很高兴，也会滔滔不绝、大声地发声。宝宝在看到熟悉的人或玩具时，能发出咿咿呀呀像是说话般的声音，好似宝宝在对人"说话"。有时宝宝会以低音调的声音改变口腔气流，发出哼哼声和咆哮声。

❂ 亲子游戏：模仿发音

游戏目的 提高宝宝语言学习能力，帮助宝宝巩固发音。

游戏方法 妈妈和宝宝面对面，用愉快的语气与表情发出"wu-wu""ma-ma""ba-ba"等重复音节，逗引宝宝注视妈妈的口型，每发出一个重复音节应停顿一下，给宝宝模仿的机会。

❂ 亲子游戏：说"再见"

游戏目的 理解简单的语言。

游戏方法 家里来了客人，或爸爸妈妈要出门，要教宝宝说"再见"。宝宝不会说时，妈妈抱着他，挥动他的手，教宝宝说"再见"。会说话以后，宝宝会主动地摇手并说"再见"。

亲子游戏：叫名字

游戏目的 让宝宝将名字和自己联系在一起，多次重复，以后问宝宝叫什么，他会说出自己的名字。

游戏方法 爷爷奶奶或爸爸抱着宝宝并让宝宝背对着妈妈，然后妈妈呼唤宝宝的名字，逗引宝宝转头去找，宝宝看到妈妈后，妈妈要加以鼓励或亲亲宝宝，然后妈妈再转向宝宝看不到的地方，再叫宝宝的名字，逗引宝宝去找，如此反复，每天3~5次。几天后，改换妈妈抱着宝宝，让其他人呼唤宝宝的名字，逗引宝宝去找，如果宝宝已经转头去找了，说明宝宝已经知道自己叫什么名字了；如果宝宝仍然不转头，那就继续做这个游戏，直到宝宝只要听到自己的名字，不管是谁叫都会转头去找。

锻炼宝宝动手能力，从现在开始

这个月的宝宝已经能够抓住近处的玩具。当宝宝自发地抓起积木，或爸爸妈妈把积木放在宝宝手中时，宝宝能把积木抓在手指和手掌之间，并且能把积木拿起来，而不仅仅是简单地接触。

亲子游戏：递来递去

游戏目的 培养手的能力。

游戏方法 （1）在宝宝玩玩具时，当看到宝宝的手里抓握一个玩具后，妈妈拿起另一个玩具，递给宝宝没拿玩具的那只手，让宝宝一只手拿一个玩具。

（2）宝宝学会一手抓一个玩具后，妈妈就可以教宝宝将一只手上的玩具，传递到另一只手上。妈妈先在宝宝面前出示一个玩具，当宝宝拿到后，妈妈再出示一个玩具，看看宝宝有何反应，如果这时宝宝显得不知所措，妈妈就握住宝宝没拿玩具的那只手去拿另一只手上的玩具，也就是教宝宝学习把玩具换手；如果宝宝扔掉了手中的玩具去拿第二个，妈妈就把宝宝扔掉的玩具藏起来，不要再出示其他任何玩具，宝宝感觉到扔掉东西就没有了，他就不会再扔掉玩具，并逐渐学会把东西放到另一个手上，不久宝宝就学会了传物。

递来递去

⊛ 亲子游戏：手指游戏

游戏目的 发展宝宝手指精细动作，培养宝宝数学思维。

游戏方法 妈妈抱着宝宝，妈妈念歌谣：老大扛猎枪，老二打灰狼，老三去炖肉，老四吃得香，可怜小老五，只能喝点汤。

妈妈念到哪个手指，就让孩子伸出哪个手指。

锻炼腿部，为宝宝行走做准备

5个月的宝宝一般可在支撑状态下进行双腿跳跃，这时不要怕宝宝的腿会因为蹦跳变弯，这是宝宝的反射性行为，是宝宝为了学习站立和行走所进行的自主准备性活动。妈妈要充分利用宝宝的蹦跳本能，为他提供蹦跳的机会，从而锻炼宝宝的腿部，为他将来的站立和行走做准备。

⊛ 亲子游戏：双脚跳

游戏目的 训练腿部支撑能力。

游戏方法 爸爸妈妈可以两手扶着宝宝腋下，让宝宝站在自己的大腿上，保持直立的姿势，并扶着宝宝的双腿跳动，每日反复练习几次，以锻炼宝宝腿部的肌肉及增强平衡能力。

⊛ 亲子游戏：拉站练习

游戏目的 锻炼宝宝腿部力量。

游戏方法 宝宝仰面躺在床上，妈妈双手拉住宝宝的手腕，一边说"站起来、站起来"，一边将宝宝拉站起来，并在站位坚持停留一会儿；妈妈还可以将宝宝先拉成坐位，再由坐位拉成站位。在拉的过程中，注意手的用力方向，当拉坐时，一边拉一边压着力量向前拉；当拉站时，一边拉一边向上提力，以帮助宝宝站立。

认知能力训练

这个月的宝宝认知力进一步增强。当宝宝的手里拿一块积木时，如果爸爸妈妈再给他第二块，他能注视随后出现的这一块。爸爸妈妈如果把色彩鲜明的小玩具放在桌子上，用手指着玩具或拿着玩具动来动去，宝宝能明确注意到玩具。

⊛ 亲子游戏：摇晃看物

游戏目的 发展宝宝视觉定向能力。

游戏方法 （1）把玩具拿给宝宝，帮助宝宝松开手，让玩具一一落地，让宝宝看玩具是如何落地的。

（2）把宝宝喜欢的玩具放在桌子上，确定宝宝在注视玩具时，妈妈抱着宝宝左右摇晃，再站起坐下。观察宝宝是否能在摇晃的情况下视线始终对着玩具。

摇晃看物

⊛ 亲子游戏：听觉训练

游戏目的　发展听觉。

游戏方法　（1）妈妈可以面对着宝宝，然后用纸遮住宝宝的脸，呼唤宝宝的名字。如果宝宝做出反应，妈妈要立刻亲吻他，可以反复玩2分钟。

听觉训练

（2）妈妈可以抱着宝宝。随着优美的舞曲翩翩起舞，如果宝宝合着乐曲发声，妈妈别忘了用亲吻、微笑来鼓励他。

⊛ 亲子游戏：触觉训练

游戏目的　发展触觉。

游戏方法　（1）妈妈抱着宝宝坐在桌前，把玩具放在桌子上宝宝可以摸到的地方。妈妈给宝宝示范抓握玩具2～3次，然后让宝宝自己去抓握，观察宝宝是否做出了相同的动作。

（2）妈妈让宝宝坐在床上，然后把浴巾铺在离宝宝不远处，把玩具放在浴巾上，示范拉动浴巾使玩具靠近，妈妈要鼓励宝宝学着做，观察宝宝是否能做"拉"的动作。

触觉训练

情绪与社交能力训练

这个月的宝宝看见食物后会很兴奋。当宝宝看到奶瓶、饼干、水等食物时，会引发出激情，两眼盯着看，表现出高兴或是要吃的样子。当宝宝坐在镜子前时，他能轻拍镜子里自己的影子，而不仅仅是无目的抚摸镜子。5个月的宝宝能辨认出陌生人，虽然对陌生人不害怕，但表情会比较严肃，不像对家里人那样热情。

爸爸妈妈平时下班回来要主动和宝宝"说话"，交流感情，还要主动逗着他玩或给他放音乐。时间长了，宝宝就能和父母建立感情了。以后宝宝看到爸爸妈妈就会主动发出笑声，四肢乱动，表现出兴奋的样子。

这个月爸爸妈妈还要继续训练宝宝分辨面部表情的能力，让他和自己一起对着镜子做惊讶、害怕、生气和高兴等表情游戏。

◉ 亲子游戏：举高高

游戏目的 促进宝宝的前庭知觉发展，培养快乐情绪与亲情。

游戏方法 爸爸将宝宝抱起来，双臂抱稳宝宝，适度地、慢慢地左右摇晃，带着宝宝"荡秋千"。或将宝宝慢慢举起，然后慢慢放低，再举高，再放低。反复几次，宝宝会十分开心。

千万不要做抛起和接住的动作，以免失手让宝宝受惊或受伤。摇晃宝宝的时候动作要尽可能放慢、放轻，不可用力和快速摇晃。

专家问答

宝宝不吃辅食怎么办

看到别人家的宝宝吃辅食吃得很香，自己家的宝宝却不吃，于是许多妈妈就强迫宝宝吃，这么做不仅不能让宝宝爱上吃辅食，而且还会越来越排斥辅食。宝宝不吃辅食，应该先弄清原因，才能从根本上解决宝宝不爱吃辅食的难题。

（1）有的宝宝用舌头把辅食向外推，可能是宝宝还不知道怎样把食物吞下去，或宝宝自我保护意识太强。这时候妈妈应示范如何咀嚼、吞咽食物；有的宝宝含着辅食不吞下去，可能是还不饿，妈妈可以等宝宝饿了再喂；有的宝宝吃东西慢，并不是不喜欢吃，妈妈喂辅食时应该耐心；有的宝宝哭闹着不吃辅食，可能是身体不舒服或困了。

（2）要丰富食物种类，不要总给宝宝吃单一的食物。同样的食材，妈妈可以换着花样做，比如和其他的食材搭配做成粥、汤、泥、糊等不同形式。妈妈可以购买一些可爱的不锈钢食物造型模具，将食物做成各种可爱的花朵、小动物、几何形状，以激发宝宝对食物的兴趣。

（3）可以改变一下吃辅食的时间，如等到宝宝口渴的时候可以准备些果水、菜水，宝宝饿了的时候可以喂些米粉、蛋黄泥。

6 个月的宝宝

生长发育特点

身体成长指标

性别 指标	男宝宝			女宝宝		
	最小值	均 值	最大值	最小值	均 值	最大值
体重（千克）	6.6	8.5	10.3	6.2	7.8	9.5
身长（厘米）	64.0	68.6	73.2	62.4	67.0	77.6
头围（厘米）	41.5	44.1	46.7	40.4	43.0	45.6
胸围（厘米）	39.7	43.9	48.1	38.9	42.9	46.9

感觉发育

　　6 个月宝宝已经能够自由转头，视野扩大了，视觉灵敏度已接近成人水平。宝宝手眼协调能力增强，成了积极的学习者和新事物的探索者。

语言发育

　　6 个月宝宝进入咿呀学语阶段，对语音的感知更加清晰，发音更加主动，不经意间会发出一些不清晰的语音，会无意识地叫"mama""baba""dada"等。当宝宝发出语音时，爸爸妈妈要积极做出反应。

动作发育

　　6 个月的宝宝俯卧的时候，可以用肘支撑着将胸抬起，但腹部还是靠着床面。仰卧时喜欢把两腿伸直举高，而且头还能稳当地竖起来。6个月的宝宝开始努力坐起，把他扶起坐着的时候，他可能学会了"支三脚架"——身体向前倾时伸手支撑，保持上身平衡。逐渐地，腰部肌肉更发达了，靠坐时腰能伸直。但还需要过一段时间，宝宝才能靠自己的力量坐起来。

日常护理要点

怎样为宝宝买婴儿车

宝宝出生后，应根据不同年龄阶段为宝宝选择不同的婴儿车，婴儿车一般有两类：一类是坐卧两用多功能婴儿车，一类是外出用的便携式折叠婴儿手推车。这两类婴儿车各有用途，适用于不同场合。

❀ 坐卧两用多功能婴儿车

多功能婴儿车在宝宝1岁以前非常实用。市场价格在数百元到上千元不等。

优点：（1）功能较多，车厢可以按不同角度调节靠背，既可以给宝宝当床、当摇篮，也可以把靠背扶起，让会坐的宝宝靠坐玩耍。

（2）它带有较大车篷和遮阳纱罩，宝宝小的时候，可以把车推到屋外，让宝宝在室外小睡一会儿，晒晒太阳。

（3）有的车还可以把卧垫掀起，下面有一个小三角坐垫，宝宝学走路时可以跨坐在上面，扶着前面的护栏，妈妈在后面轻推，帮助宝宝学习走路。

（4）往往还备有杂物筐，外出时可以盛放一些宝宝用品。

缺点：（1）不便于带宝宝远途外出，如果中途需要乘坐公交车就更不方便了。

（2）如果家住楼层较高，用这种车带宝宝出来玩也不方便，搬上搬下很吃力。

❀ 便携式折叠婴儿手推车

折叠婴儿手推车适用于1岁以上的宝宝外出游玩。较便宜，常见的在一两百元。

这类车中有一款用铝合金管制成的伞柄式婴儿手推车就很好。它打开后是一个帆布座椅，下面有四个车辚辘，两个前轮可以调节方向，有的还带有一个小巧的遮阳篷，避免宝宝被晒，折叠起来后就像一把大伞，非常轻便。

爸爸妈妈带宝宝外出时，有了这样一辆婴儿车，可以省不少力气，也可以去更多过去不便去的场所：逛商店、逛公园、去餐厅吃饭、搭乘公交车和地铁。宝宝既可以下地自己走走，累了也可以坐上小车让爸爸妈妈推着，爸爸妈妈和宝宝都会感到轻松愉悦。去的地方多了，宝宝也可以见识更多的人和事物，能较好地促进宝宝智力的发展。

·选购婴儿车时应注意什么·

（1）选择婴儿车时，要注意外观和质量，除了考虑车的颜色、图案是否满意外，更要看看车架表面有无油漆脱落、划伤及各种瑕疵。

（2）检查车身结构各接合处是否牢靠，有无螺丝松脱现象。

（3）把宝宝放进小车中，试着推动小车走一走，看车身有无变形，车轮旋转是否轻松自如。

（4）使用前还应仔细阅读说明书，避免操作不当造成事故，给宝宝带来危险。

宝宝什么时候不可以洗澡

给宝宝洗澡是最常见的事情，但有一些情况是不能给宝宝洗澡的。

（1）宝宝打过预防针后，皮肤上会暂时留有肉眼难见的针孔，这时洗澡容易使针孔受到污染。

（2）遇有频繁呕吐、腹泻时暂时不要洗澡。洗澡时难免搬动宝宝，这样会使呕吐加剧，不注意时还会造成呕吐物误吸。

（3）发热或热退48小时内不建议洗澡。发热后，宝宝的抵抗力极差，马上洗澡很容易遭受风寒，引起再次发热，甚至有的还可能会发生惊厥，因此建议热退48小时后再给宝宝洗澡。

（4）当宝宝发生皮肤损害时不宜洗澡。宝宝有皮肤损害，如脓疱疮、疖肿、烫伤、外伤等，都不宜洗澡。因为皮肤损害的局部会有创面，洗澡会使创面扩散或受污染。

（5）喂奶后不应马上洗澡。喂奶后马上洗澡，会使较多的血液流向被热水刺激后扩张的表皮血管，而腹腔血液供应相对减少，这样会影响宝宝的消化功能。其次由于喂奶后宝宝的胃呈扩张状态，马上洗澡也容易引起呕吐。所以，洗澡通常应在喂奶后1~2小时进行。

宝宝喜欢咬东西，妈妈别制止

6个月的宝宝开始出牙了，也喜欢抓到物品后就放进嘴里啃，这是为了日后宝宝自己进食打下基础。所以，宝宝咬东西时，妈妈千万不要呵斥宝宝。应该经常给宝宝洗干净手，给他一些饼干、水果片、馒头，这些食物可以帮他磨磨牙床。

不过，宝宝喜欢啃东西之后，妈妈要随时检

查宝宝的用品和玩具，因为现在宝宝抓到什么就吃什么。玩具要经常清洗，保持卫生；拿开涂漆的木玩具，拿开有尖锐边缘的铁玩具；不要让宝宝拿直径两厘米以下的小物品，以免宝宝将小物品吞入口中；在安全的前提下可以给宝宝买软硬不同的、不同质地的玩具，以激发宝宝的好奇心。

出牙期，如何护理宝宝

6个月的时候，有的宝宝开始出牙了。那么，在出牙期如何护理宝宝呢？

（1）保持充足的营养。妈妈要为宝宝提供营养全面的辅食，既能为宝宝提供营养，又能锻炼宝宝的咀嚼能力。

（2）宝宝长牙时，牙床会充血红肿，容易引起牙床发痒，妈妈会发现宝宝特别喜欢吮手指、咬乳头，口水流个不停。妈妈应在喂奶或吃辅食后、睡觉前，及时给宝宝喂些温开水以清洁口腔。

（3）宝宝已经萌出乳牙，妈妈也可以购买合适的乳牙刷或指套牙刷。给宝宝选购乳牙刷，刷毛一定要柔软，刷头必须足够小。

（4）在长牙时期，一般宝宝会喜欢咬硬的东西，爸爸妈妈可以为他准备固齿器；食用胡萝卜、苹果或稍有硬度的蔬菜时，妈妈必须注意不要让宝宝咬太多而被噎到。平时也要注意不要让宝宝拿到硬币、花生、小玩具等，以避免宝宝将它们放入口中，不小心卡在喉咙里。

科学喂养

本月喂养特点

妈妈应该根据宝宝的实际情况及时添加辅食，一般来说不早于4个月，也不能晚于6个月。因为6个月的宝宝需要的能量与营养更多，只吃乳类食物根本无法满足宝宝生长发育的需要。另外，6个月是宝宝练习吞咽的敏感期，如果辅食添加过晚，就会让宝宝失去最佳的学习和成长机会。所以，如果宝宝6个月前尚未添加辅食，那么从这个月开始妈妈就要给宝宝添加辅食了。

本月的喂养依旧以母乳为主，如果每天平均增加体重15克左右，或10天内只增重120克左右，就应该给宝宝添加200毫升的配方奶。如果是人工喂养的宝宝，就要控制配方奶量，以免宝宝长得过胖。一般来说，每天配方奶总量不要超过 1000 毫升，不足的部分用代乳食品来补足。6 个月的宝宝可以添加粗粒食物，因为此时的宝宝已经准备长牙，有的宝宝已经长出了一两个乳牙，可以通过咀嚼食物来训练宝宝的咀嚼能力。同时，这一时期已进入离乳的初期，每天可以给宝宝吃一些鱼泥、全蛋、肉泥、猪肝泥等食物，可以补充铁和动物蛋白，也可以给宝宝吃熟烂的粥、面条等补充热量。

教你制作简单的磨牙食物

除了市售的磨牙饼干，妈妈还可以自己动手给宝宝制作美味的磨牙食物。

◈ 水果片

质地较硬的水果比较适合宝宝磨牙，如苹果、梨子，将其洗净、去皮、去核、切成片或条，让宝宝自己拿着吃。

◈ 蔬菜条

胡萝卜含有胡萝卜素、维生素 C 等营养物质，将其煮熟或蒸熟后切成条，让宝宝拿着吃，既能促进乳牙生长又能补充营养素。黄瓜可以给宝宝生吃，选择新鲜的嫩黄瓜，洗净后削去皮，切成手指粗的条，让宝宝拿着吃。

◈ 烤馒头

白面馒头或杂粮馒头切成厚片，放入平底锅中烤至两面发黄、外硬内软（注意不要放食用油），烤好后再切成手指般粗细的馒头条即可。

> ·吃磨牙食物的同时记得给宝宝喂水·
>
> 磨牙食品大多又干又硬，宝宝吃多了会上火、便秘，妈妈需要给宝宝多喂些水。

1 岁之前最好别吃蜂蜜

蜂蜜会含有一种肉毒杆菌的孢子，会导致一种罕见的宝宝食物中毒。1 岁以内的宝宝吃完蜂蜜或其他受污染的食物后 8 ~ 36 小时，会出现中毒症状，症状包括便秘、倦怠和缺乏食欲等。因此，建议宝宝 1 岁前最好不要吃蜂蜜。

此外，蜂蜜的主要成分是糖，这是不宜在宝宝的食物和饮料中添加蜂蜜的另一个原因，因为过多的糖会伤害宝宝的牙齿，还有可能使宝宝养成爱吃甜食的习惯。

1岁之前最好别喝酸奶

1岁以内的宝宝最好别喝酸奶，因为1岁内的宝宝胃肠道系统发育尚未完善，胃黏膜屏障并不健全，胃酸、胃蛋白酶活性较低。

而酸奶的加工经过一个酸化过程，pH值较低，进入胃肠道后，可"刺激"宝宝娇嫩的胃肠黏膜，影响消化吸收。而且，酸奶必须在较低的温度下保存，很多人往往从冰箱里拿出来就直接喝。这时候，酸奶带着冷冷的寒气，极易损伤宝宝的脾胃功能。再者，酸奶还没进入到肠道，它的酸味已经对小宝宝的脾胃造成损害了。

此外，宝宝胃肠道的微生物菌群处于生长变化阶段，尚不稳定，饮用酸奶可能会引起嗜酸乳杆菌群摄入过多，导致肠道中原有的微生物菌群生态平衡失调，从而引发肠道疾病。

这些宝宝不适合喝羊奶粉

❀ 体质偏热的宝宝

羊奶性温，以羊奶为原料制成的配方羊奶粉比配方牛奶粉更容易导致上火，体质偏热的宝宝不适合食用。

❀ 乳糖不耐受的宝宝

每100克羊奶中含有5.4克乳糖，每100克牛奶中含有3.4克乳糖，经过生产加工，配方羊奶粉中乳糖含量依然比配方牛奶粉高，对乳糖不耐受的宝宝不能食用配方羊奶粉，更不能用配方羊奶粉代替配方牛奶粉给乳糖不耐受的宝宝食用，妈妈应选购专门设计的无乳糖配方奶粉。

6个月后给宝宝适量补铁

宝宝在6个月前不易贫血，这是因为在出生前妈妈已经给宝宝储备了前3~4个月生长所需要的铁，而宝宝4~6个月后要从食物中摄入铁，如果食物中含铁量不足就会发生贫血，这是造成这一阶段宝宝贫血的主要原因。

6个月的宝宝每天需要11毫克的铁元素，而母乳中含铁量并不高，所以要给宝宝适当添加含铁丰富的辅食，如蛋黄泥、菜泥、肉泥、铁强化米粉等。在补充铁含量高的食物的同时，给宝宝多吃一些富含维生素 C 的水果，如猕猴桃、鲜枣、柑橘等，有利于铁的吸收。另外，有研究发现，发酵食品中的铁比较容易吸收，因此馒头、发糕、面包要比面条、烙软饼、米饭更适合宝宝。

配方奶喂养的宝宝，如果一直吃铁元素含量合理的配方奶，一般不会缺乏铁元素，只要坚持配方奶喂养，搭配适合的辅食就能保证营养充足。

怎样判断辅食添加是否充足

◉ 每次辅食添加的判断标准

吃过辅食之后，宝宝不哭也不闹，睡得很香，说明辅食添加基本充足。

◉ 每月辅食添加的判断标准

妈妈可以通过定期监测宝宝的生长发育情况来判断辅食添加是否充足，6 个月至 1 岁的宝宝每两个月监测一次即可。宝宝的身长、体重、头围、胸围在正常的范围内，说明辅食添加充足。如果宝宝的各项生长发育不达标，妈妈就要认真查找原因，排除疾病影响，辅食添加不充足、不合理则是最大的影响因素。

家庭诊所

6 个月宜接种的疫苗

◉ 流行性乙型脑炎疫苗

流行性乙型脑炎疫苗（简称乙型脑炎疫苗）是一种灭活的疫苗，可以预防流行性乙型脑炎（简称乙脑）。流行性乙型脑炎多发生在夏秋季，通过蚊虫传播乙型脑炎病毒。此病对宝宝的威胁很大，严重的可危及生命。患病后大部分宝宝或多或少会留有不同程度的后遗症，轻者可有肢体瘫痪，重者留有大脑瘫痪或智力低下。

接种之前应注意，有以下几种情况的宝宝不宜进行流行性乙型脑炎疫苗的接种：有发热现象，急性传染病，中耳炎，心、肾及肝脏等疾病，活动性结核病，有过敏史或抽风史者。大多数的宝宝在接种后无反应，有少数的宝宝会局部出现红肿、疼痛，一般 1~2 天内消退，爸爸妈妈无需担心。

流行性乙型脑炎疫苗一般在宝宝 6 ~ 8 个月进行接种，一共两针。一般在接种第 1 针后，间隔 70 天接种第 2 针。然后在 3 岁、7 岁时还需各接种 1 次加强针。

◉ 流行性脑脊髓膜炎疫苗

流行性脑脊髓膜炎（简称流脑），是由脑膜炎双球菌引起的化脓性脑膜炎，冬、春两季为高发期。一般在 11 ～ 12 月份病例开始增多，第二年的 2 ～ 5 月份为发病高峰期。该病的病死率高，危险性大，是严重危害宝宝健康的传染病。

接种之前应注意，有以下几种情况的宝宝不能进行流行性脑脊髓膜炎疫苗的接种：有过敏史者，有严重疾病如肾脏病、心脏病、活动性结核病等，急性传染病者，有发热者。大多数的宝宝在接种后一般反应轻微，少数宝宝会有短暂低热现象，以及局部红肿和压痛感，较多发生于接种后6~8小时，24 小时后会渐渐消失。流行性脑脊髓膜炎疫苗一般在宝宝出生 6 个月时接种第 1 针，间隔 3 个月后注射第 2 针，3 岁的时候还需要接种一次加强针。接种应于流脑流行季节前完成。

✦ 乙肝疫苗

接种乙肝疫苗第 3 针，完成免疫。如果接种前宝宝有发烧的情况，应暂缓接种，直至宝宝康复后才能进行接种。进行接种乙肝疫苗第 3 针后的 1~3 个月，爸爸妈妈应带宝宝到医院进行保护性抗体水平检测，以判断免疫效果。如果尚未产生免疫抗体，则需加强注射 1 次。

怎么照顾得了湿疹的宝宝

湿疹是一种婴幼儿时期常见的过敏性皮肤病，湿疹患儿多因对牛奶、鸡蛋、鱼、虾等高蛋白质食物过敏而引起，多发于 3 ～ 6 个月的宝宝，常见于宝宝头面部，如前额、脸颊、下颌、耳后等处，多呈对称性分布，严重时会扩展到头皮、颈、手足背、四肢关节、阴囊等处。患了湿疹的宝宝，皮肤会变得干燥，同时出现瘙痒、红斑等症状，严重的可能还会有液体渗出。由于伴有剧烈的瘙痒，宝宝常表现为哭闹不安，睡眠不踏实容易醒，这让爸爸妈妈有些着急。那么，宝宝得了湿疹该怎样办呢？

（1）应尽量避免让宝宝接触可能引起过敏的物质，如宝宝对鸡蛋过敏，可暂时不添加。

（2）如果宝宝吃母乳，妈妈应注意不要吃易引起过敏的鱼、虾、羊肉等食物，最好别吃辣椒等刺激性食品。

（3）保持宝宝双手的清洁，经常帮宝宝剪手指甲。避免挠抓，以免感染，湿疹十分痒，宝宝常会用手抓，抓挠会引起皮肤的细菌感染。

（4）不能用碱性强的肥皂、热水擦洗患处

皮肤。因为肥皂和热水会将宝宝皮肤表面的油脂洗掉，使皮肤更加干燥，还会刺激宝宝娇嫩的肌肤。

（5）头皮和眉毛等部位结成的痂皮，可涂抹消毒的食用油，第二天再轻轻擦洗。

（6）妈妈别擅自给宝宝用任何激素类药膏，因为这类药物外用过多会给宝宝身体带来伤害。必要时，可在医生指导下用些消炎、止痒、脱敏的药物。

脖子下为什么会长红疙瘩

有些妈妈可能会发现宝宝的脖子下面长了很多的红疙瘩，俗称口水疹，这一般是由于宝宝的口水布换得不够勤而造成的。所以，妈妈要经常给宝宝换口水布，口水布应该有较好的吸水性。妈妈可以从药房里买回一些全棉的大口罩，将打皱的地方拆掉，然后再拉直缝好，将上下各缝两根带子，下面的带子稍长，给宝宝用的时候，将

上面的两根带子系在宝宝的脖子上，下面的两根带子系在腋下。这种自制的口水布吸水性强，如果发现上面有点湿，就给宝宝换一个，这样就能有效防止口水疹。如果口水疹有溃破，那么就要根据需要使用外用的消炎药，如红霉素软膏等。

宝宝歪脖要早治疗

宝宝出生后，如发现头颈部总是习惯性地向一侧倾斜，面部固定向一侧旋转，下巴偏向一侧，便应引起警觉，这可能是先天性斜颈。患有先天性斜颈的宝宝可于颈部一侧肌肉中（胸锁乳突肌）触及包块或条索状物。到后期，由于面部长时间歪斜、不对称，还可见一侧眉、眼较对侧低或大小不一。较大患儿还可发现头面部有畸形，患侧脸部呈扁平状。

先天性斜颈若能及早给予物理治疗，大部分会痊愈。物理治疗的方法是以各种运动来拉长挛缩的肌肉。或在医师的指导下，由爸爸妈妈把宝宝头部先向健侧牵动，再把宝宝的下颌转向病变侧的肩膀，动作要柔和，一天数次，一次数分钟。或把一天数次的喂奶方向加以调整，诱导宝宝头部转向患侧。或调整婴儿床头方向，避免宝宝总是习惯把头朝向一个方向。

物理治疗是很有效的，越早治疗效果越好，

但必须在发现斜颈时就开始做，大部分宝宝在 6 个月内，头就会很自然转动，不会歪向一边；但超过 6 个月大时，头还总是歪向一边，则需考虑外科手术治疗。

怎样预防宝宝上火

日常生活中，常会见到宝宝有便秘、尿黄、眼屎多、口舌生疮等症状发生，于是老人们会提醒爸爸妈妈，宝宝"上火"了，要多吃清热去火的食物。为了防止宝宝上火，建议妈妈在日常生活中采用以下的方法进行预防：

（1）多喝水：宝宝皮肤薄，很容易丧失体内水分，尤其是天气炎热时，水分的丧失更加严重。所以，在两餐哺乳或正餐之间给宝宝多补充水分是预防上火最简便的方法。

（2）多吃蔬菜水果：蔬果中的粗纤维对预防宝宝便秘很有帮助。

（3）适量给宝宝喝一些绿豆汁或绿豆粥也是清火的好方法。

（4）控制宝宝的零食，不要让宝宝吃辛辣、油炸等容易上火的食物。

（5）帮助宝宝养成有规律的排便习惯，可以让宝宝及时将体内的毒素排出去。

（6）即便是断了奶的宝宝，配方奶也仍然是他每天必不可少的食物，所以应该给宝宝选择不上火的配方奶粉。

宝宝盗汗怎么办

有些宝宝经常在睡眠时出汗，汗水浸湿了衣衫、枕巾，这种现象中医称之为"盗汗"。许多爸爸妈妈为此担心，虽到处求医，但仍然见效不大。其实，宝宝盗汗并不一定是病态，绝大多数是生理性盗汗。因为宝宝皮肤毛细血管丰富，新陈代谢旺盛，自主神经调节功能尚不健全，活动时容易出汗。倘若宝宝入睡前活动过多，可使机体产热增加，可造成宝宝睡眠中出汗较多，尤其是在入睡后两小时内。

病理性盗汗多见于佝偻病，以 3 岁以下的宝宝最常见，主要表现在上半夜出汗，这是由于血钙偏低引起的。结核病患儿的盗汗以整夜出汗为特点，患儿同时还有低热、消瘦、体重不增或下降、食欲不振、情绪不佳等症状。

一旦发现宝宝盗汗，首先要及时查明原因，并给予适当的处理。对于生理性盗汗一般不主张药物治疗，而是调整生活规律，消除生活中的致热诱因。如入睡前适当限制宝宝的活动，尤其是剧烈活动；睡前不宜吃得太饱，更不宜在睡前给予大量热食和热饮；睡觉时卧室温度不宜过高，更不要穿着厚衣服睡觉；被子要随气温的变化而增减。

对于病理性盗汗的宝宝，应针对病因进行治疗。如缺钙引起的盗汗，应适当补充钙、维生素 D 等。结核病引起的盗汗，应进行抗结核治疗。宝宝盗汗以后，要及时用毛巾擦干皮肤，更换衣服，还要勤洗澡。要让宝宝经常参加户外锻炼，以增强体质，提高适应能力。

潜能开发

拨浪鼓也是益智玩具

拨浪鼓虽然不起眼，但这类传统玩具对宝宝智力及各种触觉的开发还是很有帮助的，它的音响效果与娱乐效果共同发挥作用，奏出富于变化的响声，能吸引宝宝的注意力，可以通过小游戏来提高宝宝对声响的辨认，拨浪鼓的造型特点也增强了观赏性，宝宝还可以通过摇动拨浪鼓锻炼小手臂，增加手部运动。

练好基本功之学爬行

宝宝 6 个月以后可以经常训练他爬行。将宝宝俯卧放在地毯上，收拾好周围的物品，以免对宝宝造成伤害。将宝宝喜欢的玩具放在宝宝前方不远处，以吸引宝宝的注意力。开始时，宝宝会肚皮贴地往前移，前肢和后肢用不上力。妈妈此时可以轻轻推宝宝的小脚，鼓励宝宝向前。渐渐的，宝宝会用上肢支撑身体，用下肢蹬地，协调地往前爬。学爬是一个过程，妈妈要耐心地每天跟他玩一会儿，这样宝宝可逐渐熟练起来。

对于爬行困难的宝宝，可以让他从学趴开始训练，然后妈妈帮助宝宝学爬行。其实，刚学爬的宝宝都有匍匐前进、转圈或向后倒着爬的现象。

此外，要给宝宝学爬开辟出一块场地，可以在硬板床上，也可以在地板上，周围移去不需要的东西，任宝宝在上面自由地"摸爬滚打"。

爬对刚学习的宝宝来说是一项很费劲的运动，注意每次训练时间不要太长，根据宝宝的兴趣，每次花上5～10分钟即可，但每天都要坚持。

语言能力训练

6个月的宝宝可以发出4～5个辅音。当宝宝不愉快的时候会发出喊叫，但不是哭声，还可能发出"妈"的唇音。有的宝宝还会把词语和人、物相对应。如果爸爸妈妈在宝宝背后叫他的名字，他会转头寻找呼唤他的人。

◉ 亲子游戏：辅音模仿

游戏目的 促进宝宝正确发音。

游戏方法 爸爸妈妈要经常对着宝宝发出各种简单的辅音，如"ba-ba"（爸爸）、"ma-ma"（妈妈）、"da-da"（打打）、"na-na"（拿拿）、"wa-wa"（娃娃）、"pai-pai"（拍拍）等，让宝宝模仿发音。一般要求在宝宝6个月时能发出4～5个辅音。

◉ 亲子游戏：听儿歌做动作

游戏目的 培养宝宝语言与动作的协调一致性。

游戏方法 让宝宝坐在妈妈的腿上，妈妈拉住宝宝的小手边摇边念："小老鼠，上灯台，偷吃油，下不来，喵喵喵，猫来了，叽里咕噜滚下来。"当念到最后一个字时妈妈将手松开，让宝宝的身体向后倾斜（注意保护好宝宝）。经过几次反复游戏，以后只要是念到"滚下来"时，宝宝就会自己将身体按节拍向后倒。

精细动作训练

这个月的宝宝能接近和抓握住玩具。当宝宝仰卧的时候看到拨浪鼓或悬环，两手立即会接近和抓握拨浪鼓或悬环，看到积木也会伸手去抓。

◉ 亲子游戏：学撕纸

游戏目的 锻炼宝宝手指的灵活性。

游戏方法 妈妈可以准备一些颜色漂亮的广告纸和宝宝一起撕。撕成条的纸，可以用胶带束起一头，变成一个会哗哗响的玩具；撕成碎片

学撕纸

的，可扬起来玩"下雪"的游戏……这个游戏有利于宝宝创造力的开发。妈妈在游戏的过程中告诉宝宝，哪些是可以撕的，哪些是不能撕的。给宝宝灌输一种理念：图书，是拿来看的，要爱惜，不能撕。学撕纸的时候，妈妈要小心宝宝的手不要被锋利的纸边划伤。每次撕完纸后，都要将宝宝的手洗干净。最好不要用报纸、餐巾纸，因为报纸中含有很多铅，餐巾纸太柔软，如果宝宝吃进去，会很难取出来。当然，也不要把有用的书本和有价值的资料给宝宝撕，最好选择那种宣传纸。

认知能力训练

这个月的宝宝认知能力有了很大提高，当爸爸抱着宝宝说"妈妈"的时候，他会看向妈妈，并且让妈妈抱。

✳ 亲子游戏：追追看

> 游戏目的　发展宝宝视觉。

> 游戏方法　（1）妈妈可以让宝宝俯卧，把玩具放在宝宝面前约 15 厘米处。拿着玩具在宝宝头部上方慢慢地画一个直径约 15 厘米的圆圈。观察宝宝是否会追踪玩具而扭转头部。

（2）让宝宝坐在妈妈的腿上，面对着桌子。在绳子一头系住玩具并让玩具下垂到桌子的另一头，拉动绳子，把玩具拉到桌子上。反复 3 次，当玩具出现在桌子上时，妈妈要观察宝宝是否会出现高兴的表情。

追追看

✳ 亲子游戏：听声追物

> 游戏目的　发展宝宝听觉。

> 游戏方法　妈妈可以用拨浪鼓或能发出声响的玩具在宝宝一侧耳边弄响，并且移动到宝宝耳朵下方 20 厘米的地方。观察宝宝是否能跟着声音往下看。

听声追物

❋ 亲子游戏：这是硬的，这是软的

（游戏目的） 发展宝宝触觉。

（游戏方法） 妈妈可以准备硬的和软的各3种玩具。先让宝宝一个个抓起硬的玩具。当宝宝把玩具抓在手里时，妈妈要告诉宝宝："这是积木，很硬吧！"然后把宝宝玩过的东西拿到宝宝视线以外，换上软的玩具让他认识，方法一样。

棉花团是软的

情绪及社会交往能力训练

宝宝从6个月开始逐渐出现认生的现象，爸爸妈妈要注意宝宝的情绪和心理健康。

爸爸妈妈要经常调节并保持愉快的情绪，让宝宝接触更多的人或新鲜的事物，使他学会主动地接近他人。

❋ 亲子游戏：求抱抱

（游戏目的） 培养宝宝求抱动作。

（游戏方法） 爸爸妈妈要利用各种形式引起宝宝求抱的愿望，如抱他上街、找妈妈等。抱宝宝前，爸爸妈妈要向宝宝伸出双臂，说："抱抱好不好？"鼓励他将双臂伸向你。让他练习做求抱的动作，做对了爸爸妈妈再把宝宝抱起。

求抱抱

❋ 亲子游戏：串串门

（游戏目的） 培养宝宝的社会交往能力。

（游戏方法） 6个月的宝宝喜欢接近熟悉的人，能分出家里人和陌生人。爸爸妈妈要经常抱宝宝到邻居、亲戚家去串门，或抱他到公园去散步，让他多接触人，要多为宝宝提供与人交往的环境。尤其是要让宝宝多和小朋友玩，这对培养他的社会交往能力、开发智力、促进语言发展十分重要。

串串门

专家问答

宝宝能吃大人嚼过的食物吗

一些爸爸妈妈喜欢把食物嚼碎了喂给宝宝，其实这种喂养方法是不对的，宝宝的免疫系统不健全，很容易传染疾病。而且咀嚼过的食物营养成分损失严重，给宝宝吃这样的食物容易引起营养不良。此外，宝宝的咀嚼能力同样需要锻炼，爸爸妈妈越俎代庖会使宝宝丧失锻炼口腔协调能力的机会，甚至影响日后语言能力的发展。

米粉和奶粉能混合在一起吃吗

婴幼儿配方奶粉是经过专门的配方，加入米粉冲调会改变奶粉的配方，降低营养价值；这样混合冲调的奶粉也难以计算奶量，同样不利于宝宝健康；冲调之后也不利于宝宝锻炼咀嚼能力，容易造成日后吃饭困难。

不要给宝宝频繁更换奶粉

不宜给宝宝频繁更换奶粉，这是所有妈妈都应该注意的。宝宝还处于初步发育的阶段，身体的各项机能并不完善，消化系统也是如此，频繁给宝宝更换奶粉，会给宝宝还未发育成熟的消化系统带来不必要的负担，一般宝宝适应不了，可能会出现拉肚子、便秘、哭闹，甚至过敏等情况。如果爸爸妈妈认为宝宝实在不适合食用某种奶粉，可以考虑换换品牌，但这是一个慢慢过渡的过程，要循序渐进，且不宜更换品种差别过大的产品。

宝宝的辅食可以放油吗

母乳和配方奶中含有的脂肪足够 6 个月内宝宝的需求，所以宝宝未满 6 个月前不用在辅食中添加食用油。6 个月之后，妈妈可以在辅食中滴几滴食用油为宝宝补充脂肪。6 个月至 1 岁的宝宝每天的食油量为 5 ~ 10 克，相当于家用小瓷勺半勺至 1 勺的量。给宝宝添加食用油最好选择植物油，植物油中含有大量的不饱和脂肪酸，是宝宝神经发育必需的营养素。

7 个月的宝宝

生长发育特点

身体成长指标

性别 指标	男宝宝			女宝宝		
	最小值	均 值	最大值	最小值	均 值	最大值
体重（千克）	6.9	8.6	10.7	6.4	8.2	10.1
身长（厘米）	65.5	70.1	74.7	63.6	68.4	73.2
头围（厘米）	42.4	47.6	45.0	42.2	44.2	46.3
胸围（厘米）	40.7	44.9	49.1	39.7	43.7	47.7

感觉发育

7 个月的宝宝爱看周围环境，但更爱看妈妈、食物、玩具等和自己有关的人或物。这个月的宝宝已经能够区分亲人和陌生人，对陌生人能表现出惊奇，大眼睛一眨不眨地盯着陌生人，也会表现出对陌生人的不喜欢，把脸和身体转向妈妈。

语言发育

此时爸爸妈妈参与宝宝的语言发育过程更加重要，这时宝宝开始主动模仿说话声，在开始学习下一个音节之前，他会整天或几天一直重复某个音节。宝宝已经能熟练地寻找发声源，听懂不同语气、语调表达的不同意义。

动作发育

如果爸爸妈妈把宝宝摆成坐立的姿势，他将不需要用手支撑而保持坐姿。这个月的宝宝可能已经学会了用双手传递物品，翻身动作已非常灵活。虽然宝宝还不会站立，但两条腿已经能支撑大部分的体重。

日常护理要点

宝宝牙齿发育时间表

上排牙齿长出顺序

上排牙齿	长牙时间	长牙顺序
乳上中切牙	8 ~ 12 个月	2
乳上侧切牙	9 ~ 13 个月	3
乳上尖牙	16 ~ 22 个月	7
上第一乳磨牙	13 ~ 19 个月	5
上第二乳磨牙	15 ~ 33 个月	10

下排牙齿长出顺序

下排牙齿	长牙时间	长牙顺序
下第二乳磨牙	23 ~ 31 个月	9
下第一乳磨牙	14 ~ 18 个月	6
乳下尖牙	17 ~ 23 个月	8
乳下侧切牙	10 ~ 16 个月	4
乳下中切牙	6 ~ 10 个月	1

一般来说，宝宝出生后 6 ~ 8 个月就该长牙了。最先长出的乳牙是下颌正中的两个中切牙，接着才是上颌的中切牙，然后则是下颌与上颌的侧切牙（每一侧的第 2 个），第一乳磨牙（每一侧的第 4 个），乳尖牙（每一侧的第 3 个）和第二乳磨牙（每一侧最后一个）。到两岁半左右，宝宝所有乳牙便可长齐。但由于气候、生活水平、体质等方面的差异，宝宝出牙的时间也略有不同。如果超过 1 周岁仍未有牙萌出，则应及时去医院诊治。

呵护爱流口水的宝宝

宝宝出牙期通常都爱流口水，这是因为乳牙萌出时，小牙顶出牙龈向外生长，会引起牙龈组织轻度肿胀不适，从而刺激了牙龈上的神经，导致唾液腺反射性地分泌增加。宝宝口水多，可能会引起皮肤发炎，所以妈妈要做好宝宝的护理工作。

（1）要随时为宝宝擦去口水，擦时不可用力，轻轻将口水拭干即可。

（2）常用温水洗净口水，然后涂上婴儿专用护肤油，以保护下巴和颈部的皮肤。最好给宝宝围上围嘴，以防口水弄脏衣服。

（3）给宝宝擦口水的手帕，要求质地柔软，以棉布质地为宜，且要经常洗烫。

（4）如果宝宝口水流得特别严重，就要去医院检查，看看宝宝口腔内有无异常病症、吞咽功能是否正常。

培养宝宝独睡的习惯

培养宝宝独睡的习惯，似乎已为大家所共知，但真正做起来却很难，常常是爸爸妈妈拗不过自己的软心肠，受宝宝的哭闹影响而中途放弃。育儿专家建议，要给宝宝一个缓冲期，让他一步步地习惯独自睡觉。如先让宝宝在白天小睡时试着自己独睡，再让他慢慢习惯夜里也能独睡。然后，建立一套宝宝睡前的习惯性活动，如讲一个故事，给宝宝一个拥抱等。

（1）让宝宝单独睡，首先要在生活中建立宝宝的安全感。4～6个月的宝宝，对爸爸妈妈的消失会产生紧张焦虑情绪。这时候，无论爸爸妈妈做什么，都要让宝宝听见你的声音，让他清楚地知道你就在附近，没有丢下他不管。这样的安全感，可以给宝宝增添独睡的勇气和信心。

（2）爸爸妈妈需要克服自己的担心，给宝宝信心，相信他能在夜里睡好。只要有所准备，即使宝宝临时出现些问题也能有应对的心理准备和方法。

（3）如果宝宝独自睡着，却在夜里啼哭了，妈妈应该赶快到他的身边。当排除宝宝哭泣不是因为生病，俯下身轻轻地拍拍他即可。因为宝宝在学习所有的新技巧，包括学习独睡时，必须自己面对出现的情绪挫折，否则这次尝试独睡的过程将半途而废。

给宝宝创造爬行安全空间

宝宝会爬了，本来是好事，可是如果不注意，宝宝可能因为会爬而导致一些危险事故的发生。所以，在宝宝初练爬行时，不要把宝宝放在床上爬，以防坠落。可以让宝宝在地上爬，在地板上铺上地毯、棉垫或塑料地板块，创造一个有足够面积的爬行运动场。

另外，在宝宝爬行的空间内，要收起一切小东西，如纽扣、硬币、别针、耳钉、小豆豆等。因为这个时期，幼小的宝宝会不分好歹地把碰到的东西往嘴里塞，万一吞下这些东西是很危险的。因此，屋子里各个角落都要打扫干净，任何可能发生意外的东西都要收拾起来。

科学喂养

本月喂养特点

7个月的宝宝不仅对母乳和奶粉之外的食品有了兴趣，而且对食品的口味也有所区别对待，他可能开始想吃咸的东西了。

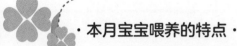

> **·本月宝宝喂养的特点·**
>
> （1）无论是母乳喂养还是人工喂养，宝宝的主食仍然以乳类食品为主，代乳食品只能作为辅食给宝宝食用。
>
> （2）及时添加半固体食物，如米粥、面条等。
>
> （3）观察体重，隔10天给宝宝称一次体重，如果体重增加不理想，奶量就不能减少。体重正常增加，可以停喂一次母乳或配方奶。
>
> （4）7个月的时候，可以将香蕉、水蜜桃、草莓等水果压成泥给宝宝吃，苹果和梨用匙刮碎吃，也可以给宝宝吃葡萄、橘子等水果，但要洗净去皮后再吃。

宝宝厌食怎么办

宝宝厌食要先考虑是否是某种疾病引起的，如佝偻病、缺铁性贫血、缺锌等，这些疾病都能引起消化功能降低，影响食欲，如果发现宝宝不吃饭，应该及时去医院检查。

一些爸爸妈妈总让宝宝多吃，或给宝宝吃过多的营养品，破坏了宝宝消化吸收的正常规律，加重消化系统的负担，从而造成宝宝厌食。

此外，如果宝宝精神不好，总处于紧张、精神不集中的状态，不能愉快进餐，会影响宝宝的食欲。尤其是大一些的宝宝，已经能够听懂大人的呵斥，如果在进餐前呵斥宝宝，或使宝宝大哭大闹，长此以往都会造成宝宝厌食。

为了避免宝宝厌食，爸爸妈妈要对宝宝进行科学喂养，注意培养宝宝的良好习惯，做到饮食有规律，不要饥一顿饱一顿，也不要把所有的营养食品都往宝宝嘴里送。宝宝满周岁后就要培养他按顿吃饭、少吃或不吃零食的好习惯。

能给宝宝长期喝纯净水吗

从营养学角度看，饮水不仅是为了解渴，它还是提供人体必需的微量元素的重要途径之一。这些元素在水中的比例同人体的构成比例基本相同，容易被人体吸收，有利于人体健康。纯净水不含任何微量元素，短时间饮用不会造成大的影响，如果长期饮用，就会减少微量元素的摄入。宝宝正处于生长、智力发育的重要阶段，加上好动而加大了无机盐及微量元素的耗损，因此更需要补充损失的无机盐及微量元素，如果长期饮用纯净水，会对宝宝的健康成长造成不利影响。

宝宝可以吃半固体食物啦

7个月的宝宝多数已经长出两颗乳牙，可以吃半固体食物了，所以妈妈要及时给宝宝增加半固体食物，如米粥或面条，1天加1次。因为粥的营养价值与配方奶、母乳相比要低得多，还缺少宝宝生长所必需的动物蛋白，所以宜做成鸡蛋粥、鱼粥、肉末粥、肝末粥等给宝宝食用。

如果宝宝一时无法适应半固体辅食，妈妈可以采用折中的办法让宝宝慢慢接受。羹状辅食是含有颗粒状食材的半流质辅食，可以作为泥糊状辅食到半固体辅食之间的过渡。羹状辅食可以用肉末、菜末、豆腐碎与肉汤或大米煮成，也可以在蒸蛋羹时加入肉末、菜末、水果丁等。

宝宝不宜喝葡萄糖水

葡萄糖是人体所需的重要营养物质，许多爸爸妈妈为了让宝宝增加营养，会给宝宝喂些葡萄糖水，认为葡萄糖能让宝宝更健康，对宝宝生长发育有益，但育儿专家却建议最好不要给宝宝喝葡萄糖水。宝宝偏爱甜味食物，经常喝葡萄糖水的宝宝容易养成嗜食甜食的习惯，长大以后就会偏食，更容易诱发肥胖、高血脂、高血糖等。此外，甜甜的葡萄糖水更容易满足宝宝的食欲，等到吃奶、吃辅食时宝宝就食欲不佳，厌食随之出现，长期厌食会导致营养不良，严重影响宝宝的生长发育。喝过葡萄糖水之后，残留在口腔中的糖易与细菌发酵产生酸化唾液，破坏宝宝的乳牙，造成龋齿。

最适合宝宝喝的水是温热的白开水，妈妈可以根据宝宝的实际情况和天气变化，在两餐之间给宝宝适量喂些白开水。

怎样给宝宝顺利转奶

转奶就是给宝宝转换奶粉，包括更换奶粉品牌和另一阶段奶粉，但不宜频繁给宝宝转奶，因为每种配方奶都有相对应的阶段奶粉。宝宝的肠胃和消化系统发育尚不完善，而各种奶粉配方不一样，如果换了另外一种奶粉，宝宝又要去重新适应，这样容易引起宝宝拉肚子。

转奶要循序渐进，不要过于心急，整个过程可历时 1~2 个星期，要让宝宝有个适应的时间。爸爸妈妈要注意观察，如果宝宝没有不良反应才可以增加。此外，转奶应在宝宝健康状况良好时进行，没有腹泻、发烧、感冒等，接种疫苗期间也最好不要转奶。

转奶的方法是"新旧混合"。爸爸妈妈尽可能在原先使用的奶粉中适当添加新的奶粉，开始可以量少一些，慢慢适当增加比例，直到完全更换。如先在旧的奶粉里添加 1/3 的新奶粉，这样吃 2~3 天没什么不适后，再新旧奶粉各 1/2 吃 2~3 天，再在旧奶粉中添加 2/3 新奶粉吃 2~3 天，最后用新奶粉完全取代旧奶粉。

家庭诊所

长牙会导致腹泻吗

一些爸爸妈妈认为，宝宝长牙就会引起腹泻，因此常常忽视了其他的病因。长牙伴随牙龈发炎时确实有可能会出现腹泻、发热，但腹泻的原因却很多。宝宝一般 6 个月的时候开始长乳牙，到了两岁左右要长出 20 颗乳牙，而恰巧在这个时候宝宝也容易生病，特别是许多病毒的感染，常常除了发烧外还会合并腹泻等胃肠道的症状。所以爸爸妈妈要全面看待腹泻，找出真正的病因后进行有针对性的治疗和护理。

不要忽视宝宝斜视

宝宝斜视是宝宝常见的视力问题，是指当一只眼注视目标，另一只眼的视轴（视线的方向）偏离于注视目标的一类眼科疾病，俗称"斜眼"或"对眼"。矫正斜视的关键是能及早发现并在最佳时间内进行治疗，因此，当宝宝有以下情况时请及时就诊：

（1）经常揉眼睛或眨眼次数多；

（2）看东西时总是闭上一只眼睛、歪头或转头；

（3）不能看清近处或远处的物体；

（4）看东西有重影（复视）；

（5）在精神不集中或疲劳时往远处看，有一只眼的眼位向外偏斜。

但有些宝宝会由于面部骨骼正处于发育中，显得鼻根部相对宽一些，因此造成一种错觉，从外观上看起来就好像眼球偏到内侧，而实际上眼球的位置还是正常的。等到眼眶及鼻骨发育起来后，这种假斜视就会消失。

一旦发现宝宝有斜视，应该及早去医院诊治，如果放任不管，会影响宝宝以后的视力，甚至会导致患侧眼睛失明。

爸爸妈妈可以通过以下办法检查宝宝的视力发展情况：对 3 ~ 6 个月的宝宝，将玩具放在宝宝眼前左右移动，接着上下移动，观察宝宝的双眼和头能否随玩具移动；7 ~ 8 个月的宝宝，看由远及近的玩具时，眼球运动能否从原来的正位随玩具移动，且移动灵活，眼球对称，如果不对称要及早到医院诊治。

·如何预防斜视·

（1）视觉训练时，悬挂在宝宝小床上的玩具至少要距离宝宝1米以上，防止宝宝的双眼经常注视近物从而形成内斜视。

（2）将颜色鲜艳的物体分散在不同的角度多挂几个，以免宝宝经常只注意一点而产生斜视。

（3）婴儿时期的宝宝，处于视觉发育的过程。宝宝睡觉的位置应该经常调换，避免宝宝只盯着一侧的光源。

如何纠正宝宝倒睫

倒睫，就是睫毛不朝外长，而是向内长。宝宝倒睫很常见，其主要症状是下眼皮上的睫毛翻向眼球，常引起眼睛怕光、流泪、发红、疼痛等。宝宝不会说话，往往用小手揉眼睛，如不及时矫正，睫毛经常刺激眼球，会使角膜变得混浊而不透明，影响视力。

倒睫基本上会自愈，妈妈可以帮助宝宝纠正。

（1）妈妈每次给宝宝喂奶时，用大拇指从他的鼻根部向下向外轻轻按摩下眼皮，使下眼皮轻度外翻，让睫毛离开眼球。每次按摩5～10分钟，按摩次数多了，向里翻的睫毛就会慢慢矫正过来。

（2）为了减轻眼睛的刺激症状，防止眼睛感染，在医生指导下，平时可点些眼药膏或眼药水，起到预防感染和润滑的作用。

（3）长期被睫毛划伤角膜，就会有散光的可能，要带宝宝去医院诊治。

怎样预防宝宝干呕

引起宝宝干呕的原因很多，如咽喉部炎症、进食过快、胃消化功能异常、食道下端括约肌的功能缺陷等。妈妈要注意观察宝宝的情绪、吃奶量、辅食量、大便情况，如果这些方面都正常，就不必过于担心。平时喂养过程中注意给宝宝多喝温开水，尽量进食清淡易消化的辅食，喂奶时奶嘴孔要充满乳汁，避免宝宝吸入过多的空气，少食多餐，减少宝宝接触冷热刺激。改进喂养方式后，宝宝干呕情况会有所改善。

但需要注意的是，偶尔的干呕并不要紧，持续性的干呕则需要提高警惕，妈妈最好带宝宝去医院查明原因，进行诊治。

宝宝皮肤割伤的处理措施

小宝宝的皮肤十分娇嫩，一旦出现外伤，就可能留下疤痕。遇到宝宝割伤要保持冷静，仔细观察伤口出血的程度、部位。查看伤口内有无异物和脏东西污染，观察出血的颜色及出血量，如果出血多、呈喷射状，往往有动脉血管损伤。

对于较小的表浅切割伤，一般可在家里自行处理。首先要清洁伤口，如被玻璃割伤，要先检查伤口内是否仍有玻璃碎片，然后用消毒液（碘伏）对伤口周围进行消毒，注意消毒时应从伤口边向外清洁。对于小于 1 厘米的伤口，一般无需缝合，直接用创可贴或无菌纱布包扎即可。

对于较深较大的切割伤口，或发生在四肢关节、颜面部的伤口，应立即送医院做清创缝合治疗，以免影响功能和美观。

如果医院较远，在去医院之前，要进行急救处理，要清除伤口内的较大异物，如玻璃碎片或碎金属片，以免在肢体搬动时这些锐利异物造成进一步的组织损伤；对出血多的伤口可选用干净的纱布或绷带加压包扎，用以止血。

如果肢体的切割伤口较大，并有大出血时，可在伤口近心端肢体用止血带止血，或用手勒住止血。在送宝宝去医院途中，尽量减少受伤肢体的活动，以防断裂的血管、神经进一步受损，给进一步的修复手术带来困难。

宝宝得了荨麻疹怎么办

荨麻疹俗称"风疹"，宝宝荨麻疹一般很容易辨别，荨麻疹肿起来的部分中间凸出发白，边缘为红色，并且通常会发痒，且风疹团块会时隐时现。

宝宝荨麻疹很常见，不过并没有传染性。因此，如果宝宝出荨麻疹了，他仍然可以跟家人一起进餐，跟别的宝宝一起玩耍。

宝宝出现荨麻疹后要先查找原因，可能是对鱼、虾、蛋、奶等食物过敏，也可能是对药物，如青霉素、磺胺类药、预防接种的疫苗过敏，还可能是由于细菌和病毒感染、灰尘、花粉或昆虫叮咬引起的过敏。爸爸妈妈应在医生的指导下找出引起荨麻疹的原因，一般致病因素消失后可较快恢复正常。

处理原则：要停服、停用过敏的药物和食物；口服抗过敏的药物（如扑尔敏、非那根、开瑞坦

等）；一般外用炉甘石洗剂以防宝宝挠抓皮肤，因抓破而继发感染时可涂外用抗生素。内服、外用药物应在医生的指导下进行。

宝宝意外烫伤的紧急处理

烫伤是宝宝常见的意外伤害之一，常见白开水、热粥、热汤、热水袋或玩火而致不同程度的烫伤。宝宝的体表面积相对较小，所以相同的烫伤面积，对宝宝而言所占的比例已经相当大。因此，爸爸妈妈不应忽视宝宝的烫伤。

如果是轻度烫伤，应立即用冷水冲洗，使皮肤冷却，防止形成水疱。如果水疱已经形成，不要弄破水疱，也不要往患处涂任何药膏或药水，只要在上面置一块清洁、无绒毛的纱布固定即可。如果是严重烫伤，首先要十分小心地脱去衣物，不要碰到烫伤的皮肤。可用剪刀把衣服剪开，慢慢脱下，然后将烫伤处浸泡在冷水里，或用浸透冷水的干净毛巾敷在烫伤处，注意不要摩擦皮肤，以免擦破患处发生溃烂，继发感染，然后赶快去医院治疗。

潜能开发

给宝宝做做主动操

婴儿主动操是一种在家长帮助下（适当扶持）的身体运动方法，适用于7～12个月的宝宝。

每天坚持做婴儿主动操可以使宝宝的动作更灵敏，肌肉更发达，提高宝宝对自然环境的适应能力。做操时伴有音乐，可促进左右脑平衡发展，从而促进宝宝的智力发育。做操前妈妈应清洗双手，摘掉手表、戒指等首饰，冬天还应把手搓暖。做操时要轻柔、有节律，避免过度的牵拉和负重动作，以免损伤宝宝的骨骼、肌肉和韧带。不要在宝宝疲劳、饥饿或刚吃完奶时做操。运动量要逐渐增加，每节动作由2～4次慢慢增加到4～8次，习惯以后再逐渐增加次数。

◉ 准备活动

先让宝宝自然放松仰卧，妈妈握住宝宝的两手手腕。

（1）第一个4拍：从手腕向上按摩4下至肩。

（2）第二个4拍：从足踝按摩4下至大腿部。

（3）第三个4拍：自胸部按摩至腹部（妈妈的手呈环形，由里向外，由上向下）。

（4）第四个4拍同第三个4拍。

起坐运动

起立运动

提腿运动

弯腰运动

托腰运动

游泳运动

跳跃运动

扶走运动

第一节——起坐运动

（1）将宝宝双臂拉向胸前，双手距离与肩同宽。

（2）轻轻拉引宝宝使其背部离开床面，拉时动作要轻柔。

（3）让宝宝自己用劲坐起来。

重复两个八拍。

第二节——起立运动

（1）让宝宝俯卧，妈妈双手握住其肘部。

（2）让宝宝先跪坐着，再扶宝宝站起来。

（3）再让宝宝由跪坐至俯卧。

重复两个八拍。

第三节——提腿运动

（1）宝宝俯卧，妈妈双手握住其双腿。

（2）将宝宝两腿向上抬起成推车状。

（3）随月龄增大，可让宝宝双手支撑起头部。

重复两个八拍。

第四节——弯腰运动

（1）宝宝背朝妈妈直立。妈妈左手扶住其两膝，右手扶住其腹部。

（2）在宝宝前方放一个玩具，让宝宝弯腰前倾。

（3）捡起玩具。

（4）恢复原样成直立状态。

重复两个八拍。

第五节——托腰运动

（1）宝宝俯卧，妈妈右手托住其腹部，左手按住其踝部。

（2）托起宝宝腹部，使其腰部挺起成弓形。重复两个八拍。

⊛ 第六节——游泳运动

（1）让宝宝俯卧，妈妈双手托住其胸腹部。

（2）悬空向前后摆动，活动宝宝四肢，做游泳动作。

重复两个八拍。

⊛ 第七节——跳跃运动

（1）宝宝与妈妈面对面，妈妈用双手扶住其腋下。

（2）把宝宝托起离开床面轻轻跳跃。

重复两个八拍。

⊛ 第八节——扶走运动

（1）宝宝站立，妈妈站在其背后，扶住宝宝腋下、前臂或手腕。

（2）扶宝宝学走。

重复两个八拍。

语言能力训练

现在，宝宝对爸爸妈妈发出的声音的反应更加敏锐，并尝试跟着爸爸妈妈"说话"，因此要像教宝宝叫"爸爸"和"妈妈"一样，耐心地教他一些简单的音节和词汇。尽管还不会说话，但周岁以前宝宝就能很好地理解一些词汇了。

⊛ 亲子游戏：抱抱亲亲手

游戏目的 促进宝宝发音。

游戏方法 妈妈将宝宝抱在怀里，微笑着说："宝宝乖，乖宝宝，宝宝是妈妈的小乖乖。"并亲亲他的小手，让宝宝感到很满足、愉快，同时逗引宝宝笑出声来，然后拿着宝宝的手，教他伸手给妈妈亲吻，并说："宝宝，妈妈亲亲你，好吗？"促使宝宝高兴地伸手给妈妈亲，并同时逗引宝宝发音。

宝宝乖，乖宝宝，宝宝是妈妈的小乖乖

⊛ 亲子游戏："不"的含义

游戏目的 促进宝宝理解力的发展。

游戏方法 妈妈指着热水杯对宝宝严肃地说："烫，不要动！"然后轻轻拍打他的手，示意他停止要摸的动作。对宝宝不该拿的东西要明确地说"不"，使其懂得"不"的意义。

击打玩具

烫，不要动！

精细动作训练

细心的妈妈会发现，7 个月的宝宝用手已经能做很多令人惊奇的事情。他已经学会如何将物品从一只手传递到另一只手，宝宝坐在桌子旁边就可以够到桌上的玩具，会撕纸，会摇动和敲打玩具，两只手可以同时抓住两个玩具。

⊛ 亲子游戏：击打玩具

游戏目的　促进宝宝手部精细动作的发育，及动作与大脑的协调一致性。

游戏方法　妈妈让宝宝手中拿一只带柄的塑料玩具，对击另一只手中拿着的玩具。敲击出声时，妈妈要给予鼓励。妈妈可以选择各种质地的玩具，让宝宝对击敲出各种声音，促进手、眼、耳、脑等感知能力的发展。

大动作训练

本月延续上月的训练方法，让宝宝学爬行。爬行是宝宝综合性的强身健体活动，爬行时头颈仰起，胸腹抬高，身体靠四肢交替轮流抬起前移，协调地使肢体负重，锻炼了胸腹、腰背、四肢等全身大肌肉活动的力量，尤其是四肢活动的协调性和灵活性，锻炼了肌肉的耐力，促进了每条肌肉的充分发育。

这个月的宝宝还学会了翻滚，从俯卧转到仰卧，再从仰卧转到俯卧，常常为够取远处的玩具而继续翻滚，从大床的一头翻到另一头去取。

⊛ 亲子游戏：宝贝，快快爬

游戏目的　使宝宝四肢得到充分活动，增强前庭觉与小脑的平衡能力，为日后宝宝运动能力的发展奠定基础。

游戏方法　爸爸妈妈要继续让宝宝练习爬行，让宝宝从匍行转到爬行，腹部逐渐离开床面，并用手臂转圈或后退。爸爸妈妈可以把玩具或食物放在不同的位置上，让宝宝爬着去够。爸爸妈妈还可以用毛巾提起宝宝的腹部，练习手、膝的支撑力，为宝宝过渡到手足爬行做好准备。

认知能力训练

此时的宝宝，玩具丢了会找，能认出熟悉的事物。对自己的名字有反应。能跟妈妈打招呼，会自己吃饼干，出现认生的行为，对许多东西表现出害怕。能够理解简单的词义，懂得日常语言和表情的含义；会用声音和动作表示要大小便。

✺ 亲子游戏：认识身体

游戏目的 帮助宝宝认识自己身体部位的名称。

游戏方法 妈妈与宝宝对坐，妈妈可以先指着自己的鼻子说"鼻子"，然后抓住宝宝的小手指着他的鼻子说"鼻子"。每天重复 1 ~ 2 次，然后抱起宝宝对着镜子，握住他的小手指指他的鼻子，又指指自己的鼻子，重复说"鼻子"。经过 7 ~ 10 天的训练，当妈妈再说"鼻子"时，宝宝会用小手指指自己的鼻子，这时妈妈应亲亲他表示赞扬。

✺ 亲子游戏：认大字

游戏目的 加深宝宝对某个字的印象。

游戏方法 爸爸妈妈要把常说的、常见的事物名称写成大字块贴在墙上，爸爸妈妈要经常指给宝宝看，读给他听，从而发展宝宝的视觉语言。一般此时宝宝会对识字活动有兴趣，看到字宝宝会很开心。

情绪及社会交往能力训练

此时的宝宝已经能够区别亲人和陌生人，看见看护自己的亲人会高兴，从镜子里看见自己会微笑，如果和他玩捉迷藏的游戏，他会很感兴趣。这时宝宝会用不同的方式表达自己的情绪，如用哭、笑来表示喜欢和不喜欢。这个时期的宝宝能有意识地较长时间注意感兴趣的事物，宝宝仍有分离焦虑的出现。

◎ 亲子游戏：学再见、说谢谢

游戏目的 培养宝宝两手的动作，促进愉快情绪和行为发展。

游戏方法 妈妈要经常把宝宝右手举起，并不断挥动，让宝宝学习"再见"的动作。妈妈离家时要主动对宝宝挥手，并说"再见"，反复练习。在宝宝情绪好的时候，妈妈要帮助宝宝把两手握成拳，然后不断上下摇动，学做"谢谢"的动作。妈妈每次给宝宝食品或玩具时，妈妈要先让他拱手表示谢谢，然后再给他。

专家问答

妈妈要阻止宝宝用手抓饭吗

宝宝喜欢用手抓饭吃，是学习吃饭的必经过程，通过用手抓、捏食物，宝宝可以初步了解食物的形状和特性，逐渐熟悉食物，帮助宝宝长大后不偏食，也为自己拿勺子吃饭做好准备。手抓食物还能训练手部精细动作的发展、手臂肌肉的协调性以及手眼的平衡能力。同时，宝宝用手抓饭还能获得愉快的体验，增进宝宝的食欲，培养宝宝的自信心。

如果宝宝喜欢抓饭，妈妈不要强行制止、呵斥，需要做的只是在吃饭前帮助宝宝洗干净小手，避免宝宝用手抓饭吃时把细菌、病毒、灰尘一起吃进肚子里。此外，妈妈在给宝宝准备食物时不要准备又圆又硬的食物，如花生、葡萄、爆米花、炒豆子、糖果等，以免误吸入气管。

宝宝吃饭慢怎么办

宝宝吃饭快慢与个性有很大的关系，只要宝宝认真吃饭，没有边玩边吃，妈妈就没有必要担心和纠正，更不要因为宝宝吃饭慢指责宝宝，或催促宝宝，宝宝在妈妈的催促下来不及充分咀嚼就把食物咽下去，容易造成消化不良。

8 个月的宝宝

生长发育特点

身体成长指标

性别 / 指标	男宝宝			女宝宝		
	最小值	均 值	最大值	最小值	均 值	最大值
体重（千克）	7.1	9.1	11.0	6.7	8.5	10.4
身长（厘米）	66.5	71.5	76.5	65.4	70.0	74.6
头围（厘米）	42.5	45.1	47.7	42.5	44.1	46.7
胸围（厘米）	40.1	44.1	48.1	41.0	45.2	49.4

感觉发育

　　8 个月的宝宝对看到的东西已经有了直观思维能力，如看到奶瓶就会与吃奶联系起来，看到妈妈端着饭碗过来，就知道妈妈要喂他吃饭了。对远距离的东西更感兴趣，对拿到手的东西会仔细观察。这个时候，妈妈应该常带宝宝到户外去，让他看各种行人和车辆、树和花草。

语言发育

　　宝宝从早期的牙牙学语，开始向可识别的音节转变。宝宝会笨拙地发出"妈妈"或"拜拜"等声音，并能通过发音来召唤妈妈，或吸引妈妈的注意力。

动作发育

到了这个阶段，宝宝已经可以很精确地用拇指和食指、中指捏东西，宝宝会熟练地使用这种捏持技能去捏取小物品了。如果妈妈给宝宝演示，宝宝甚至会做捏响指的动作。手眼已能协调并联合行动，无论看到什么都喜欢伸手去拿，能将小物体放在大盒子里，再倒出来，并反复地放进倒出。

日常护理要点

帮宝宝度过"认生期"

3 个月以内的宝宝，虽能感知人脸的模样，还能逐渐辨认出亲近之人和陌生人，不过却无记忆保存能力，因此转眼便忘。可是到了 4 ~ 6 个月以后，宝宝开始出现记忆储存能力，不仅能区分亲人和陌生人，而且对陌生人还会产生恐惧感和不安全感，于是会出现哭闹、拒抱的认生现象。宝宝的认生期在 8 ~ 12 个月时达到高峰，以后则逐渐减弱。

宝宝"认生"是心理发展的一个正常过程，也是一种天生的自我保护能力，随着年龄的增长会逐渐消失。然而，有的宝宝则严重一些，见到生人就哭，有些爸爸妈妈觉得这样对别人不礼貌，常常训斥宝宝。

其实，宝宝认生的程度，即对恐惧的耐受力与宝宝的先天素质有关。那些性格内向、胆子比较小的宝宝，"认生"较严重。爸爸妈妈的斥责只会加重宝宝的恐惧感。

对于宝宝过分"认生"的问题，应该视为心理问题，消除了宝宝的恐惧感、不安全感，就能改变这种现象。

对"认生"的宝宝不能斥责，应采用"脱敏"的心理治疗方法。就是先由妈妈抱着宝宝去与生人接触，延长与生人相处的时间。要让宝宝在与生人接触的时间里过得愉快，使宝宝的恐惧逐渐减少，自然会克服宝宝的胆小和"认生"。

给宝宝做做日光浴

平时我们说的晒太阳，就是日光浴。宝宝进行适合的日光浴，可以提高身体对外界环境变化的抵抗力，增强宝宝的体质。

🍊 日光浴的时间

选择日光照射时间的原则是既避免太阳暴晒，又要获得阳光的保健功效。夏秋季进行日光浴时，南方多选在上午8、9点，北方在上午9、10点为宜；冬春季节气温低、户外寒冷，多选在上午11至12点气温最高的时刻。

宝宝3~6个月的时候就可以进行日光浴了，最好先适应空气浴，再进行日光浴。进行日光浴的时间要从少到多，循序渐进，先从1~2分钟开始，1周岁以上的宝宝，每次日光浴的时间最长可达10~15分钟。

🍊 日光浴照射的部位

身体接受日照的部位应有一定顺序性。可按背部、胸部、腹部、体侧部的顺序进行，不能只照射一侧。日光浴时应避免阳光直射头、面部和眼睛，所以宝宝头部应戴上有帽檐的防护帽，以保护面部和眼睛。

宝宝进行日光浴是一种被动的锻炼，要在爸爸妈妈的直接保护下进行，切不可把宝宝放在日光下不管。日光浴应选择在空气新鲜的户外进行，不要在户内隔着玻璃窗进行日光浴，这种日光浴起不到保健作用。

宝宝看电视要适度

多数育儿专家不主张宝宝看电视，认为既影响视力，又影响宝宝语言发展和人际交往的能力。

如果要给宝宝看电视应注意：

（1）每次看电视的时间不要超过10分钟。

（2）宝宝与电视要保持两米以上的距离。

（3）电视的声音不能太大。

（4）电视节目可选择图像变化较快、有声有色的儿童节目、动画片、动物纪录片等，每次选择1～2个内容为宜。

训练宝宝坐便盆

从宝宝学会坐以后，就可以培养和训练宝宝坐盆便便的好习惯。最好定时、定点让宝宝练习，并教会宝宝用力。宝宝有便意时，比如宝宝正在玩耍，突然坐卧不安，或用力"吭吭"，就要引导宝宝坐便盆，并逐渐形成习惯。一开始宝宝还无法坐稳，妈妈一定要扶着他。如果宝宝不习惯，一坐就打挺就不要太勉强，但每天都坚持让宝宝练习，多训练几次就形成习惯了。

科学喂养

本月喂养特点

8个月宝宝已经有了咀嚼能力，而且舌头也

会搅拌食物了，对饮食越来越有个人的偏好。

这个时期的宝宝要继续吃母乳和配方奶，但宝宝已经进入了离乳过渡期，所以可以适当减少奶量，配方奶每天保持在 500 毫升左右就可以了。

本月要继续增加半固体食物，如米、面等，减少的奶量用辅食代替。辅食可以选择馒头、饼干、肝末、豆腐等。

放手让宝宝自己学吃饭

8 个月的宝宝更喜欢自己动手抓食物，还喜欢抢妈妈手中的勺子，这些现象都告诉妈妈宝宝学习自己吃饭的时机已经到了，妈妈可以放手让宝宝自己学吃饭了。

一开始让宝宝学吃饭，宝宝会吃得饭菜到处都是，但妈妈千万不要因此责备宝宝，更不该拒绝让宝宝自己吃，这样做会伤害宝宝的自尊心和自信心，不利于宝宝的心理健康。妈妈可以在吃饭前，在属于宝宝的餐位做好准备，桌子上、地面上都铺上塑料布，这样便于收拾宝宝洒得到处都是的饭菜。

与此同时，妈妈可以准备两套餐具，1 套让宝宝使用，1 套留着给宝宝喂饭，直到宝宝能够自己顺利地吃完一顿饭。和家人一起吃饭，宝宝会显得很快乐，妈妈需要给宝宝准备 1 把儿童餐椅，放在餐桌旁的固定位置，让宝宝体验与家人一起吃饭的温馨气氛，看着爸爸妈妈吃饭，宝宝

也会逐渐学会怎样用勺子，怎样把食物稳稳当当地送进嘴里。

进入断奶过渡期

断奶对宝宝来说是一个非常重要的时期，是宝宝生活中的一大转折。断奶不仅仅是食物品种、喂养方式的改变，更重要的是断奶对宝宝的心理发育有着重要影响。及时断奶有助于满足宝宝生长发育所需的营养物质，培养宝宝新的进食方式，为一生的良好饮食习惯打下良好基础。一般来说，宝宝 8 个月大时进入断奶过渡期，一岁左右断奶，近 4 个月的适应时间对于宝宝和妈妈都很适合。

（1）断奶不能突然断掉，应该有计划、循序渐进地进行。从减少夜间喂母乳次数开始，这个过程中，可用牛乳或配方奶逐渐取代母乳，最后完全不喂母乳。

（2）春、秋两季是断奶的最佳季节，这两个季节里天气不冷不热，断奶后宝宝出现呕吐、

腹泻的症状也少。而冬天太过寒冷，断奶容易导致宝宝生病。夏天太热，食物容易腐烂，且断奶后容易导致宝宝中暑、脱水、消化不良、患上肠道传染病等。

（3）宝宝生病期间不宜断奶，妈妈可以等到宝宝病愈2~3周之后再断奶。搬家、旅行、更换保姆等生活环境的较大变化容易让宝宝产生焦虑、恐惧等不良情绪，水土不服的宝宝还容易患上各种疾病，这个时候最好不要给宝宝断奶，要等到宝宝熟悉了新环境再实施断奶。

断奶过渡期的饮食安排

（1）从8个月开始，妈妈可以逐渐给宝宝增加辅食的数量、种类及餐次，慢慢让辅食成为宝宝所需营养物质的主要来源，而不再主要依靠母乳。做辅食的时候，可以增加辅食的浓度。浓稠的辅食营养更加丰富、饱腹感更强，能够延长两餐之间的时间，帮助宝宝过渡到一日三餐以辅食为主。

（2）让宝宝多尝试新的食物，尽量把食物煮得软烂、美味一些，逐渐降低宝宝对母乳的依赖程度，1岁左右时，最好能让宝宝自己不再吃母乳，无声无息地断奶。

（3）8个月时，可以开始培养宝宝对辅食和配方奶的兴趣，降低宝宝对母乳的依恋程度。因为奶类食物依然是未满周岁宝宝的主要食物，我们所说的断奶，只是断掉了母乳，并不意味着宝宝必须断掉所有奶类食物，应该用配方奶逐渐代替母乳。

（4）培养宝宝吃饭的能力，未断奶前，妈妈就要让宝宝习惯用勺子喝水、吃饭。

宝宝可以吃芝麻酱、奶酪补钙吗

优质的芝麻酱的含钙量仅次于虾皮，是补充人体所需钙质的优质食材，适量给宝宝食用可以有效预防佝偻病和缺铁性贫血，促进骨骼和牙齿的发育，还能增进宝宝的食欲。建议妈妈不要给太小的宝宝食用芝麻酱，7个月后给宝宝食用比较安全，每次不要吃太多，每天10克为宜，以免造成腹泻。如果宝宝腹泻了，就不要再吃芝麻酱，以免加重病情。奶酪是含钙量最丰富的乳制品，也容易被人体吸收，但 1 岁以内的宝宝却不适合食用。因为奶酪中含有大量的饱和脂肪酸，宝宝的消化功能不强，吃了奶酪后容易引起消化不良，还易导致腹泻。

让宝宝爱上吃蔬菜

一些宝宝不爱吃蔬菜，这可急坏了爸爸妈妈。宝宝不喜欢吃蔬菜可能是不喜欢蔬菜的颜色、味道，还有可能是因为宝宝咀嚼能力有限，如果妈妈没有把蔬菜切成适合宝宝咀嚼的大小，宝宝咀嚼起膳食纤维较多的蔬菜会很吃力，进而产生不舒服的感觉，下次再看到蔬菜就会拒绝进食。

✳ 宝宝不吃蔬菜怎么办？

（1）对那些比较挑剔的宝宝，应该注意选择鲜嫩、多汁、吃起来口感较好的蔬菜品种，可以搭配肉、鱼、虾等汤汁提味，或与这些食物混合成馅烹调。

（2）很多蔬菜具有共同营养特点，因此不要刻意让宝宝必须爱吃每一种蔬菜，可容忍宝宝不爱吃个别蔬菜，宝宝喜欢吃的可以适当多安排。

（3）随着宝宝的成长和认知能力的发展，爸爸妈妈要配合语言给予适时教育，让宝宝受到吃菜"能长个儿""能更聪明"的熏陶。

（4）此外，爸爸妈妈的饮食习惯对宝宝有很强的潜移默化作用，因此爸爸妈妈要在宝宝面前表现出特别爱吃蔬菜的样子，对宝宝加以积极的影响。

豆奶不能代替配方奶

豆奶虽然营养丰富，蛋白质、B 族维生素、镁元素含量较多，但钙、糖等含量却不多，蛋白质也主要由植物蛋白组成，有害人体健康的铝含量却较多。用豆奶代替配方奶喂养宝宝，不仅会造成宝宝营养失衡，还会影响宝宝的大脑发育。

能促进脑部发育的营养素

0 ～ 1 岁是宝宝脑部发育的黄金期。要让宝宝有良好的脑部发育，就要抓紧黄金期给他补充各种相关营养元素，其中包括 DHA、胆碱，以及微量元素碘、铁、锌等，这些营养素能帮助宝宝茁壮成长。

DHA 是大脑发育的必需营养素，它是中枢神经系统的重要结构成分，在促进宝宝智力和视

觉发育方面发挥着关键作用。研究发现，在婴儿时期补充了足够 DHA 的宝宝，智力明显高于没有补充这种元素的宝宝。

胆碱又称"记忆因子"，是神经传导的必需物质，也是母乳中的重要营养成分之一。胆碱合成的乙酰胆碱是一种非常重要的传递介质，在细胞信号传导、神经冲动传导、髓鞘形成和大脑记忆过程中都起着非常重要的作用。因此，补充这种物质有助于宝宝提升记忆力。

另外，微量元素的补充也是必要的，如碘、铁、锌等，它们是促进脑细胞发育的重要物质。其中，碘是合成宝宝大脑发育所需甲状腺素的重要元素，能够保持大脑正常的兴奋性。铁是髓鞘、神经递质形成及能量代谢的重要元素。宝宝缺铁可能对认知发育产生不可逆的影响。锌大量存在于脑中，是宝宝体格发育、免疫系统完善和神经—行为互动发育所需的元素，补充锌能促进宝宝运动能力和神经、心理功能的发育。

家庭诊所

8 个月宜接种的疫苗

◉ 宜接种麻疹疫苗

麻疹疫苗的全称是冻十麻疹减毒活疫苗，用于预防麻疹疾病。麻疹是由麻疹病毒引起的全身发疹性急性呼吸道传染病，传染性强，发病率可高达 90%。约 90% 发生于 6 个月至 5 岁，未接种过麻疹疫苗的宝宝，一年四季均可发生，但以冬末春初为多。麻疹的症状包括发热、上呼吸道感染、结膜炎、口腔黏膜斑及全身丘疹等。麻疹传染性极强，在人群密集的地方容易流行。

接种麻疹疫苗应注意以下几点：

（1）麻疹疫苗不能和乙肝疫苗同时接种，因为两者抗原之间有干扰。

（2）接种后两天内不要给宝宝洗澡，以免感染。

（3）宝宝接种之后应在接种场所休息半小时，以观察宝宝是否有不良反应。

（4）给宝宝接种前后，应该让宝宝多喝水，多休息。

（5）接种后，当发热超过 37.5 ℃ 或 37.5℃ 以下并伴有其他全身症状、异常哭闹等情况，应及时到医院诊治。

（6）接种后皮肤出现红肿时，可用干净的

毛巾每日进行 10 分钟左右的热敷，如果红肿直径大于 3 厘米，应及时就医诊治。

麻疹疫苗接种为两剂次，分别在 8 月龄和 18 ~ 24 月龄进行，部分省市在此基础上根据本省市的实际情况增加剂次。

⊛ 宜接种风疹疫苗

风疹是由风疹病毒引起的急性呼吸道传染病。宝宝 8 ~ 12 个月宜接种风疹疫苗，7 岁或 12 岁加强 1 次。以下几种情况的宝宝不能进行风疹疫苗的接种。

（1）患有严重心、肝、肾疾病和活动型结核病的宝宝。

（2）有发热情况，体温超过 37.5℃，淋巴结肿大的宝宝，可在治愈后再接种。

（3）严重营养不良、严重佝偻病以及先天性免疫缺陷的宝宝。

（4）有哮喘、荨麻疹等过敏体质的宝宝。

（5）有脑发育不良、脑炎后遗症、癫痫病的宝宝。

（6）患有皮炎、化脓性皮肤病、严重湿疹的宝宝，治愈后方可接种。

（7）最近注射过多价免疫球蛋白的宝宝，6 周内不能接种风疹疫苗。

（8）感冒及轻度低热的宝宝应视情况暂缓接种。宝宝不宜空腹饥饿时接种。

⊛ 宜接种流行性腮腺炎疫苗

流行性腮腺炎也称"痄腮"，是由腮腺炎病毒引起的一种急性呼吸道传染性疾病，这种传染病的传染性很强。患病后两腮腺肿胀、疼痛，并可影响进食，而且易发生并发症，如脑膜炎、睾丸炎、胰腺炎等。

接种流行性腮腺炎疫苗应注意几种情况：

（1）宝宝一个月内注射过丙种球蛋白，应暂缓接种，同时接种后 2 周内不可使用丙种球蛋白。

（2）对蛋制品过敏的宝宝要慎用，应请示医生视情况而定。

一般满 8 个月龄的宝宝就可以接种流行性腮腺炎疫苗，一般 1 岁以后接种为佳。接种后反应轻微，少数宝宝可在接种后 6 ~ 10 天有发热，不超过两天就会自愈，不需要任何处理，接种的局部一般无不良反应。

接种过麻疹疫苗怎么又得了麻疹

麻疹减毒活疫苗接种后 10 ~ 12 天，宝宝体内产生特异性抗体，最初几天，抗体增长速度较快，以后则速度缓慢，直到第四周仍保持在一定的水平，这样就能预防麻疹了。如果宝宝在初种麻疹疫苗的两周内与麻疹患儿有了接触，因体内未产生抗麻疹病毒足够的抗体，宝宝自然容易被传染麻疹。

任何疫苗接种后，体内产生抗体水平的维持时间不同，麻疹减毒活疫苗接种后所产生的抗体可维持 4 ~ 6 年，即预防有效期限仅为 4 ~ 6 年，以后逐渐消失，因此 7 岁时需再接种一次。如果未按时复种麻疹疫苗，遇有麻疹流行仍然可能被传染，只是病情较轻。

从免疫持久性来说，麻疹疫苗不是终身免疫。

如何识别宝宝尿路感染

尿路感染是宝宝多发病之一，且女孩的发病率是男孩的 3 ~ 4 倍。宝宝易患尿路感染，是由于经常使用尿布或穿开裆裤，尿道口受粪便和其他不洁物的污染而造成的。可以说，大肠杆菌、变形杆菌及金黄色葡萄球菌等多种病菌就堆积在尿道口周围，时刻寻找可乘之机。

很多宝宝尿路感染后，尿路症状并不明显，大多数宝宝只出现不明原因的发热、不愿吃奶、

脸色苍白及呕吐、腹泻、腹胀等并非尿路感染的全身症状。全身症状比较严重时，会出现生长发育停滞、体重增长缓慢，甚至抽风、嗜睡、黄疸等表现。研究发现，年龄越小的宝宝，尿路感染后越容易造成肾脏损害。

当宝宝有以上表现时，妈妈要十分警惕，尤其是找不到原因的哭闹、呕吐，不明原因的发热伴随生长迟滞或体重减轻，要想到泌尿道感染的可能。这时再注意观察更换尿布的次数是否增多，每次排尿量是否减少，尿是否有异味加重，尿是否变混浊等现象，并应及时送尿液到医院化验，即可判断宝宝是否患有尿路感染。

宝宝急疹的护理方法

宝宝夜间突然发烧了，高烧到 39 ~ 40℃，很多爸爸妈妈不明原因，非常担心，急忙带宝宝到医院检查。其实对于 6 个月至 1 岁的宝宝，这种情况应该首先想到是否是小儿急疹。小儿急疹

是宝宝常见病之一，其特点就是宝宝突然发热，3～4天后体温迅速下降，全身出现淡红色小皮疹，皮疹消失后很快能恢复正常。

对于小儿急疹，没有特效的治疗方法，如果爸爸妈妈注意护理，会让宝宝较快恢复。

让宝宝保持充足的睡眠；多喝水，吃流质或半流质的食物；注意保持宝宝皮肤清洁；发烧超过39℃，可用50％酒精擦身降温；宝宝退烧后，可给宝宝洗温水浴，但时间不可过长，还要注意保暖。

宝宝出水痘怎么护理

水痘是由水痘—带状疱疹病毒引起的一种急性传染病，一般病情较轻的话1周即可痊愈。出水痘时，有些宝宝会发高烧，但有些宝宝只是看起来气色不佳。水痘初发时只是一些小红点，然后在几个小时内，红点上长出小小的水疱。水痘多呈向心性分布，从出水痘到有水痘结痂，约10天，这一时期有传染性。通常水痘最先出现在面部和躯干上，然后成片扩散到身体的其他部位。有时水痘太多，可能看起来重重叠叠地连到一起。头皮、嘴、咽喉和外阴附近的疱疹会特别疼痛，遇到这种情况可涂炉甘石洗剂，以缓解瘙痒。

水痘的传染性较强，能通过空气传染，所以患病的宝宝必须隔离到疱疹全部结痂、消退。而水痘消退后的宝宝就会获得水痘的终身免疫。

由于出水痘的部位痒，宝宝会烦躁不安，经常哭闹。因为瘙痒难耐，宝宝常用手去抓挠。宝宝的指甲和手部有许多细菌，细菌可引起疱疹糜烂化脓，留下瘢痕。因此，护理出水痘宝宝的关键是不要让宝宝用手抓挠水疱，要给宝宝剪短指甲，保持手的清洁，必要时可戴上手套，以防抓破后继发感染。

此外，在出水痘期间，爸爸妈妈应该给宝宝吃易消化的食物，并多吃维生素C含量丰富的水果、蔬菜。宝宝出水痘后，爸爸妈妈不要带宝宝去公共场所，不去有病人的家中串门，以防宝宝发生其他感染。在宝宝出水痘期间如果宝宝出现高热、咳嗽、抽搐等表现，应尽快到医院诊治。

如何防治佝偻病

佝偻病也叫软骨病，一般是因为宝宝体内维生素D缺乏，导致钙、磷在肠道内的吸收不良，使钙、磷无法沉着在骨头上所致。佝偻病的早期表现为宝宝爱哭闹、睡眠不安、多汗、夜惊等，由于出汗多，宝宝的头经常在枕头上蹭来蹭去，形成所谓秃枕（后枕部头发脱落呈半环状）。严重者会出现骨骼及肌肉改变，如囟门大、囟门推迟闭合、乒乓球样颅骨软化、颅缝增宽，可出现方颅、肋串珠、鸡胸、脊柱后凸、佝偻病手镯及出牙晚等症状。出现以上症状时，应及时带宝宝去医院就诊。

·佝偻病重在预防·

（1）鼓励母乳喂养，坚持母乳喂养8个月。

（2）宝宝出生后两周即可应用维生素D预防，每天口服维生素D至周岁。但维生素D服用过量会导致中毒，所以要在医生的指导下服用。

（3）多吃富含维生素D和钙的食物，如蛋黄、肝类、鱼类、奶类、豆类、虾皮等，不要吃过多的油脂类和盐，以免影响钙在体内的吸收。

（4）带宝宝到户外活动，多晒晒太阳。

潜能开发

尊重宝宝的性格和气质

性格和气质没有好与不好的区别，只要认真引导、培养，每一种性格或气质的宝宝都可以很成功。活泼型的宝宝胆子大、行动力强，爸爸妈妈需要适当约束，不要过分溺爱；腼腆型的宝宝节奏慢，信心不足，爸爸妈妈不要着急，给他时间慢慢适应；乖巧型的宝宝适应能力很强，很少表示抗议，爸爸妈妈不要要求太高，以免给宝宝太大压力；问题型的宝宝状况较多，爸爸妈妈不要过多责难，用爱心对待他，宝宝感觉到爸爸妈妈的关注后，就能自然而然地平静下来。

语言能力训练

8个月的宝宝可以发出"妈妈""爸爸"的语音了，不过还不能把词义和自己的妈妈、爸爸真正联系起来。不过有了这样的基础，不久，宝宝就能真正地喊爸爸妈妈了。

⊛ 亲子游戏：模仿发音

游戏目的 为宝宝发音打下基础。

游戏方法 大多数宝宝这时开始发"ba-ba""ma-ma""da-da"等音了。这时宝宝发出"爸、妈"的声音，是对音调的反应，并不理解"爸、妈"的意思，但可以为今后理解并掌握语言打下基础。这时爸爸妈妈要多对着宝宝示范发这些音，并有所指，如爸爸妈妈指着自己说："妈妈（爸爸）呢？妈妈（爸爸）呢？妈妈（爸爸）在这儿呢！"这样不仅能逗引宝宝发音，而且有利于宝宝早日对号入座地叫"爸爸、妈妈"。

精细动作训练

8 个月的时候，宝宝的手变得更加灵活，会使劲用手拍打桌子，对拍击发出的响声感到新奇有趣，能伸开手指，主动地放下或扔掉手中的物体，而不是被动地松手，即使大人帮他捡起他又扔掉。这个时期的宝宝已经能同时玩弄两个物体，如把小盒子放进大盒子，用小棒敲击铃铛，两手对敲玩具等。会捏响玩具，也会把玩具给指定的人，能展开双手要大人抱，用手指抓东西吃，将东西从一只手换到另一只手。不论什么东西在手中，都要摇一摇或敲一敲。此时宝宝的动作开始有意向性，会用一只手去拿东西。

⊛ 亲子游戏：小馒头入瓶

`游戏目的` 发展手部精细动作。

`游戏方法` 妈妈给宝宝准备小馒头一类的小体积食品和一个干净小瓶（直径 2～3 厘米），妈妈示范将小馒头放进小瓶里，让宝宝模仿妈妈的动作，也把小馒头放进去。

大动作训练

这个月的宝宝可以独坐 10 分钟以上，并且坐姿比较平稳，宝宝玩耍时身体能随意前倾，然后再坐直。宝宝逐渐从手膝爬行过渡到手足爬行。

⊛ 亲子游戏：练爬行

`游戏目的` 促进宝宝爬行。

`游戏方法` （1）爸爸趴在地毯上，双臂支撑，腹部抬起，妈妈让宝宝"钻山洞"，从爸爸肚子下爬过去。爸爸仰卧在地毯上，妈妈说："爬大山。"让宝宝从爸爸身上爬过去。

（2）将枕头放在地毯上，搭上一块光洁的板，让宝宝在这块有坡度的板上爬行。

（3）妈妈可以让宝宝将腹部离床用手膝爬行，也可以让宝宝和其他同龄宝宝在地板上互相追逐爬行、玩耍，或滚着小皮球玩。

⊛ 亲子游戏：独站练习

`游戏目的` 为行走打下基础。

`游戏方法` （1）让宝宝练习独站前，可以先从扶物站立开始，妈妈要在旁边保护宝宝的安全。

（2）在给宝宝进行独站训练时，妈妈要采取坐位或蹲位，让宝宝双脚着地，妈妈先用双手扶住宝宝，在他能站稳的基础上放开双手。先放开一瞬间，宝宝一倾斜就给予保护，双手重新扶住；逐步延长到放手几秒，和语言进行配合，边做边表扬、鼓励宝宝。

（3）妈妈带着宝宝在床上或地上玩时，让宝宝扶着栏杆、桌子腿或妈妈的一只手臂站起来。妈妈将一个玩具放在宝宝脚下，鼓励他用一只手扶物，然后蹲下，用另一只手去捡玩具，再站起来。妈妈要在旁边进行保护。

独站练习

认知能力训练

此时的宝宝对周围的一切充满好奇，但注意力难以持续，很容易从一个活动转入另一个活动。

对镜子中的自己有拍打、亲吻和微笑的举动，会移动身体拿自己感兴趣的玩具。懂得妈妈的面部表情，妈妈夸奖时会微笑，训斥时会表现出委屈。

✳ 亲子游戏：认识生活用品

游戏目的 8个月大的宝宝已经能够初步熟悉一些物体形象，这时正是训练宝宝记忆力的大好时机，妈妈要开始有意识地训练宝宝的记忆力和理解力。

游戏方法 妈妈可以先让宝宝从记忆生活中常见的几种物品开始，选定几种常见物品，如小碗、小勺、小篮子、小桌椅、小衣柜等，在一天中反复指给宝宝看，说给他听，使宝宝逐渐记忆物品名称。过一段时间以后，妈妈还要有意识地提问宝宝："小碗在哪里？"让宝宝指认出物品。

汤勺

✳ 亲子游戏：寻找玩具

游戏目的 训练宝宝找出被遮挡的玩具。

游戏方法 妈妈用手帕、浴巾盖住宝宝正在玩的积木，看他能否揭开手帕将积木取出。也可以用塑料杯、盒子或一张纸，趁他玩得高兴时将玩具盖住，看宝宝是否能把玩具找出。如果宝宝不会或要哭，妈妈就把玩具露出一点来，让他自己取出。

寻找玩具

情绪及社会交往能力训练

如果对宝宝十分友善地谈话，他会很高兴；如果妈妈训斥他，他会难过、哭泣。从这点来说，此时的宝宝已经开始能理解别人的感情了。喜欢让妈妈抱，当妈妈站在宝宝面前，伸开双手招呼宝宝时，宝宝会发出微笑，并伸手表示要抱。

❋ 亲子游戏：挑选自己喜欢的

游戏目的 培养宝宝的决定力。

游戏方法 让宝宝从自己认识的物品中，挑选自己喜欢的东西，这个游戏可以训练宝宝做出决定的能力。妈妈可以拿起两个不同的勺，问宝宝："宝贝！你要哪一个啊？"让宝宝做出自己的选择。

专家问答
可以给宝宝吃月饼吗

月饼是"三高"食品，高糖、高脂、高热量。所以 3 岁以下的宝宝最好不要吃，3 岁以上的宝宝，肠胃发育相对成熟，可以适当吃一点，但也切勿过量。如果宝宝实在想吃，妈妈可以给宝宝少吃点，不应超过 1/5 个月饼，同时还需相应减少当天主食和食用油的摄入量，以免宝宝摄入过量油脂诱发腹泻。

市面上出售的婴儿月饼同样不适合宝宝食用，这类产品除了个头比较迷你、造型更加可爱、价格更贵之外跟普通的月饼基本没有区别，依然属于不健康的"三高"食品。

9 个月的宝宝

生长发育特点

身体成长指标

性别 指标	男宝宝			女宝宝		
	最小值	均 值	最大值	最小值	均 值	最大值
体重（千克）	7.3	9.3	11.4	6.8	8.8	10.7
身长（厘米）	67.9	72.7	77.5	66.5	71.3	76.1
头围（厘米）	43.0	45.5	48.0	42.7	44.5	46.9
胸围（厘米）	41.6	45.6	49.6	40.8	44.4	48.4

感觉发育

9 个月宝宝，不但能认识爸爸妈妈的长相，还能认识爸爸妈妈的日常穿戴和用品。宝宝开始有选择地观察他喜欢的东西，如在路上奔跑的汽车，各种小动物等。

语言发育

9 个月的宝宝能够理解更多的语言，爸爸妈妈与宝宝的交流具有了新的意义。所以，爸爸妈妈尽可能与宝宝多说话，可增强宝宝的语言理解能力。

动作发育

9个月宝宝运动能力明显增强，可以熟练爬行了，不太需要支撑便能站立，开始表现出对某种运动的偏好。手指灵活程度提高，可以用拇指和食指对捏抓取细小的物体。

日常护理要点

宝宝选鞋有学问

在宝宝7~8个月前，穿鞋的主要目的是保暖，最好穿软底布鞋，并且鞋比宝宝的脚略宽。当宝宝开始学爬、扶站、练习行走时，也就是需要用脚支撑身体重量时，给宝宝选择一双合适的鞋显得非常重要。

（1）要根据宝宝的脚形选鞋，即注意鞋的大小、肥瘦及足背高低等。

（2）鞋面应以柔软、透气性好的材质为佳。

（3）鞋底应有一定硬度，不宜太软，最好鞋的前1/3可以弯曲，后2/3稍硬不易弯折；鞋跟应比足弓部略高，以适应自然的姿势；鞋底要宽大，并分左右；宝宝骨骼软，发育不成熟，鞋帮要稍高一些，后部紧贴脚，以保护踝部不左右摆动。

（4）宝宝的脚发育较快，平均每月增长1毫米。给宝宝买鞋时，及时更换新鞋是很重要的。

夏天宝宝能用电蚊香吗

电蚊香的原理是将杀虫剂吸入纸片中，利用热气蒸发出除虫菊精。虽然除虫菊精的毒性较小，比较安全，但电蚊香对微生物毕竟有较强的杀伤性，所以有宝宝的家庭尽量不使用为好。如果一定要在宝宝的房间里使用电蚊香的话，要尽量放在通风良好的地方，并且不要长时间使用。

要不要给宝宝使用学步车

一般的婴儿学步车是由底轮、车身架、座椅等组成，是宝宝会走路之前的代步工具。不过，让宝宝过早使用学步车，会使宝宝跳过"爬行"的自然生长发育阶段，造成以后身体平衡性和全身肌肉协调性差，容易出现感觉统合失调，表现为手脚笨拙、灵活性差、多动、注意力不集中、性格问题（冲动、任性、脾气暴躁）等。

一般来说"七会坐，八会爬"，9 个月大的宝宝就会扶墙学走，10 个月之前的宝宝不建议使用学步车。如果爸爸妈妈确实需要给宝宝使用学步车，也需要谨慎对待。

宝宝使用学步车必须满足 3 个条件：头部支撑力已经足够，能够独立坐起，腰椎可以挺直，自己能扶着物体走路。

在使用学步车的时候，还需要注意控制宝宝待在学步车里的时间，每次不要超过 30 分钟；学步车最好在室内使用，远离炉火、插座等危险物品，忌在门槛、楼梯附近、高低不平的场所使用，以免造成意外伤害；学步车的各个部位要牢固，以防在碰撞过程中发生车体损坏、车轮脱落等事故；最后还要注意学步车的卫生，以防宝宝病从口入。

吸盘碗并不适合宝宝使用

一些爸爸妈妈看宝宝吃饭经常打翻碗碟，就给宝宝买吸盘碗使用，因为吸盘碗附有一个吸盘，可以把碗固定在桌子上，避免了宝宝打翻碗的麻烦。不过，吸盘碗并不适合宝宝使用。

学习吃饭需要一个过程，宝宝在学习怎样把饭菜用勺子舀起来、怎样把饭菜安全地送到嘴里的过程中，既锻炼了手眼的协调能力，又促进了手部精细动作的发展及解决问题的能力，如果饭碗固定，宝宝就失去了一部分学习的机会。此外，宝宝好奇心强，怎么都打不翻的碗比饭菜更有吸引力，注意力从饭菜转移到如何把碗打翻上，最终碗还是会被宝宝打翻，得不偿失。

科学喂养

本月喂养特点

8 个月起宝宝开始进入断奶过渡期，9 个月的时候要继续逐渐减少母乳喂养。配方奶喂养的宝宝，每天在保持配方奶喂养 600 毫升的情况下，要增加代乳食品，满足宝宝成长的需要。

继续添加辅食，可以给宝宝食用碎菜、鸡蛋、粥、面条、鱼、肉末等。辅食的性质还应以柔嫩、半固体为好，蔬菜品种要丰富。对经常便秘的宝宝可以选菠菜、卷心菜、白萝卜、芹菜等富含膳食纤维的食物。

9 个月的时候，可以让宝宝自己动手吃一些新鲜水果了，如苹果、香蕉等。

·9 个月可以添加固体食物啦·

　　9 个月的宝宝已经长出了几颗乳牙，吞咽、咀嚼能力增强，所以妈妈可以给宝宝添加固体食物了，如软米饭、小馄饨、小饺子、馒头等，这样的食物能够帮助剩余乳牙萌出，继续锻炼咀嚼和吞咽能力。根茎类食物含有丰富的碳水化合物和膳食纤维，可以满足宝宝日益增加的能量需求。随着宝宝消化系统的完善，妈妈应及时增加粗纤维食物的供给，如适当多让宝宝吃点蔬菜等。

一定要让宝宝吃蔬菜

　　一些宝宝因为讨厌蔬菜的颜色、味道，所以就拒绝吃蔬菜，甚至看到蔬菜就哭闹，有些妈妈心软就不让宝宝吃蔬菜了，其实这样做是不明智的。妈妈应该要想办法鼓励宝宝吃蔬菜。

　　9 个月的宝宝能吃炖菜、蒸菜和炒菜了，妈妈应该给宝宝多吃应季的新鲜蔬菜，不要给宝宝吃蔬菜罐头。给宝宝烹调蔬菜时，一定要切得细一些、做得软一些，以免宝宝因为咀嚼困难而拒绝蔬菜。在烹调过程中，妈妈要讲究烹调方法和搭配，尽量把蔬菜做得可口一些。如果宝宝实在不喜欢吃蔬菜，妈妈也不要勉强，可以多给宝宝吃些水果以补充维生素和膳食纤维，但不要轻易放弃让宝宝吃蔬菜，可以在宝宝喜欢的食物中少量添加，比如宝宝喜欢吃蛋羹，妈妈蒸蛋羹时可以放些碎白菜、番茄丁一起蒸给宝宝吃。

健康宝宝不需要补充益生菌

　　人的肠道中存在很多细菌，其中的益生菌，包括乳酸菌、嗜酸杆菌、双歧杆菌等，能够改善肠道的微生态平衡，有益肠道健康。生长发育良好、身体健康、没有胃肠道疾病的宝宝不需要额外补充益生菌，胃肠功能不佳、肠道菌群紊乱、因病使用抗生素、突然变换环境导致水土不服的宝宝可以在医生的指导下适当补充益生菌，常用的益生菌制剂有妈咪爱、金双歧等。

粥油有营养，不宜除去

　　粥熬好后，上面浮着一层细腻、黏稠、形如膏油的物质，中医将这种物质称为"米油"，俗称"粥油"。很多人对粥油不以为然，其实它具有很好的滋补作用。

宝宝的脾胃弱，容易脾胃失调，经常喝点粥油对消化吸收有好处。因此妈妈给宝宝喂粥时不应将上面的粥油除去。如果家里有脾胃欠佳、经常腹泻的宝宝，妈妈不妨给宝宝适当多喝点粥油，这样有助于调养宝宝的肠胃。

煮粥的炊具、食材和方法不对，熬出的粥油的食疗效果会大打折扣。优质粥油必须选择优质的新米，煮粥的锅不能有油污，煮粥时用文火慢慢地熬，且不宜加任何调味料。

家庭诊所

宝宝肠套叠的主要症状

肠套叠是指一部分肠管套入邻近的肠管之中，是小儿常见的急腹症之一，一般高发年龄为两个月至两周岁宝宝。

✦ 肠套叠的主要症状

（1）腹痛、哭闹：肠套叠的最初表现症状是腹痛，同时伴有阵发性的哭闹，有时候宝宝还会蜷缩双腿，或手挠肚子，脸色发白。

（2）呕吐：宝宝在哭闹时通常伴有呕吐。

（3）便秘：发生肠套叠时，宝宝的肠子堵住了，就会发生便秘的情况。所以，对于肚子痛，特别是没有大便的宝宝，爸爸妈妈应提高警惕。

（4）包块：有时可以在宝宝的腹部摸到条索状或管状且形态多变的肿物。

（5）血便：在 8 ~ 12 小时后，通常会出现便血症状，爸爸妈妈应及时送宝宝到医院诊治。

宝宝惊厥应及时就医

宝宝由于神经系统发育不够成熟，比较容易发生惊厥（即抽风）。惊厥常常表现为呼吸暂停、脸色发紫、两眼发直、全身发硬、四肢抽动、神志丧失等。导致宝宝惊厥的原因可能是发热惊厥、低钙血症等。那么，宝宝惊厥该如何护理呢？

（1）药物控制。不管什么原因引起的惊厥，要尽快用药控制惊厥，否则可能会危及宝宝生命。

（2）正确放置宝宝。将惊厥的宝宝放在床上呈侧卧位，可防止呕吐物吸入气管，注意解开领口并松开裤带。一定不要胡乱搬动宝宝，保持安静，要有专人守护在床边以防宝宝摔伤。

（3）防舌咬伤。宝宝惊厥时牙关紧闭，为防止宝宝将舌咬伤，可以用压舌板外包消毒纱布放在上下牙之间。宝宝牙关紧闭时，千万不要硬撬。

（4）保持呼吸道通畅。宝宝惊厥时不会咳嗽，不会吞咽，所以宜保持侧卧位，使痰液或口腔分泌物自行流出。如果分泌物太多则需要用导管吸出，以免堵住气管引起窒息。

（5）注意呼吸。一般，不论面色是否青紫，都应给予氧气吸入，以维护脑组织供氧，以免发生缺氧性脑病。

口腔溃疡的家庭疗法

口腔溃疡要具体看是疱疹性口腔炎还是单纯性口腔溃疡。如果爸爸妈妈发现平时吃饭挺好的宝宝突然不怎么吃饭了，或在吃饭时面部表情不自然，甚至不愿意饮水，会说话的宝宝嚷着嘴巴疼，建议爸爸妈妈把宝宝带到医院请医生检查一下宝宝是得了疱疹性口腔炎，还是得了单纯性口腔溃疡。

单纯性口腔溃疡常发生在舌头及口腔两侧颊黏膜处，多为厌氧菌所引起，可直接采用甲硝唑甘油疗法，其优点是见效快，无明显副作用。具体方法为：取甲硝唑 0.2 ~ 0.4 克研成粉末状，加在 10 毫升甘油中调匀，饭后涂擦宝宝口腔溃疡处，每日 3 ~ 4 次，绝大部分宝宝在 2 ~ 3 天内可以痊愈。

此外，不论宝宝患的是哪一种口腔溃疡，爸爸妈妈都需要帮助宝宝保持口腔的清洁与卫生。

让宝宝多饮水是清洁口腔的好方法，如果宝宝因为疼痛而拒绝喝水，就需要爸爸妈妈耐心诱导，同时给宝宝多补充一些富含 B 族维生素、维生素 C 的食物，一般 1 ~ 2 周后即可自愈。

潜能开发

摔玩具也是一种学习

9 个月的宝宝开始喜欢摔玩具，这种情况很正常，因为宝宝喜欢听玩具掉下来的响声，宝宝是被这些声音所吸引的，想要探究一下"扔"的动作与东西掉下并发出声音之间的关系，一旦宝宝明白了其中的奥秘，他就会孜孜不倦地实践，借着扔玩具来显示一下自己的能力。这时的宝宝对妈妈充满依赖性，他不喜欢孤单，所以喜欢通过扔玩具来吸引妈妈和他玩。妈妈应耐心配合，给宝宝一些不同弹性又耐摔的玩具，随着身体发育和思维的发展，宝宝扔玩具的行为会很快消除。

语言能力训练

9个月的宝宝已经开始渐渐地能用简单语言回答问题；会做3～4种表意的动作，如可以摆手表示"不要"；对不同的声音有不同的反应，当听到"不"的命令声时能暂时停止手中的活动；知道自己的名字，听到妈妈叫自己名字时会积极响应，并能连续模仿发声。听到熟悉的音乐时，能跟着哼唱。

✺ 亲子游戏：模仿发音

游戏目的 促进宝宝正确发音。

游戏方法 爸爸妈妈要继续教宝宝练习模仿发音，能使用有意义的单词，如"爸爸""妈妈"之类的称呼。也训练他说一些简单的动词，如走、坐、站等。在引导宝宝模仿发音后，要诱导他主动地发出单字的辅音。观察他是否见到爸爸时叫"爸爸"，或见到妈妈时叫"妈妈"。

精细动作训练

爸爸妈妈要继续训练宝宝的手部动作，如让他把瓶盖盖到瓶子上，把套环套在东西上，把一块积木叠在另一块积木上……爸爸妈妈可以先做示范动作，然后让宝宝模仿去做。在反复的训练中，使宝宝发现物体之间的关系，促进智力发育，同时也锻炼手的灵活性和手眼的协调性。

✺ 亲子游戏：玩滚筒

游戏目的 帮助宝宝逐渐建立起圆柱体能滚动的概念。

游戏方法 爸爸妈妈把圆柱体的滚筒（如饮料瓶）放在地上，让宝宝用两只手推动它向前滚动。等宝宝熟练后，再让他用一只手推动滚筒，并把它滚到指定的位置。如果宝宝做对了，爸爸妈妈要给予鼓励。

玩滚筒

大动作训练

这个月宝宝能独自坐稳，坐着时双手玩玩具不会摔倒。在不需要帮助的情况下，宝宝能从稳稳当当坐着的姿势，自发地翻到俯卧的姿势。宝宝还能自发扶着围栏站起，并且一直将身体变成完全直立的姿势。另外，宝宝能用手和膝盖或手和脚爬行，躯体抬高，以四肢交替或交叉的方式活动。

🍊 亲子游戏：站立、坐下

游戏目的　练习站和坐下。

游戏方法　让宝宝从躺着的姿势拉着东西，或牵着妈妈的一只手站起来，在站立时用玩具逗引宝宝 3 ~ 5 分钟，宝宝可以扶住妈妈的双手慢慢坐下。

扶宝宝站起比坐下容易，几分钟后，妈妈要帮助宝宝坐下，以免宝宝劳累。

站立、坐下

认知能力训练

此时的宝宝也许已经学会随着音乐有节奏地摇晃，能够认识五官。能够认识一些图片上的物品，例如他可以从一大堆图片中找出他熟悉的几张。宝宝可以有意识地模仿一些动作，如喝水、拿勺子在水中搅动等。宝宝还会与妈妈一起做游戏，如妈妈将自己的脸藏在纸后面，然后露出脸让宝宝看见，宝宝会很高兴，而且主动参与游戏，在妈妈上次露面的地方等待着妈妈再次露面。

🍊 亲子游戏：小小"指挥家"

游戏目的　提高宝宝对节奏的理解能力，有助于动作与大脑的协调发展。

游戏方法　让宝宝坐在妈妈的腿上，选择一首节奏鲜明、有强弱变化的音乐播放，妈妈从宝宝背后握住宝宝的前臂，说："宝宝，咱们来指挥音乐。"然后合着音乐的节奏打拍子，并随着音乐的强弱，变化手臂动作幅度的大小，逐渐使宝宝能配合妈妈的动作、节奏。以后每当放音乐时，只要妈妈一说"指挥"，宝宝就会有节奏地挥动手臂，无形中加强了宝宝的节奏感。

⊛ 亲子游戏：认识"1"

游戏目的 帮助宝宝理解"1"的概念，建立"1"的数学思维。

游戏方法 把宝宝放在床上，在他面前放一本书、一块积木和一支笔。分别将书、积木、笔举到宝宝眼前，对他说："这是一本书，这是一块积木，这是一支笔。"同时用另一手做出"1"的动作。每天数次，以加深宝宝对数字"1"的概念。

情绪及社会交往能力训练

这个月，宝宝可能会更加认生，甚至对以前相熟的亲属，现在也会表现为躲藏或哭闹，特别是在他们草率地接近宝宝时。这种情况是正常反应，妈妈不必担心。同时，宝宝对妈妈更加依恋，这是分离焦虑的表现。当妈妈走出宝宝的视野时，他知道妈妈在某个地方，但没有与他在一起，这样会导致宝宝更加紧张。情感分离通常在 10 ～ 18 个月期间达到高峰，在 1 岁半以后慢慢消失。妈妈不要抱怨宝宝的占有欲，妈妈应该努力调节好心情，给宝宝更多关心。妈妈的关爱可以教会宝宝如何表达爱并得到爱。

⊛ 亲子游戏：知对错

游戏目的 知道什么是对的、什么是错的，帮助宝宝建立是非对错观念。

游戏方法 宝宝做得好的时候，妈妈要面带微笑，给予赞扬；相反，宝宝做得不好的时候，妈妈可以故意板着脸，给予批评。其实，宝宝是很聪明的，他懂得妈妈喜欢自己怎样，不喜欢自己怎样。

知对错

⊛ 亲子游戏：接触陌生人

游戏目的 帮助宝宝顺利度过认生期。

游戏方法 爸爸妈妈要经常抱起宝宝，让

宝宝接近陌生人。过一会儿，陌生人可以给宝宝一个小玩具，陪宝宝玩一会儿，让宝宝逐渐放松，同他笑笑，当宝宝报以微笑时才向他伸手。生人抱宝宝时妈妈要在身边，使宝宝有安全感。

接触陌生人

专家问答

9 个月的宝宝没长牙是缺钙吗

宝宝牙齿从无到有，出牙时间的早晚及出牙的顺序，都是妈妈非常关心的事，因为这是评价宝宝生长发育状况的指标之一。

健康的宝宝一般在出生后 6、7 个月就开始出牙。但有的宝宝出牙较晚，甚至相差 3 ~ 4 个月，有的宝宝甚至 1 岁左右才出第一颗牙，这些情况一般可以认为是正常的。

有些妈妈看到自己的宝宝 8、9 个月还没有出牙，心里非常着急，认为宝宝可能缺钙了，牙长不出来，于是就给宝宝服鱼肝油和钙粉，并且加量服用。这种做法是不妥的，还有可能有损宝宝的健康。

仅仅根据宝宝出牙时间的早晚，并不能断定宝宝是否缺钙。即使是缺钙引起出牙晚，也不能盲目补钙，应在医生指导下进行。如果妈妈擅自给宝宝大量服用鱼肝油、维生素 D，很容易引起中毒。

宝宝吃得少就是食欲不振吗

吃得少并不等于食欲不振，妈妈不要简单地将两者画等号。宝宝的胃容量本来就有限，每个宝宝的食量也各不相同，有的宝宝食量小，有的宝宝食量大。只要宝宝的身高、体重在正常增长，每天都很快乐，没有贫血，也不经常生病，妈妈就不必担心宝宝的进食量，更不要跟别的宝宝攀比饭量，如果因此造成宝宝的逆反心理，宝宝就可能更加不爱吃辅食。

10 个月的宝宝

生长发育特点

身体成长指标

性别 指标	男宝宝			女宝宝		
	最小值	均值	最大值	最小值	均值	最大值
体重（千克）	7.5	9.5	11.5	7.0	8.9	10.9
身长（厘米）	68.9	73.9	78.9	67.7	72.5	77.3
头围（厘米）	43.2	45.8	48.4	42.4	44.8	47.2
胸围（厘米）	41.9	45.9	49.9	40.7	44.7	48.7

感觉发育

10 个月的宝宝，开始会看镜子里的形象，有的宝宝通过看镜子里的自己，能够意识到自己的存在，会对着镜子里的自己微笑。眼睛具有了观察物体不同形状和结构的能力，成为宝宝认识事物、观察事物、指导运动的有利工具。宝宝学会了察言观色，尤其是对爸爸妈妈的表情，有比较准确的把握。

语言发育

10 个月的宝宝也许已经会叫爸爸、妈妈，能够主动地用动作表意；宝宝掌握词汇的年龄有很大差异，有些宝宝周岁时已经学会 2 ~ 3 个词汇。但多数宝宝在周岁时只能发出一些不清楚的话音，这些话音具有可识别语言的音调和变化。只要宝宝的发音有音调、强度和性质改变，就说明他正在为说话做准备。

动作发育

宝宝能够在椅子上爬上爬下，开始学习迈步，可以弯腰、下蹲。喜欢拆开、组合物体，对抽屉、柜子里的东西感到好奇，会打开一探究竟。穿衣服时宝宝会伸出胳膊和腿配合妈妈，能够扯掉鞋袜。

日常护理要点

不要让宝宝蒙头睡觉

在蒙头睡觉时，被窝里的空气不流通。由于不断地呼吸，被窝里的氧气量逐渐减少，呼出的二氧化碳越来越多，宝宝又把二氧化碳吸入身体，血液里的二氧化碳越来越多，浓度逐渐增高。高浓度的二氧化碳对人体具有毒性，可导致头疼、全身无力等症状。在出现这些症状时，宝宝就会感到不舒服而挣扎翻动，直到把被子蹬开，有的宝宝还会从梦中突然惊醒或大喊大叫。这样长久下去有损宝宝的身体健康。如果宝宝在天气寒冷时蹬开被子，还可能着凉感冒。

因此，不管室内温度多低，也不要让宝宝蒙头睡眠，一定要使宝宝养成睡眠时口、鼻露在被子外面的好习惯，特别是应锻炼开窗睡觉的习惯。

宝宝户外活动知多少

新鲜的空气有助于维持宝宝呼吸系统健康，增强机体免疫力，更加丰富的氧气则有利于宝宝的生长发育尤其是大脑发育。经常在户外活动的宝宝心情会更加愉悦，睡眠也更加香甜。那么，宝宝在户外活动时应该注意什么呢？

（1）尽量不要让宝宝乘坐婴儿车，这样限制了宝宝的活动，而且如果过于颠簸，有可能对宝宝造成伤害。

（2）每过半小时最好给宝宝变换一下体位，这样有利于宝宝的血液循环，也有利于宝宝的肢体运动。

（3）带宝宝外出时，尽量不要过分束缚他，应使其肢体得到充分锻炼。

（4）不要带宝宝去人多的地方，如商场、超市、饭店、电影院等，以免宝宝接触或感染病菌，从而染上疾病。

（5）有风、炎热、寒冷的天气，最好不要带宝宝外出，即使必须外出，也要给宝宝戴上帽子防风遮阳，或做好保暖等。

（6）宝宝户外活动时，要注意给宝宝补充水分，白开水或新鲜果汁均可。

家里有宝宝可以养宠物吗

生活中，许多年轻爸爸妈妈在生小宝宝前会养小宠物，怀孕时和宝宝出生后也舍不得放弃宠物。严格来说，这种做法非常不科学。宠物身上的病菌可能会感染宝宝，或引起过敏等。家中如果有宝宝，建议最好不要养宠物。等宝宝大一些，两三岁的时候再考虑养宠物。

如果家里的宠物实在无法抛弃，那就要更加注意宝宝的安全。

（1）为了安全起见，不要让宝宝与宠物单独在一起，尤其是猫和狗，很可能会抓伤、咬伤宝宝。

（2）禁止宠物与宝宝一起睡觉，最好在宝宝的摇篮上加个网罩加以保护。

（3）宠物专用的碗盘应该保持洁净，并防止宝宝用手触摸。

（4）将猫咪的"秽物箱"放在宝宝接触范围之外。

（5）预防宠物身上长跳蚤，跳蚤对宝宝十分有害。

（6）将鱼缸、鸟笼等放置在宝宝摸不到的地方。

（7）绝对不可以拿宝宝引逗着宠物玩。

（8）不要让宝宝喂食宠物。

夏天宝宝能睡凉席吗

夏季炎热，在凉席上睡觉既舒适又凉爽，但宝宝对外界环境的适应能力较弱，凉席使用不当，易引起腹泻、感冒。因此，宝宝睡凉席应注意：

（1）选择合适的凉席。竹席或麻将席太凉了，不太适合宝宝使用。草席质地较柔软，但容易滋生螨虫，其本身也是过敏源，也不适合宝宝使用。亚麻、竹棉或麦秸等凉席，质地松软，吸水性能较好，易清洗，且凉爽程度适中，比较适合宝宝使用。

（2）不要让宝宝直接睡在凉席上，可用床单或毛巾被铺在凉席上，以防宝宝受凉。

（3）使用凉席前，一定要进行消毒处理，新买来的凉席用温水擦洗后，放在阳光下曝晒；旧凉席可以先用沸水浇烫，再曝晒，以防止宝宝皮肤过敏。

（4）当宝宝尿床后，要及时将凉席刷洗干净，并在通风处晒干。

冬天不宜给宝宝使用电热毯

为给宝宝保暖，许多家庭购买了电热毯。殊不知，电热毯加热速度较快，温度也较高，会使宝宝身体丧失水分，可能引起轻度脱水而影响宝宝健康。因此，宝宝不宜使用电热毯。如果实在需要使用电热毯，则要掌握正确的方法，即睡前通电预热，待宝宝上床后及时切断电源，切忌通宵不断电。使用过程中，如果宝宝出现了哭声嘶哑、烦躁不安等表现，说明身体可能脱水，马上给宝宝喝些白开水，宝宝通常就会安静下来。

科学喂养

本月喂养特点

继续为宝宝断奶做准备，同时要注意循序渐进。可以断掉夜奶，同时减少白天的母乳喂养次数，10 个月期间每天要保证约 500 毫升奶量，再安排 3 ~ 4 次代乳食品。

宝宝吃辅食时应该少食多餐，以免因吃得过多而危害身体。适当增加稀饭或面条中的肉末、鱼、蛋、碎菜的量，但仍应以细、软、烂、碎为原则。同时，可以给宝宝适当增加一些点心，如在每餐之间加一些饼干等固体食物，以帮助宝宝乳牙萌发。

断奶并不是断掉所有奶

断奶指的是断掉母乳，并非一切奶类食品，对于未满 1 岁的宝宝来说，奶才是主食，这也是为什么添加的其他食物叫辅食的原因。断奶后的宝宝每天仍需要喝 500 ~ 800 毫升的配方奶。

母乳喂养的妈妈应当在添加辅食的过程中，让宝宝习惯吃配方奶，当断掉母乳后，可以很自然过渡到"断奶不断配方奶"的状态。如果在添加辅食的过程中，没有让宝宝学会吃配方奶，断奶后再喂配方奶，宝宝常会拒食，有的宝宝吃了配方奶会腹泻，这是因为对配方奶中的某些物质不适应的缘故。

1 岁后才断奶的宝宝也可以喝些酸奶，吃点奶酪，这些奶制品对于宝宝的生长发育都很有益。乳酸菌饮料、果味奶、酸乳饮料虽然以鲜乳或乳制品为原料，但加入了水、糖、酸味剂等成分，不适合给宝宝饮用。

胃肠不好的宝宝消化吸收能力弱，3 岁以内最好少喝牛奶，奶类食物仍以配方奶为主。

适当给宝宝补点锌

锌可以促进宝宝脑部发育，如果宝宝缺锌，会降低身体免疫力和伤口愈合力，所以妈妈要注意给宝宝适当补锌。

（1）如果妈妈母乳充足，最好采取母乳喂养。妈妈母乳中含有的锌能够较好地促进宝宝的生长发育。

（2）配方奶喂养的宝宝以及添加辅食后的宝宝，要注意适当多添加含锌丰富的辅食，如海带、紫菜、鱼等海产品；动物内脏、蛋类、坚果类、食用菌、瘦肉类、豆类等均含有丰富的锌；绿色蔬菜也含有丰富的锌，其中芹菜含锌量较高。

（3）妈妈在给宝宝做饭时要注意烹调方式，因为食物过度加工会使锌遭到破坏。因此，烹调食物时要控制好火候，以减少锌的流失。

（4）宝宝的日常饮食，要注意食物多样化，力求达到平衡膳食。

不要逼宝宝吃饭

10个月的宝宝与9个月相比，对营养物质的需求并没有明显增加，因此饭量也不会出现明显增长，所以不要逼宝宝吃更多的饭。看起来只有几口的食物对于宝宝来说却会增加消化系统的负担，诱发消化不良，严重的时候还会让宝宝产生厌食情绪。

给宝宝喂食时，如果宝宝左右躲避勺子，推开妈妈的手或紧闭嘴巴，说明已经吃饱了，这个时候妈妈就可以停止喂食了。

那么，如果宝宝吃撑了该怎么办呢？

（1）腹胀、打嗝儿的宝宝需要多躺在床上休息，并注意保暖。

（2）宝宝的不适消失后可以带宝宝出门适量活动，以促进消化。

（3）少量多次给宝宝喂些水或小米汤。

（4）不要坚持让宝宝吃饭，一两顿不吃主食没有大问题。等到宝宝想吃东西时，可以喂点易消化、清淡的食物，如稀粥、烂面条等，注意一次不要喂太多。

宝宝吃水果的注意事项

（1）吃水果的时间有讲究。水果在餐前餐后都可以食用，但不要在临睡前吃，因为生冷的水果会影响宝宝的消化功能和正常睡眠。

（2）水果不能代替蔬菜。蔬菜尤其是深色蔬菜中 B 族维生素及烟酸、胡萝卜素的含量远高于水果，另外，蔬菜中还有一些成分是水果中没有的，如大蒜中的植物杀菌素能杀灭多种细菌，萝卜中的淀粉酶有助于消化，这些均是水果所不及的。

（3）反季节的水果要慎吃。水果的大小、颜色比较夸张的要慎买。选购水果时要用鼻子闻，有水果自然香气的较为理想。

（4）要注意水果的冷热性质。凡内热体质的宝宝要少吃热性水果，如荔枝、橘子等；而体质虚寒的宝宝要少吃寒性水果，如西瓜、梨、柚子等。对宝宝体质不是很清楚的家长，要注意观察宝宝食用水果后的表现。

（5）有些水果容易导致宝宝过敏，需注意食用方法。如杧果要去皮后食用，否则容易引起过敏；菠萝削皮切片后要用盐水浸泡 1 小时食用；橘子、草莓、樱桃、猕猴桃等有时也会引起过敏。

断奶后，如何安排宝宝饮食

◉ 食物要全面

每种食物含有特定的营养成分，全面的食物供给才能保证宝宝营养充足。宝宝每天的食物应包括谷物、肉禽、鱼、蛋、果蔬、奶，薯类和粗粮也可以适量做给宝宝吃。

◉ 烹调得当

宝宝的食物要有别于成人，宜做得细、软、容易消化。为了宝宝吃饭香，妈妈应该多学习一些烹调手法和技巧，变换食物花样，避免宝宝产生厌食情绪。

◉ 定时定量

断奶后宝宝一日三餐的时间可以和爸爸妈妈吃饭的时间统一起来，然后两餐之间可以吃点水果、点心，起床后、睡觉前可以喝点配方奶。

◉ 严控卫生

母乳无菌卫生，所含的免疫性物质还能保护宝宝免受病毒和细菌的侵害。断奶之后，宝宝失去了母乳的天然保护，对食物的卫生要求更加严格。除了要严格消毒餐具，还要培养宝宝养成良好的卫生习惯，如饭前便后洗手、睡前刷牙、饭后漱口等。

宝宝腹泻就要禁食吗

腹泻是宝宝夏秋季高发的急性胃肠道疾病，当宝宝腹泻时，禁食对腹泻治疗无益，应从其他方面加以预防。宝宝腹泻时应多补充营养丰富的流质或半流质食物，同时多补充水分，以防脱水和电解质紊乱。母乳喂养的宝宝可以继续吃母乳，多喝水，配方奶粉宜稀释。半岁以上的宝宝可以食用米汤、稀饭或烂面条等，也可添加适量新鲜果汁或水果以补钾；蔬菜、肉末和鱼末等也可以食用，但需由少到多，逐渐过渡到平常的饮食状态。

·宝宝腹泻时的饮食禁忌·

忌食菠萝、柚子、西瓜、青菜、菠菜、白菜、辣椒等含长纤维素的水果和蔬菜；忌食豆类、豆制品等易引发胀气而加重腹泻的食物；少食脂类食物和蛋类、奶类等蛋白质含量高的食物；忌用广谱抗生素。

家庭诊所

10个月宜接种的疫苗

宝宝10个月的时候，可以进行流行性脑脊髓膜炎疫苗第二针的接种。冬春季节是流脑发病和流行的季节，爸爸妈妈应在流脑流行季节来临前给宝宝完成接种，以防宝宝被流脑病毒感染。同时应注意的是，流行性脑脊髓膜炎疫苗接种两针的间隔为3个月。爸爸妈妈一定要记住宝宝注射第一针的时间，一定要保证好接种的间隔时间，以防发生不良反应。

宝宝流鼻血该怎么办

由于宝宝鼻中隔附近血管丰富，如果鼻腔黏膜干燥或宝宝爱用手指抠鼻子，或不小心碰撞、挤压等，都可能引起鼻出血。

（1）当宝宝流鼻血时，爸爸妈妈不要惊慌，应将宝宝的头稍向后仰，用拇指和食指压迫鼻梁部两边，并在宝宝的前额和鼻梁上放一块凉毛巾，使鼻部血管收缩，达到止血的目的。但不能让宝宝仰头或仰卧，以防血液流入食管内。

（2）如果2～3分钟后仍然流血不止，可以用消毒脱脂药棉做成棉球塞在鼻腔里止血。

（3）如果堵塞棉球10分钟以上还流血不止，而且身上到处出现红色的斑点，则考虑可能患有血液病，应及时到医院诊治。

（4）如果宝宝经常莫名其妙出现鼻出血症状，妈妈要带宝宝到医院进行检查。

（5）对于常流鼻血但身体健康的宝宝，爸爸妈妈要加强护理。在干燥的季节，可以往宝宝的鼻黏膜部涂少量甘油，以保持鼻部黏膜湿润通畅。平时多给宝宝喂水，多吃新鲜蔬菜和水果，以保证宝宝的水分需要。爸爸妈妈还要注意制止宝宝用手抠鼻子的行为，更不要让宝宝养成这种坏习惯。

宝宝感冒后的护理方法

如果宝宝感冒了，就要带宝宝立即去医院检查，除了给宝宝按时吃药，爸爸妈妈还要加强对宝宝的护理。

（1）让宝宝充分休息，这个时候尽量不要带宝宝外出，更不宜远行。

（2）让宝宝多喝点水，帮助宝宝将感冒病毒排出体外，促进循环代谢。

（3）可以给宝宝适当多喝维生素 C 含量丰富的新鲜果汁，准备一些易消化、色香味俱佳的食品。

（4）如果宝宝鼻子堵了，爸爸妈妈可以给宝宝头部垫上一两层毛巾，让宝宝的头稍稍抬高，这样能缓解宝宝的鼻塞。

（5）给宝宝创造一个安静、整洁的环境，特别要注意保持室内空气流通。

（6）如果宝宝不发烧、天气条件允许，可以在保温条件较好的浴室里，给宝宝洗个热水浴。但要注意时间不宜太长，浴后要给宝宝擦干身体，换上干爽的衣服。

宝宝误吞异物怎么办

当宝宝学会爬行后，由于可以经常自主地活动，在爬行的过程中，很容易碰到从前接触不到的小物，如棋子、硬币、纽扣、回形针等，加上这一时期的宝宝总喜欢将手里的东西放到嘴里咬一咬，一不小心就会将这些异物吞进去。

如果宝宝误吞异物后，没有呛咳、呼吸困难或口唇青紫等窒息缺氧的情况，爸爸妈妈就无需过分紧张，也无需设法使异物再吐出来。因为，一般情况下，异物进入消化道后，除少数带钩、太大或太重的异物外，大多数诸如棋子、硬币、纽扣等异物，都能随胃肠道的蠕动与粪便一起排出体外。不要用排泄药物，因为药物作用使肠管蠕动加快时，很可能将异物钩到肠壁上，甚至引起肠壁穿孔。

此外，为了防止异物滞留消化道，可以多给宝宝吃些富含维生素的食物，如韭菜、芹菜等，以促进肠道的生理性蠕动，加速异物排出。多数异物在胃肠道里停留的时间为 2 ~ 3 天，也有少数异物经 3 ~ 4 周后才能排出。每次宝宝排便时，爸爸妈妈都应该仔细检查，直至确认异物已经排出体外为止。在此期间，宝宝一旦出现呕血、腹痛、发烧等症状时，说明有严重的消化道损伤，必须及时去医院就诊。

宝宝误吞水银怎么办

当爸爸妈妈给宝宝测体温时，宝宝很可能不慎咬断体温计将水银吞下去，这时爸爸妈妈不要慌忙给宝宝喂牛奶或豆浆等。由于水银是一种重金属，化学性质很不活泼，所以一般不会与蛋清、牛奶中的蛋白质结合，一般也不会在胃肠道内被吸收而导致宝宝中毒。

爸爸妈妈应立刻让宝宝用清水漱口，清除口内的碎玻璃，确保没有大块碎玻璃被吞下时，一般不会有危险。通常情况下，当宝宝不慎咽下体温计内的水银后，在十几个小时内，都可以随粪便排出。但水银在常温下会蒸发成气态汞，被吸入呼吸道后很可能引起中毒。所以，对于散落在地面上的水银要及时清理，以防宝宝吸入后引起中毒。

潜能开发

语言能力训练

在宝宝说话时，妈妈的反应越强烈，就越能激发宝宝进行语言交流的兴趣。宝宝开始能模仿妈妈的声音，并要求妈妈有所回应。妈妈可以利用宝宝的这一特点，有针对性地训练宝宝的语言表达能力。

◉ 亲子游戏：模仿发音

`游戏目的` 拓宽宝宝语言词汇的范围，帮助宝宝提高语言智能。

`游戏方法` 妈妈准备一些能发出声音的电动小鸭子、小火车、小汽车等带宝宝做游戏，"宝宝，看，小鸭子来了！"妈妈边说边把玩具开关打开，小鸭子开始在地上不停地走动。妈妈结合玩具特点，配以丰富的语言："小鸭子叫了，嘎嘎嘎。"然后再要求宝宝模仿发"嘎嘎嘎"的音。

宝宝，看，小鸭子来了

小鸭子叫了，嘎嘎嘎

精细动作训练

本月继续训练宝宝手部的动作。如把小棍插进孔里再拔出来；把玩具放进小桶里，再倒出来；两手同时拿玩具并将东西转手，锻炼宝宝同时拿两种物体做出两种动作，以训练宝宝的手眼协调能力。

✳ 亲子游戏：拧瓶盖

游戏目的　锻炼手指的灵活性。

游戏方法　妈妈把一个带盖的塑料瓶放在宝宝面前，妈妈先示范打开瓶盖再拧上盖子，宝宝看到后让他练习只用拇指和食指将瓶盖打开，再拧上。反复数次。在此基础上还可以练习用塑料套杯，一个接一个套起来。

拧瓶盖

大动作训练

10 个月的宝宝如果已经能够扶着栏杆站得很稳了，就可训练他扶着床栏杆横着走。这看起来很简单，实际上也很不容易，这毕竟是宝宝跨出的第一步，但是必须有这第一步，以后才能够扶着床栏走来走去。开始时，爸爸妈妈可以拿着有趣的玩具在床栏的一头引逗宝宝，宝宝为了拿到玩具，就要想方设法地移动自己的身体，如果失败了，爸爸妈妈要鼓励他，如果成功了，爸爸妈妈要赞扬他。

✳ 亲子游戏：迈步走

游戏目的　让宝宝逐渐迈步。

游戏方法　妈妈两手握住宝宝的手，妈妈一步一步往后退，让宝宝慢慢迈步向前走，一边走一边数数。或让宝宝扶着推车，妈妈向前推，让宝宝学会跟着推车迈步。妈妈也可以双手牵着宝宝，两人面向前方，妈妈向前迈左脚宝宝也跟着迈左脚，妈妈迈右脚宝宝也跟着迈右脚，两人一边迈，一边数数。慢慢一步一步练习，让宝宝逐渐熟悉迈步。

迈步走

185

认知能力训练

10 个月的宝宝能够认识常见的人和物。宝宝开始观察物体的属性，从观察中他会得到关于形状、构造和大小的概念，宝宝甚至开始理解为什么某些东西可以吃，而其他的东西则不能吃，尽管这时宝宝仍然将所有的东西放入口中，但只是为了尝试。

✺ 亲子游戏：认识圆形

游戏目的 感知圆形。

游戏方法 妈妈在平时要多给宝宝指认圆形的物品，在此基础上，教宝宝逐步形成比较稳固的概念。然后利用各种游戏帮宝宝巩固，如把一个红色的圆形放入几个红色正方形中，多次教宝宝指认并取出来。

认识圆形

✺ 亲子游戏：这是数字"1"

游戏目的 巩固对数字"1"的概念。

游戏方法 妈妈要经常对宝宝说："你几岁了？"然后妈妈举起一根手指说："宝宝 1 岁了。"几次以后，问宝宝几岁了，宝宝就会竖起一根手指，建立最初的数字概念。此外，妈妈可以在玩玩具的时候对宝宝说"这是 1 个玩具"，并用手指表示；给宝宝吃饼干的时候说"这是 1 块饼干"，多次重复，问宝宝这是几块饼干时，宝宝就会伸出一根手指表示。每次吃东西的时候，妈妈都要问宝宝："你要几个？"如果宝宝竖起食指，妈妈就给宝宝一个，让他知道竖起食指代表"1"。

宝宝1岁了

情绪及社会交往能力训练

随着时间的推移，宝宝的自我意识变得更加强烈，在社交方面宝宝也会变得更加自信。宝宝喜欢被表扬，能主动亲近小朋友。以前，妈妈可以在宝宝心情好时让他听话，但现在通常难以办到，宝宝将以自己的方式表达需求。当宝宝变得更加活跃时，妈妈要经常说"不"，以警告他远离不该接触的东西。但即使宝宝已经可以理解词汇，他还可能根据自己的意愿行事，爸爸妈妈必须认识到这是反抗期将要来临的前奏。

在这个阶段，宝宝可能会表现出惧怕的心理，比如可能会害怕黑暗、怕打雷，怕吸尘器之类刺耳的声音。

◉ 亲子游戏：学分享

`游戏目的` 训练宝宝学会分享。

`游戏方法` 当宝宝拿着玩具时，如果爸爸妈妈伸手，宝宝会把玩具给爸爸妈妈，但通常不肯松手。爸爸妈妈可以让宝宝练习从盘子里拿一个水果递给爸爸，再拿一个递给妈妈或其他家人，训练宝宝养成与人分享的好习惯。

学分享

专家问答

宝宝头发稀黄就是缺锌吗

宝宝缺锌时会表现出食欲不佳、消化功能减弱、头发稀黄等现象，但仅凭头发稀黄并不能说明宝宝缺乏锌元素。宝宝头发稀黄与遗传、营养都有一定的关系。爸爸妈妈发色偏黄，宝宝头发稀黄一般属于正常情况。不放心的妈妈可带宝宝去医院测一下微量元素，看宝宝是不是缺乏锌元素。如果宝宝不缺锌，妈妈就不要太过担心，可以给宝宝勤洗头、勤剪头发以促进头发生长，但不要给宝宝剃光头，以免造成外伤感染。如果宝宝缺锌，妈妈应遵照医嘱给宝宝补锌，同时给宝宝多吃些富含锌的食物，如海产品、猪肉、鸡肝等。

断奶哭闹，要不要理会

断奶的时候，大多数宝宝会哭闹不止，这个时候妈妈不要不理宝宝，不要简单地认为宝宝哭闹一会儿就好了。首先妈妈要弄明白宝宝为什么哭闹，是饿了想吃奶，还是太依恋妈妈，感觉自己被抛弃了。如果是前者，妈妈可以冲好配方奶或准备好点心、水果喂给宝宝。如果是后者，妈妈应该满足宝宝的心理需求，给宝宝充满温暖的心灵慰藉，多和宝宝说说话，多陪宝宝玩耍，多爱抚或抱抱宝宝。

11 个月的宝宝

生长发育特点

身体成长指标

性别 指标	男宝宝			女宝宝		
	最小值	均 值	最大值	最小值	均 值	最大值
体重（千克）	7.7	9.8	11.9	7.2	9.2	11.2
身长（厘米）	70.1	75.3	80.5	68.8	74.0	79.2
头围（厘米）	43.7	46.3	48.9	42.6	45.2	47.8
胸围（厘米）	42.2	46.2	50.2	41.1	45.1	49.1

感觉发育

11 个月的宝宝视觉能力已经很强，从这个月开始，可以让宝宝在图画书上开始认图、认物。

语言发育

11 个月的宝宝已经能准确理解简单词语的意思。在大人的提醒下会喊爸爸、妈妈，会叫奶奶、姑姑、姨姨等；还会一些表示词义的动作，如竖起手指表示自己 1 岁；能模仿大人的声音说话，会说一些简单的词。

动作发育

11 个月的宝宝可以更深入地探究他周围的物品。宝宝很容易被带有运动部件的玩具吸引，小孔也会让宝宝着迷，因为他可以将指头伸进去。当他的技能更加熟练时，他可以将玩具扔掉后，自己再捡起来。宝宝手部动作的灵活性明显提高，会熟练地用拇指和食指捏起细小的东西。

日常护理要点

为宝宝打造安全的活动空间

宝宝到了 11 个月已经学会了爬行和坐，有的扶着就能站起来，还能在扶持下摇摇晃晃地迈步。由于视野和活动范围越来越大，加上这一时期的宝宝有着强烈的好奇心，他在妈妈的扶持下到处都想去摸一摸，所以很难预料宝宝会做出什么事情来，因此爸爸妈妈在居室安全上一定要多加防范。

（1）宝宝的脚步不稳，头重脚轻，容易摔倒，且头容易碰撞桌椅的棱角，所以这些地方要贴上海绵或橡胶垫。

（2）室内楼梯应加护栏，桌、椅、床均应远离窗子，以防宝宝攀爬坠落。

（3）家中危险品，如暖水瓶、刀具、剪刀、玻璃器皿等，应放在宝宝无法接触的地方。

（4）床栏应坚固，且高度应超过宝宝的肩部。

（5）如果宝宝从高处摔下来，2~3 天内要密切观察，如果出现呕吐、神志不清、嗜睡等状况，要立即送医院检查。

宝宝可以用湿纸巾吗

湿纸巾使用起来很方便，特别是在外出不方便清洁的时候尤其适用。宝宝可以使用湿纸巾，但要选用婴儿专用的湿纸巾，以免给宝宝娇嫩的皮肤带来损害。婴儿湿纸巾与普通湿纸巾不同，一般不添加香精香料，很少对宝宝皮肤造成刺激。此外，婴儿湿纸巾与普通湿纸巾相比不含酒精，可以给宝宝放心使用。

给宝宝准备爬行垫

爬行对于宝宝的健康发育及平衡能力的培养至关重要，而爬行垫就是为宝宝爬行创造良好的条件。婴儿爬行垫有各种品牌，不但可以供宝宝爬行，而且触动文字或图案还可以模拟说话、唱歌、讲故事等。

市面上的爬行垫一般由珍珠棉（EPE）和保鲜膜组合而成。爸爸妈妈可以选择无害的 PE 棉，既防潮又隔冷隔热；其外有一层塑料膜，能隔绝液体进入垫子内部，而且方便清洗。

婴儿洗衣液的选择

宝宝的皮肤较成人薄嫩，只有一层弱酸性保护层保护，而衣服 24 小时接触宝宝的皮肤，所以为宝宝洗衣服时选用专业的宝宝洗衣液非常重要。专业的宝宝洗衣液首先必须是中性的，比起强碱性的洗衣粉或大众洗衣液更温和，在此基础上建议使用无色透明、没有添加增稠剂、植物型的专业宝宝洗衣液。

给宝宝洗衣服，家中常用的洗衣液最好不要用，就算是纯天然标识也或多或少含有化学成分；在洗涤的时候，宝宝衣物要和大人的分开，不要使用家里的洗衣机混洗；最好手洗，在清洗时，用热水比较好，温度以 50 ~ 60℃为宜。

科学喂养

本月喂养特点

11 个月的宝宝，一般应该以辅食为主了，不能再单纯以母乳或配方奶为主要食物。不过还是要喂宝宝奶类，不能立即就断了所有奶制品的喂养。妈妈可以将奶当作一种辅食喂养宝宝。奶量，则可根据宝宝吃其他辅食的量来决定。一般来说，以每天不少于 250 毫升为宜。

宝宝要增加谷类食品等主食的摄入，以满足身体对热能的需要。妈妈给宝宝的膳食安排可以米、面为主，同时搭配肉类食品及蔬菜、豆制品等。

宝宝的饮食要多样化，妈妈最好能经常变换花样给宝宝烹调各种食物，如馄饨、小包子、小饺子、各种粥、各种面条、各种饼等，以增加宝宝进食的兴趣，满足宝宝生长发育的营养需求。

宝宝零食及进食时间的正确选择

宝宝活动量大，有时正餐提供的能量不能延续到下顿正餐，所以在两顿正餐之间适当补充一些零食，才能保证身体所需。

对于零食的选择，可以挑选有营养的季节性蔬菜、水果、蛋、豆浆、豆花、面包、马铃薯、甘薯等。但要注意，含有过多油脂、糖或盐的食物，如薯条、炸鸡、奶昔、糖果、巧克力、夹心饼干、可乐和各种软饮料等，都不适合作为宝宝的零食。

此外，宝宝吃零食的时间也是有讲究的。零食宜安排在饭前两小时吃，量以不影响正常食欲为原则。切记：宝宝的胃不能填太多东西，爸爸妈妈要控制宝宝零食的量，否则会影响下一餐的进食。

宝宝吃点心的学问

断奶后，宝宝如果一天仅吃三餐饭，则无法保证宝宝生长发育所需的营养。因此，妈妈宜给宝宝喝些奶，还要让宝宝在两餐之间适当吃些点心。不过，宝宝吃点心也有学问。

·宝宝吃点心的学问·

（1）饭前、饭后都不宜吃点心，饭前吃点心会影响正餐的食欲，饭后吃点心会加重消化系统的负担。妈妈应该把宝宝吃点心的时间安排在两餐之间。

（2）点心不能多吃，因为点心的营养单一，大部分都是碳水化合物，饱腹感强，不定量则会导致其他食物摄入量减少，造成宝宝营养不良。

（3）高糖食物不仅影响宝宝的食欲，还会造成宝宝龋齿，所以应该让宝宝吃低糖点心。

要小心断奶后的营养不良

断奶对宝宝的生理和心理都有很大影响，一些宝宝断奶后变瘦了，这种情况大多与断奶的方法不科学、断奶后饮食搭配不合理有关。妈妈应该提高警惕，留心观察宝宝断奶后的变化，悉心安排宝宝的饮食，别让粗心大意耽误了宝宝的生长发育。

11 个月的宝宝每天一般需要 500 毫升左右的配方奶，吃粥、面条、软米饭、小馄饨、小饺子、馒头、面包等谷类食物及肉类、蛋类、鱼类、动物肝脏等高蛋白、高铁食物，蔬菜和水果也是宝宝每天必需的食物，豆制品也可以少量食用。

简单方法，让宝宝爱上主食

✸ 面食

有些宝宝不喜欢面食，那么妈妈可以将馒头、面包等做成可爱的造型，或各种几何图形，这样就可以增加宝宝的食欲。蒸包子的时候，可以做一些动物形状的包子，把新食物做成馅，藏在动物肚子里，鼓励宝宝自己去发现。

另外，宝宝都喜欢鲜艳的颜色，妈妈可以用南瓜汁、胡萝卜汁、番茄汁等蔬菜汁将面团和成各种漂亮的颜色，然后再做成各种面食。

如果宝宝不喜欢吃面条，可以把面条做成彩色的，或用鸡汤、骨头汤来代替清水煮面条，以增加面条的味道。

⬤ 米食

宝宝的粥和软米饭不要总是一成不变。煮米饭和粥时，妈妈可以放些嫩玉米碎、胡萝卜粒、嫩豌豆碎等五颜六色的食材，也可以将大米和小米、黑米、红枣搭配起来，让米食的口感和味道都呈现新意。

米饭和粥同样可以通过造型吸引宝宝。妈妈可以用手将米饭做成动物造型，用芝麻、圣女果、草莓等食材给动物加上五官和衣帽；普通的白粥可以用蔬菜、水果、肉末、蛋黄末等，在粥上摆出宝宝喜欢的几何图案，也可以用鲜艳的蔬菜汁、果汁在表面勾出笑脸、爱心等图案。

厨艺不佳的妈妈可以购买一些食物造型模具，利用工具做出各种可爱的食物。除了花朵、动物模具，妈妈还可以准备几个圆形、三角形模具，将新食物刻成几何形状后再拼成颜色各异的花朵、动物或风景，不仅能促进宝宝的食欲，还能帮助宝宝认识各种几何图形，有助于宝宝认知能力的发展。

家庭诊所

宝宝烂嘴角怎么办

口角炎俗称"烂嘴角"，多因维生素 B₂ 和锌缺乏引起，如果伴有细菌或真菌感染时更容易出现嘴角干裂、糜烂、疼痛等状况。

那么，宝宝该如何防治口角炎呢？

首先应多让宝宝吃富含 B 族维生素的食物，如动物肝脏、瘦肉、禽蛋、牛奶、豆制品、胡萝卜、新鲜绿叶蔬菜等。同时，让宝宝不要舔唇，以免诱发或加重"烂嘴角"。

宝宝一旦患了口角炎，可在医师指导下口服复合维生素 B，外用硼砂末加蜂蜜调匀制成的药糊进行局部涂抹，或用冰硼散、青黛散等局部涂抹。如果有白色念珠菌感染，可以用 5% 克霉唑软膏外搽，数天后即可痊愈。

鱼刺卡在喉咙里怎么办

（1）如果鱼刺比较小，一般不会刺入特别深，可以让宝宝做咳嗽的动作，或用力发出"哈""哈"的声音，这样可以利用气流将鱼刺带出来。如果不奏效，应该及时看喉科医生。爸爸妈妈千万不要在宝宝咽喉部乱掏，否则容易损伤宝宝的嗓子。

（2）不宜让宝宝吃馒头或米饭将鱼刺咽下去，这样做很可能会让鱼刺刺得更深。

不要忽视扁桃体炎

扁桃体炎是婴幼儿时期的常见病，分为急性扁桃体炎和慢性扁桃体炎。急性扁桃体炎常表现为恶寒、颈部淋巴结肿大、扁桃体红肿，并且有触痛感；宝宝吞咽困难，数小时内会有发热，有些宝宝会发生呕吐及咳嗽。扁桃体炎一年急性发作达 4 次以上，可以诊断为慢性扁桃体炎。

如果宝宝发生扁桃体炎，要及时带宝宝去医院诊治，同时也要注意护理工作。

饮食宜清淡，多喝水，多吃易消化的食物，不要吃辛辣等刺激性食物。保持口腔清洁，多用温水给宝宝漱口。

多吃水分多又易消化的食物，如米汤、果汁等。慢性期宜多吃蔬菜、水果、豆类及滋润的食品，忌吃辛辣、煎炸等刺激性食物。

如何预防宝宝营养不良

营养不良主要表现为体重增长缓慢、不增加甚至减轻；面黄肌瘦，皮下脂肪减少，皮肤松弛、弹性差，头发干枯无光泽；食欲不振，免疫力低下，经常生病，生病后自愈能力差。

那么，如何预防宝宝营养不良呢？

（1）营养均衡是预防营养不良的关键，妈妈不能只给宝宝吃自认为有营养的食物，而忽视那些看起来营养价值不高的食物。食物种类丰富全面才能保证宝宝摄入生长发育所需的全部营养，缺少了哪一类食物都无法满足宝宝的生理需求。

（2）饮食定时定量同样有助于预防营养不良，这是因为定时定量进餐对宝宝的消化系统有益，不会引起腹胀、腹泻、呕吐等不适。杜绝填鸭式喂养，合理安排每天的零食，避免饮食不节伤害宝宝的脾胃，从而导致营养物质无法被消化吸收。

（3）有些营养不良是疾病所致，妈妈要及时带宝宝到医院检查，积极治疗原发疾病。

潜能开发

语言能力训练

11 个月的宝宝能够正确模仿音调的变化，宝宝还能模仿大人说出一些比较难懂的话。对简单的问题会用眼睛看，用手势作答，比如问他"小猫在哪里"，宝宝能用眼睛看着猫，或用手指着猫。喜欢发出咯咯、呜呜等有趣的声音，笑声也更响亮，并能重复会说的字。这一时期，宝宝能听懂 3 ～ 4 个字组成的一句话。

◉ 亲子游戏：学押韵

游戏目的 感知语言的韵律。

游戏方法 妈妈选一首每句最后一个词容易发音，而且很押韵的儿歌，把儿歌读给宝宝听时，故意加重每一句最后一个字的语气，如此反复进行，使宝宝逐渐能跟着把最后一个押韵的字都说出来。

例1："布娃娃，布娃娃，大大的眼睛黑头发，我来抱抱你，做你的好妈妈。"

例2："小娃娃，甜嘴巴，喊爸爸，喊妈妈，喊得奶奶笑哈哈。"

精细动作训练

11个月的宝宝，手部动作灵活性明显提高，会对捏细小物品，能玩各种玩具，能推开较轻的门，拉开抽屉，或把杯子里的水倒出来。能试着拿笔并在纸上乱涂，从只会画弯弯曲曲的线，进步到慢慢地会画圆和直线。在这一时期，有些宝宝还会搭起一层积木。

◉ 亲子游戏：学套环

游戏目的 锻炼手部的精细动作。

游戏方法 妈妈给宝宝一个或几个直径为10～15厘米的塑料圆环，引导宝宝用圆环套住自己的小手或小脚，或套其他玩具。这样可以锻炼宝宝手部的灵活性。游戏中要注意安全。

学套环

大动作训练

11个月的宝宝，爸爸妈妈牵着他的一只手就能蹒跚学步了，并且能扶着推车向前或转弯走。宝宝已经能自己从坐位改成趴位，或由趴位改为坐位。宝宝还能平稳的坐在地毯上玩耍，也能毫不费力地坐到一个矮椅子上，还可以扶着家具迈步走。

✦ 亲子游戏：推车走

游戏目的 锻炼宝宝腿部的肌肉，训练脑的平衡能力，促进宝宝眼、足、手的协调发展，有利于宝宝的智能开发。

游戏方法 妈妈把一个大纸箱放在平坦但不光滑的地面上，教宝宝推着大纸箱和小车来回走几步，妈妈在一边保护的同时，可以唱念关于开汽车的小儿歌。

推车走

✦ 亲子游戏：学踢球

游戏目的 锻炼平衡感。

游戏方法 让宝宝靠墙站立，把球放在宝宝脚前3～5厘米处，引导宝宝踢球。爸爸妈妈要注意对宝宝的保护，以防宝宝摔倒。

学踢球

认知能力训练

这个月的宝宝已经能辨认身体的一些部位；不愿意妈妈抱别的宝宝，有初步的自我意识。宝宝喜欢摆弄玩具，对感兴趣的事物会长时间地观察，知道常见物品的名称并会表示，还能仔细观察大人无意间做出的一些动作。这一时期宝宝懂得选择玩具，逐步建立起时空、因果概念，如看见妈妈往浴盆里倒水就知道该洗澡了。

✦ 亲子游戏：都是"灯"

游戏目的 懂得灯的含义。

游戏方法 妈妈在教宝宝认识灯的同时可以教他认识各种各样的灯，如台灯、吊灯、壁灯、红灯、绿灯、日光灯。它们的大小、形状、颜色、所在位置都是不同的，不论妈妈指哪盏灯，都应该说出灯的具体名字，并将灯打开再关上。使宝宝逐渐了解灯的共同特点。依此类推，教宝宝理解"球""鞋子"等词的意思。

都是"灯"

◉ 亲子游戏：认识黄色

> 游戏目的 感知黄色，并记住黄色。

> 游戏方法 妈妈在平时要多给宝宝指认黄色的物品，在此基础上，教宝宝逐步形成比较稳固的概念。然后利用各种游戏帮宝宝巩固，如剪出一个黄色的圆形和与其大小基本相当的黄色正方形，反复教宝宝指认并区分开来。

认识黄色

情绪及社会交往能力训练

11 个月的宝宝已经能执行爸爸妈妈提出的简单命令。会用面部表情、简单的语言和动作与爸爸妈妈交流。这时期的宝宝能试着给别人玩具。宝宝很喜欢和成人交往，并模仿成人的举动。所以，爸爸妈妈要经常和宝宝互动，多带宝宝出去走走，多和其他小朋友玩耍。

◉ 亲子游戏：照料娃娃

> 游戏目的 让宝宝学会照料别人，重视别人，养成替别人着想的好习惯。

> 游戏方法 为宝宝选择可以脱穿衣物的玩具娃娃，使宝宝在学习照料娃娃时，能同时学习穿脱衣服。要让宝宝感到玩具同人一样，也要妈妈照顾。用盒子给娃娃做一个小床，拿一块毛巾当被子，同宝宝一起哄娃娃睡觉，喂它吃奶、吃饭，让宝宝给娃娃把便便，尽量使宝宝模仿妈妈照顾自己的方式去照顾娃娃，也可以让宝宝给娃娃洗澡、换衣服。当宝宝生气虐待娃娃时，妈妈要及时制止并告诉宝宝："娃娃会痛，不能用脚踢娃娃。""娃娃摔坏了，让妈妈看看。"尽量用自己照顾宝宝的正面态度去影响宝宝，使宝宝学会照顾他人。

照料娃娃

专家问答

宝宝离不开安抚奶嘴怎么办

随着宝宝的本领越来越大，宝宝感兴趣的事物也越来越多，大多数宝宝 9 个月后已经可以自已戒掉安抚奶嘴了，但如果宝宝还离不开安抚奶嘴，妈妈应该想办法帮助宝宝。妈妈可以在白天多陪宝宝做做游戏，多准备几个新玩具，让宝宝慢慢失去对安抚奶嘴的兴趣。晚上多给宝宝讲几个故事，让宝宝在美好的故事中不用安抚奶嘴也能香甜入睡。

宝宝宜使用素色餐具

许多爸爸妈妈都会为宝宝选择塑料的彩色餐具，餐具上鲜艳而可爱的图案深受宝宝喜爱，而且不容易破碎。但这类餐具却存在一定的危险性，比如塑料材料的餐具会分解出对人体有害的物质，绘画的喷涂材料也是带有毒性的。彩色陶瓷餐具同样也不安全，因为使用的颜料中一般都含有一定量的铅，宝宝吸收铅元素的速度比成人快数倍，代谢出体外的量却很少，长期使用这类餐具会导致宝宝体内铅元素含量过高，影响智力发育和心血管系统的健康。因此，给宝宝选择餐具时，还是选择外观朴素、无色透明或颜色浅淡的素色餐具为好。

12 个月的宝宝

生长发育特点

身体成长指标

性别 指标	男宝宝			女宝宝		
	最小值	均 值	最大值	最小值	均 值	最大值
体重（千克）	8.0	10.1	12.2	7.4	9.5	11.6
身长（厘米）	71.9	77.3	82.7	70.3	75.9	81.5
头围（厘米）	43.9	46.5	49.1	43.0	45.4	47.8
胸围（厘米）	42.5	46.5	50.5	41.4	45.4	49.4

感觉发育

12 个月的宝宝能有意识地集中注意力，这使宝宝的学习能力大大提高。

语言发育

12 个月的宝宝学话能力日益增强，能够理解并对简单的指令做出反应。这时虽然宝宝说话还不是太多，但能用几个单词表达自己的愿望和要求，并开始用简单语言与爸爸妈妈交流。

动作发育

12 个月的宝宝扶着一只手能够往前走一小段距离，不要别人帮助能从站立的位置坐下，能坐着转身。能跟着新式儿歌的节奏做点头、拍手等简单运动。可以搭起一层积木，会套五环。

日常护理要点

要纠正宝宝吃手吗

宝宝吃手能对脑神经发育起到促进作用，吃手指是宝宝进入手指功能分化和手眼协调准备阶段的标志之一。所以，爸爸妈妈不要强行阻拦宝宝吮手指的行为。宝宝往往一开始会将整只手放到嘴里，接着是吮吸两三个手指，最后发展到只吮吸一个手指，从笨拙地吮吸整只手，发展到灵巧地吮吸某一个手指，这说明宝宝支配自己行为的能力大为提高。

爸爸妈妈应该做的是要保持宝宝小手洁净，保持口唇周围清洁干燥，以免发生口角炎。等宝宝长到一岁半左右，能满地跑着玩，随着活动范围扩大，宝宝的兴趣点转移，吃手的习惯也就自然而然地消失了。

12个月宝宝衣服的选择

12个月的宝宝已经不愿意整天待在家里或躺在床上，已经会坐、会爬，开始学扶站学走路了，活动量比以前增加，衣服也应随着宝宝月龄增加及生理和季节的变化灵活进行选择。

（1）衣料的选择要柔软、舒适，宜选择棉质、纯毛或毛线材质，颜色宜选择不易褪色的淡色，不宜选择容易脏的纯白色。

（2）衣领最好是圆领或开口向下，领口处最好有松紧扣，方便脱穿，可以选择穿背带裤或连衣裙。

（3）这个月龄的宝宝活动量较大，衣服不要穿得太多，和大人穿得差不多就行。如果活动量很大，可以比大人少穿一些，只要宝宝手脚温暖即可。

（4）不要给宝宝穿牛仔裤、紧身衣，会影响机体的血液循环。

宝宝开裆裤要穿多久

婴儿期的宝宝大小便次数多，而且自己不能控制，一不小心就会弄脏裤子，所以爸爸妈妈常常给宝宝穿开裆裤，以方便宝宝排便。但开裆裤穿到1岁半就可以了，因为随着宝宝逐渐长大，接触的东西增多，穿开裆裤会带来不少问题。可能会让宝宝受凉，或易受细菌感染等。冬季，在开裆裤外面可再穿一条不开裆的罩裤，裤腰用松紧带，大小便时只要把罩裤往下拉就可以。

不要让宝宝形成"八字脚"

所谓"八字脚",即走路的时候两只脚分开呈"八"字,通常有"内八字"和"外八字"之分。"内八字"的人走路时足尖相对,足底朝外;"外八字"的人走路时则相反。"八字脚"的形成与遗传、穿鞋不合适、走路过早等因素有关。

✸ "八字脚"重在预防

(1)不过早学步。不要让宝宝过早学走路,否则对宝宝生长发育不利。

(2)穿适合的鞋。在宝宝初学走路时,应该给宝宝穿布鞋或胶底鞋,不要给宝宝过早地穿硬质皮鞋。不要给宝宝穿过大的鞋,也不能穿挤脚的鞋。一旦鞋子挤脚,就必须更换,不能凑合穿。

(3)适当补钙。妈妈宜给宝宝适当多吃富含蛋白质、钙质、维生素 D 的食物,还要带宝宝多晒太阳。

(4)如果宝宝已经形成了"八字脚",应尽早进行纠正练习。年龄较小的宝宝,在训练时,爸爸妈妈可以在宝宝身后,将两手放在宝宝的双腋下,让宝宝沿着一条较宽的直线行走。行走时要注意使宝宝膝盖的方向始终向前。使宝宝的脚离开地面时持重点在足趾上,屈膝向前迈步时让两膝之间有一个轻微的碰擦过程。每天练习两次,长期坚持肯定有效。

年龄较大的宝宝,可以让他自己在镜子前的地板上,每天沿着一条标出的直线走 1 ~ 2 次。练习时,要求宝宝注意脚背和脚尖的动作,只要反复练习,就能有效纠正"八字脚"。

科学喂养

本月喂养特点

12 个月的宝宝很多已经断母乳了,喂养相对要简单很多,只需要让宝宝一日三餐和爸爸妈妈一起吃,再加两次配方奶即可。此外,尽可能加两次点心、水果。不过,此时宝宝的牙齿还未长全,胃肠功能也未发育完善,所以要吃的食物应该细、软、烂、碎,而且应该品种多样,这样才能满足宝宝的营养需求。宝宝的饮食宜采取少食多餐的原则,最好一天进餐 5 ~ 6 次。在每餐之间,可以给宝宝吃一些稍硬的食物,如婴幼儿饼干等,以锻炼宝宝的牙床,但要注意同时给宝宝喝些水或新鲜果汁。

哪些食品宝宝要少吃

☀ 谷物

（1）糯米比较黏，1 岁内的宝宝吃糯米容易粘在食道阻塞呼吸道，因此最好不要给 1 岁内的宝宝吃汤圆等糯米食物。当然，妈妈可以在煮粥时少放些糯米。

（2）黄米有黏性与非黏性之分，黏性黄米和糯米一样不易消化，只能少量给宝宝食用。

☀ 水果

（1）杏有小毒，酸性较大，过量吃杏，会对宝宝的肠胃造成负担。因此，宝宝不宜多吃杏。

（2）李子会损害宝宝的牙齿，所以应该少吃。

（3）橘子虽然营养丰富，但含有叶红素，吃得过多对机体代谢不利，容易产生"叶红素皮肤病"，俗称橘子病，出现手脚心发黄、恶心、呕吐、烦躁、口干等症状，还易腹痛、腹泻，导致上火等。因此，宝宝每天吃 1 个橘子为宜。

（4）柿子虽然营养丰富，但柿子中大量的单宁酸会影响身体对铁质的吸收，所以不宜多吃。特别是空腹不要吃柿子，容易引起胃结石。缺铁性贫血的宝宝不能食用柿子，身体健康的宝宝可以少量食用。

☀ 韭菜

（1）韭菜所含的硫化物具有强烈的辛辣味，刺激性强，所含的大量粗纤维不易被消化，宝宝不可过量食用。

（2）竹笋所含的粗纤维难以被宝宝消化，因此不宜多食。

☀ 其他

葱、姜、蒜刺激性强，可以作为调味品少量放在菜肴中，花椒、胡椒、辣椒最好不要放入宝宝的菜肴里；除了铁强化米粉，其他强化食品最好少给宝宝吃，更不能用强化食品代替天然食物。

补充 DHA 应注意的问题

☀ 宝宝不适合吃 DHA 胶囊

大脑和视网膜光感受器中含有丰富的 DHA，因此，补充充足的 DHA 对宝宝的智力发育及视力发育至关重要。但 DHA 胶囊不适合给宝宝吃，妈妈应该通过辅食为宝宝补充生长发育所需的DHA。富含DHA的食物有橄榄油、香油、核桃、三文鱼、黄花鱼、带鱼、鳝鱼等。

◉ 不能用鱼油代替鱼肝油

鱼油和鱼肝油区别很大，不能相互替代。鱼油从深海鱼类脂肪中提取而成，含有大量的多不饱和脂肪酸，其中所含的DHA对宝宝的脑部发育有重要作用。鱼肝油则由鱼类肝脏提取制成，主要营养物质为维生素A、维生素D，能够帮助宝宝预防佝偻病及提高免疫力。由此可见，鱼油和鱼肝油所起的生理作用大不相同，妈妈不能用鱼油代替鱼肝油给宝宝食用。

不要给宝宝吃太多粗粮

多吃粗纤维食物在宝宝萌生恒牙时很重要。因为宝宝在进食粗纤维食物的时候，必然要经过反复咀嚼才能吞咽下去，咀嚼的过程，有利于宝宝的牙齿发育。常吃粗粮的宝宝，由于可以经常有规律地咀嚼具有适当硬度、富含纤维素的食物，所以齿龈肌肉组织的发育一般更好。便秘的宝宝适量吃些粗粮促进胃肠蠕动，可缓解便秘带来的痛苦。

虽然吃粗粮的好处很多，但无论多有营养的食物，过度食用也会造成营养不均衡，过多的膳食纤维还会加重胃肠负担。因此，妈妈不要给宝宝吃太多粗粮，而缺钙、缺铁的宝宝则最好不要吃粗粮。此外，妈妈可以把粗粮用来煮粥、煮饭，粉末状的粗粮还可以做成馒头、花卷、发糕、烙饼、面条给宝宝食用。

选择宝宝适合吃的鱼

鱼肉营养丰富且易于消化吸收，所含的优质蛋白质、脂溶性维生素及多种矿物质都是宝宝生长发育不可或缺的营养物质。妈妈在选择鱼的时候，应该考虑宝宝的实际情况，如消化能力、吸收能力、年龄等。

一般来说，海水鱼富含DHA，但海水鱼中也含有较高的脂肪，消化能力差的宝宝食用后会出现腹泻等消化不良症状。与海水鱼相比，淡水鱼油脂含量相对较少，有助于宝宝消化吸收，但淡水鱼的刺又小又多，一不小心就会卡着宝宝，所以1岁以下的宝宝并不适合吃淡水鱼。

适合大部分宝宝食用的鱼有带鱼、黄花鱼、三文鱼、鲈鱼和鳗鱼等。而罗非鱼、鲶鱼、金枪鱼、鲨鱼、方头鱼、旗鱼等体型较大的食肉鱼则不适合宝宝食用，因为它们体内含有过量的汞，会损害宝宝的大脑及神经系统。

吃点菌类食物提高免疫力

菌类食物一直以它高蛋白、低脂肪、低热量、富含维生素及多种矿物质的特点受到营养师的推崇。菌类的品种繁多，营养丰富，对宝宝的生长发育有益。

金针菇含有宝宝生长发育所必需的赖氨酸、精氨酸，对促进宝宝记忆、开发智力有特殊作用。黑木耳中铁、钙含量很高，常吃可以预防宝宝缺铁性贫血。将泡好的黑木耳洗净切碎，搭配其他食物一起烹调，有利于宝宝消化吸收。香菇热量低，蛋白质、维生素含量高，能提供宝宝身体所需的多种维生素，有利于宝宝的生长发育。不过，宝宝消化系统比较娇弱，制作菌类食物时一定要洗净、蒸透、煮烂。

菌类虽然营养丰富，但宝宝一次不宜吃多，并且要搭配其他食物才能更好发挥菌类的营养价值。比如金针菇烧豆腐时，再放少许肉末，很适合宝宝吃。

家庭诊所

怎样预防百日咳

百日咳是由百日咳杆菌引起的急性呼吸道传染病，主要表现为咳嗽，病程可长达 100 天左右，故名"百日咳"。

宝宝患百日咳后的初起症状类似感冒或流感，会打喷嚏、流鼻涕和轻微咳嗽，这些症状的持续时间可达两周左右，接着宝宝会开始出现严重的、痉挛性的咳嗽，可能还伴腹泻或发热。

患百日咳的宝宝，每次咳嗽会持续 20 ~ 30 秒钟，接着是出现呼吸困难，然后又开始下一次阵发性咳嗽，阵发性咳嗽在夜里会更加频繁。宝宝咳嗽的时候，嘴唇和指甲可能会发紫，这是缺氧的缘故，同时可伴有浓痰和呕吐。

患百日咳的宝宝除要及时治疗外，爸爸妈妈的护理也很重要。

（1）患病宝宝居室应保持空气新鲜。大人不要在室内吸烟、炒菜，以免引起宝宝咳嗽。

（2）给宝宝穿暖和些，到户外轻微活动，可以减少阵咳的发作。

（3）因宝宝咳嗽后常伴有呕吐现象，呕吐后要补给少量食物。

（4）宝宝饮食宜少量多餐，宜选择有营养较黏稠的食物，不要吃辛辣等刺激性食物。

从眼睛看疾病

一般来说，宝宝的眼睛应该清澈明亮，眼球大小适中，活动自如，看上去灵气十足。平时，爸爸妈妈应该多注意观察宝宝眼睛的状况，一般可以从眼睛的大小、外形、位置、活动性、色泽等方面进行观察。

一般情况下，宝宝在 3 个月以后，开始会用眼睛寻找妈妈，慢慢地开始会用眼睛追随运动的物体。看到自己喜欢的玩具，会目不转睛地盯着看。如果这个时候把玩具放在宝宝的面前，而宝宝却无动于衷，那么要警惕宝宝可能患有"视神经萎缩"等眼睛疾病。如果宝宝在看东西的时候，眼球经常偏向一侧，则说明宝宝可能患有"斜视"。如果夜间在暗处发现宝宝瞳孔内有白色的反光物，有点像猫眼，则应考虑宝宝可能患有"视网膜细胞瘤"。如果发现宝宝视力异常，应及时带宝宝去医院就诊。

磨牙不一定就是肚子里长虫

如果宝宝肚子里长了寄生虫，除了夜间磨牙外，还会有肚子疼、肛门瘙痒、易惊醒、流口水、易饥、消瘦等症状。而夜间磨牙还可能是因为缺钙、睡前过度兴奋、晚餐过饱或患有咬合障碍等

原因。妈妈应该根据宝宝的多种异常症状综合判断，不要盲目给宝宝吃药驱虫。

（1）如果是缺钙导致磨牙，那么就要在医生的指导下给宝宝补充钙片和鱼肝油，食用富含钙质的食物，多晒太阳。

（2）如果是吃得太多导致磨牙，那么晚餐应该清淡、易消化，睡前不给宝宝加餐或零食。

（3）如果是睡前太兴奋导致磨牙，睡前不要让宝宝看过于惊险或刺激的电视节目，不和宝宝打闹，让宝宝在安静、平和的氛围中入睡。

（4）如果怀疑是咬合障碍导致磨牙，最好带宝宝到医院口腔科检查一下，如果确为咬合障碍，则需要按照医生的建议进行治疗。

不要强行制止宝宝玩生殖器

有些宝宝虽然什么都不懂，却会玩弄自己的"小鸡鸡"或外阴，可从中得到乐趣，这让爸爸妈妈感到很困惑。

实际上，宝宝的这种行为，与成人有意识的行为不同。宝宝是在认识自己的身体时，发现抚摩生殖器很舒服，这是一种正常的生理反应。宝宝玩弄生殖器与玩自己的手指一样，他并没有通过抚摩生殖器来达到性快感的目的。

对于宝宝的这种动作，爸爸妈妈不必大惊小怪，也不要呵斥宝宝。可以努力去丰富宝宝的生活，在他出现这种动作时分散他的注意力，吸引他去做别的事。不要让他感到孤独，要给他足够的爱抚。多跟他做一些运动性游戏，让他的精力有发泄的渠道。

宝宝稍微大一些，懂得了道理，爸爸妈妈也不要直接批评他的这些动作，让他感觉到这种行为不会讨人喜欢就可以了。

潜能开发

语言能力训练

12 个月的宝宝，爸爸妈妈要给他创造更多的说话机会。要经常和宝宝聊天。在谈话中要不断增加新的词汇，读书给宝宝听，还要多鼓励宝宝说话。如果宝宝仍然用表情或手势、动作提出要求，爸爸妈妈可以装作不理睬他，促使他不得不使用语言。如果宝宝发音不准，先猜猜宝宝说出来的词句是什么意思，然后用正确的语言向他做示范，帮助他讲清楚。绝对不能笑话他，否则他会产生自卑感而不愿意或不敢说话。

◉ 亲子游戏：认物发音

游戏目的 发展语言。

游戏方法 妈妈可以在宝宝的床上放上各种玩具，妈妈叫宝宝的名字，对他说："宝宝，你把铜铃递给妈妈。""宝宝，你把小汽车递给妈妈。"妈妈要变化物品的种类，扩大宝宝接触物品的范围。当宝宝心情愉悦时，妈妈可以训练他寻找爸爸在哪里，妈妈在哪里，阿姨在哪里。还可以问他："挂钟在哪里，桌子在哪里？"让宝宝听懂妈妈的话，会用目光去追寻，或用手指准确地指出来，并模仿发出相应的声音。

宝宝，你把铜铃递给妈妈

精细动作训练

这个月的宝宝喜欢将东西摆好后再推倒，喜欢将抽屉或垃圾箱倒空。宝宝开始厌烦妈妈喂饭了，虽然自己能拿着食物吃得很好，但还用不好勺子。他对别人的帮助很不满意，有时还大哭大闹以示反抗，他要试着自己穿衣服。这个时期宝宝拿起袜子知道往脚上穿，拿起手表会往自己手上戴，给他个香蕉他也要拿着自己剥皮。这些都说明宝宝的独立意识在增强。到本时期末，宝宝可能会学会自己用积木搭木塔。

❋ 亲子游戏：搭积木

游戏目的　训练手指灵活性和手眼协调力。

游戏方法　妈妈出示三块积木，妈妈先做示范，边做边说："咱们来搭一座三层的楼房，好不好？"将三块积木依次搭高，如果宝宝想参与，可以让宝宝搭其中的一层。搭好后推倒重来，这次由宝宝自己搭，妈妈做指导，如果宝宝搭不好，妈妈可以提醒宝宝要把每一块积木放正、码齐，这样才能搭得高。

咱们来搭一座三层的楼房，好不好？

大动作训练

如果宝宝已经站得很稳了，就该训练他跨步向前走。开始时，妈妈可以扶着他两只手向前走，以后再扶一只手，逐渐过渡到松开手，让他独立跨步。如果宝宝胆小，妈妈可以保护他，使他有安全感。开始练习走时，一定要防止宝宝摔倒，让宝宝减少恐惧心理，等他体会到走路的愉快后，他就会大胆迈步了。

❋ 亲子游戏：摇摆舞

游戏目的　有助于宝宝控制身体的平衡能力，培养宝宝勇敢、坚强的品质。

游戏方法　让宝宝坐在床上，妈妈放一段宝宝爱听的、节奏明快的音乐。用手扶着他的两只胳膊，左右摇摆，多次重复后，逐渐让宝宝自己随着音乐左右摆动。妈妈还可以扶宝宝站立，等他站稳后，妈妈松开手。如果宝宝只能独自站立几秒钟，在他向一边倒时，妈妈就轻轻扶一下。这样宝宝会像一个不倒翁一样左右摇摆而不倒。

摇摆舞

认知能力训练

这个月，宝宝依旧非常爱动。在宝宝周岁时，将逐渐知道东西不仅有名字，而且也有不同的功用。爸爸妈妈会发现宝宝能将这种新的认知行为与游戏结合。例如，宝宝认识到电话的功用，当看见爸爸妈妈打电话时，会用玩具电话模仿爸爸妈妈的动作。爸爸妈妈可以通过给他提供建设性的玩具——牙刷、水杯或汤勺来鼓励这种重要的认知活动。

◉ 亲子游戏：用棍子够玩具

游戏方法 妈妈在和宝宝玩滚皮球的游戏时，可以故意将皮球滚到宝宝能看到但用手够不着的地方，然后给他一根细长的小棍，看他会不会用棍子够玩具，如果妈妈给他示范，他就会模仿。不要苛求宝宝是否能准确地把玩具取出来，只要他能用棍子碰到玩具就算成功。在游戏过程中，妈妈要注意不要让宝宝用小棍伤到自己。

用棍子够玩具

◉ 亲子游戏：简单拼图

游戏目的 提高宝宝的想象力。

游戏方法 将宝宝熟悉的一张图片剪成两半，放在宝宝面前。引导宝宝将图片摆放到正确的位置，如果宝宝不能将图片摆放正确，妈妈应该给予鼓励，反复练习几次。

简单拼图

情绪及社会交往能力训练

这个月的宝宝开始对小朋友感兴趣，愿意与小朋友接近、游戏。自我意识增强，开始要自己吃饭，自己拿着杯子喝水。可以识别许多熟悉的人、地点和物品的名字。有的宝宝可以用招手表示"再见"，用作揖表示"谢谢"。会摇头，但往往还不会点头。现在的宝宝一般很听话，讨人喜欢，愿意听大人指令帮你拿东西，以求得赞许，对亲人特别是对妈妈的依恋也增强了。

✦ 亲子游戏：一起学走

游戏目的 帮助宝宝学会与其他小朋友交往，增进宝宝的主动交往意识。

游戏方法 带宝宝到公园学走，让宝宝接触一些年龄相仿的小朋友。鼓励宝宝同他们打招呼，在一起玩耍，并练习走路。宝宝和小朋友之间可以互相模仿走路，以增加宝宝走路的兴趣。

专家问答

要给宝宝买专用的餐桌椅吗

有些妈妈觉得为了让宝宝学吃饭就买专门的餐桌椅没有必要，其实并非如此。餐桌椅可以提高宝宝的吃饭兴趣，培养良好的饮食习惯，坐在椅子上和妈妈一起进餐时宝宝会很快乐，也乐于吃下碗里的食物，宝宝习惯餐桌椅后会养成定点吃饭的好习惯，避免稍大后边跑边吃、边玩边吃。同时，宝宝坐在餐桌椅里也方便妈妈吃饭，不必担心吃饭时没人照顾宝宝。

给宝宝买餐桌椅时，妈妈应选择大品牌的原木产品，留心设计是否科学，尽量选择多功能的产品，除进餐功能外还可以拆开给宝宝当桌子、椅子用。

宝宝异食癖是什么病

如果宝宝喜欢吃非食品以外的东西，如吃土、煤渣等异物，最大的可能就是肚子里有寄生虫或锌元素缺乏。应该检查粪便中有无寄生虫卵，测量血液微量元素，并在医生指导下进行针对性治疗。不能根据推测随便滥用药物，以免宝宝药物中毒。

宝宝能喝绿豆汤吗

绿豆性寒，宝宝的体质不及成人，所以不能过量饮用。另外，绿豆中蛋白质含量较多，大分子蛋白质需要在酶的作用下转化为小分子肽、氨基酸才能被人体吸收。宝宝的肠胃消化功能尚未完善，很难在短时间内消化掉绿豆蛋白，容易因消化不良导致腹泻。

因此，建议宝宝在6个月之前最好不要喝绿豆汤，6个月之后可以先适量添加一点。如果宝宝没有什么不良反应，再逐渐添加。由于绿豆性寒，最好能和米煮成绿豆粥，然后让宝宝食用，有助于养胃。

第3部分

幼儿期——蹦蹦跳跳的小人儿

1岁1个月至1岁6个月的宝宝

生长发育特点

身体成长指标

性别 指标	男宝宝			女宝宝		
	最小值	均 值	最大值	最小值	均 值	最大值
体重（千克）	9.1	11.5	13.9	8.5	10.8	13.1
身长（厘米）	76.3	82.4	88.5	74.8	80.9	87.1
头围（厘米）	44.8	47.4	50.0	43.8	46.2	48.6
胸围（厘米）	43.8	47.8	51.8	42.7	46.7	50.7

感觉发育

在这个阶段，宝宝最大的进步是认知力的飞跃。现在他能够借助工具拿取够不到的东西，比如搬来凳子，蹬在上面，够取桌子上的东西。这种认知飞跃不但是宝宝运动能力、协调能力的进步，更是宝宝分析和解决问题能力的提高。

语言发育

这一阶段的宝宝，能够说出 10 ~ 20 个单词，可以准确理解一些简单语句的意思，理解的词语数量远远大于能说出的词语；开始明白、理解一些简单故事、儿歌的含义；喜欢翻阅色彩鲜艳的图书，一边"叽里咕噜"地自言自语。能够正确执行大人的简单命令，并会按照自己的理解对看到的物体进行命名。

动作发育

宝宝经过前一阶段的努力，已经能独自走得很稳当，不但在平地走得很好，而且很喜欢爬台阶，下台阶时还知道用一只手扶着栏杆。此时，爸爸妈妈不要阻止宝宝，要鼓励他，同时注意在旁边保护他。这样的活动既锻炼了宝宝的身体，又促进了智力发育，使手、脚能更协调地运动。

日常护理要点

做好足部保暖

脚位居人体四肢末端，因为离心脏远，所以容易出现血液循环障碍。脚部一旦受凉，免疫力容易下降，宝宝易患感冒。因此，即使在炎热的夏季，也要给宝宝穿上厚薄合适的袜子，不要让宝宝光脚在地上走动。春、秋、冬季，不论是宝宝午睡还是夜间睡眠，双脚都要注意保暖。

建议爸爸妈妈常用温热水给宝宝洗脚。因为洗脚不仅可以去除脚上的污物，还可以促进局部血液循环，增强足部皮肤的抵抗力。夏天，洗脚水的温度一般可以在 40℃左右；到了冬天，洗脚水的温度可以在 45 ~ 50℃，用手背试一下水温，以不烫手为宜。洗脚时的水量以将整个足部都浸在温水中为宜，浸泡时间需保持 3 ~ 5 分钟。

培养宝宝的自理能力

生活自理能力是宝宝神经系统发育到一定水平的反映，也是一个人适应环境、适应社会的必要条件。所以，在宝宝 1 岁之后，爸爸妈妈就可以对宝宝进行独立意识的培养。独立自主是健康人格的表现之一，它对宝宝的生活、学习质量，及宝宝成年以后事业的成功和家庭生活的幸福美满都有非常重要的影响。

小时候生活自理能力就比较差的宝宝长大以后，由于缺乏实际生活的经验，缺乏处理实际问题的勇气和能力，往往不善于适应周围的环境，也不善于处理人际关系。遇到生活中的新情况容易采取退缩和依赖的态度，缺少探索的精神和积极性。

所以，爸爸妈妈应该尽早培养宝宝的自理能力。此时可以让宝宝学习一些日常生活的基本技能，如配合穿衣、穿鞋、端水喝等，学习用勺子吃饭、蹲便盆等。主要目的在于通过让宝宝自己动手，激发他参与做事的热情和积极性，并体验成功，增强自信。

1～2岁宝宝独立生活时间表

独立生活能力	开始教育时间	多数宝宝学会时间
学习将勺子凹面向上，放上食物（但吃不到嘴里）	300 天	12 个月
妈妈为他穿衣时知道配合（会伸手入袖，穿裤子时会抬腿）	300 天	13 个月
大便前会哼哼	330 天	13 个月
开饭时知道食物烫，能安静等待，不动手打翻食物	345 天	14 个月
会将帽子扣在头顶上	12 个月	14 个月
会自己用勺子装满食物放入口中	12 个月	14.5 个月
有大小便时能及时找便盆坐下	12 个月	15 个月
自己用勺子吃饭，吃掉总量的一半	15 个月	18 个月
自己端杯子喝水，且不漏或少漏	15 个月	18 个月
会脱掉帽子和鞋	15 个月	18 个月
会拿板凳让妈妈坐	15 个月	18 个月
模仿妈妈抹桌子或扫地	15 个月	18 个月
大小便时会用手拉开有松紧带的裤子	16 个月	20 个月
自己会洗手并擦干，学习用手绢擦嘴与鼻涕	18 个月	24 个月
自己会脱上衣	18 个月	24 个月
自己会脱裤子	21 个月	24 个月

宝宝不宜抱着玩具睡觉

每个宝宝都有自己特别喜爱的玩具，并把它当作自己的情感依赖。宝宝往往不允许它离开自己半步，哪怕是一会儿，就连睡觉也不例外。但宝宝带着玩具入睡这种做法并不好。

（1）睡觉时玩具放于身旁，宝宝会忍不住把玩，短则十几分钟，甚至更长时间。这不利于培养宝宝按时入睡、自然入睡的好习惯。

（2）布制玩具和长毛绒玩具容易被弄脏，睡觉时放于宝宝的身边极不卫生；金属玩具因其棱角尖、质地硬，放宝宝身边也不安全。

（3）卧室即使开着灯，光线也比较暗。睡在床上，边玩边睡，宝宝的眼睛与玩具之间的距离通常不到 20 厘米，容易导致眼肌疲劳、眼内压力增高，眼轴容易伸长，从而影响视力。

为了培养宝宝良好的生活卫生习惯，保护宝宝的视力，爸爸妈妈不能让宝宝养成抱着玩具睡觉的坏习惯。

怎样纠正宝宝恋物癖

现在的宝宝可能不喜欢吸吮手指，但开始喜欢寻找安抚物。婴儿用的枕巾、小毛巾被、布娃娃、毛绒小狗等，都可能成为宝宝的安抚物。宝宝开始把这些东西作为自己的安抚物，对这些东西产生某种依恋。无论走到哪儿，都要带着它，一旦没了它，宝宝的情绪便会焦躁不安。有些宝宝情绪不稳定时，总想要抱着玩具，或让玩具紧紧依偎着他，不让他拿着就哭闹不安。有些宝宝一觉醒来后，如果发现心爱的玩具不见了，就会紧张地寻找，如果找不着，还可能会伤心地哭泣。

爸爸妈妈要尽量避免宝宝寻找安抚物。发现有这种倾向时，不能加以鼓励，如果宝宝很喜欢毛绒小狗，就要有意把小狗拿走，换上其他玩具。不断更换宝宝的用物，就能避免宝宝寻找到安抚物。

科学喂养

让宝宝养成良好的饮食习惯

此时，宝宝正在学习吃饭，所以是培养宝宝良好饮食习惯的最佳时机。

（1）定时定点吃饭。每日在固定的时间吃饭，让宝宝知道到时间该吃饭了，避免日后追着宝宝喂饭。妈妈可以给宝宝专门准备合适的小桌子、小椅子，让宝宝和妈妈一起吃饭，让宝宝充分感受吃饭的乐趣。

（2）吃饭前拿走所有玩具、卡通书，提前关掉电视，让宝宝专心吃饭。

（3）饭前1个小时不要给宝宝吃零食，除非宝宝真的饿了。不要担心宝宝饿肚皮，其实宝宝是知道饥饱的，饿了饱了都会表达。

宝宝吃得少是厌食吗

到了15个月，有些宝宝饭量不增反降，甚至只有原来饭量的一半，这是因为经过几个月的饭菜添加，宝宝的胃肠功能疲劳，产生了类似于厌奶的厌食现象。这种现象说明宝宝的胃肠在进行自我调整，妈妈不必担心。

宝宝饭量减少、奶量增加，妈妈应该顺其自然，配方奶所含的营养能够满足宝宝的生长需要。过了这段厌食期，宝宝就会重新爱上吃饭。

宝宝要少吃荔枝

荔枝具有健脑益智的功效，所含的蛋白质及维生素C等营养物质能提高机体的抵抗力，宝宝适当吃荔枝对健康有益。但荔枝性温热，俗话说一颗荔枝三把火，宝宝贪吃荔枝容易出现口臭、口干、口舌生疮、流鼻血等不适。

宝宝吃荔枝，一次不宜超过5颗，年龄越小的宝宝越要少吃。宝宝空腹的时候，妈妈不要给宝宝吃荔枝，吃荔枝的时间最好安排在饭后1小时左右。大量吃荔枝可能导致低血糖，俗称荔枝病。如果妈妈发现宝宝吃了荔枝后出现心慌、头晕、乏力、饥饿感强烈等症状，可以冲杯糖水给宝宝喝，情况严重时应立即送医院诊治。

这些食物对智力发育不好

◉ 含铅食物

铅是脑细胞的一大"杀手"。当血铅浓度达到 15 微克 /100 毫升时，就会引起儿童发育迟缓和智力减退，而且年龄越小神经受损越严重。含铅食品主要有爆米花、皮蛋、罐装食品或饮料等。

◉ 含铝食物

油条、油饼、虾片等食物在制作过程中添加了明矾，明矾的化学名称叫三氧化二铝，含铝量高。宝宝经常食用这些食物会损伤脑细胞，造成记忆力下降、反应迟钝。

◉ 油炸食物

动物性食物所含的脂肪经过高温油炸后会转化为过氧化脂质，这种物质具有使大脑早衰的作用，不利于宝宝的脑部发育。

◉ 含食盐、糖精过多的食物

咸鱼、咸菜、榨菜等过咸的食物，长期食用不仅会引起高血压、动脉硬化等症，还会损伤动脉血管，影响脑组织的血液供应，使脑细胞长期处于缺血、缺氧状态，导致智力发育迟缓、记忆力下降。糖精是一种不含热量的甜味剂，无任何营养价值，应限制食用量，否则会损害宝宝的大脑。

◉ 味精

锌元素是脑部发育必需的微量元素之一，味精则会导致人体缺锌，因此妈妈给宝宝烹调食物时最好不要加味精，可以利用天然食材（如海带、香菇）的鲜味为菜肴增鲜。

◉ 咖啡

咖啡中含有大量的咖啡因，这种物质具有刺激大脑的作用，虽然可以提神醒脑，但也会导致脑部供血减少，易损伤宝宝的智力。

◉ 烧烤牛、羊、鸡、鱼肉等

如果经常吃烧烤食物，可使大脑逐渐趋向迟钝，影响宝宝智力发育。

五色食物保健康

（1）绿色食物可以保护宝宝肝脏，预防眼部疾病，缓解紧张情绪，增强活力。包括芹菜、西蓝花、油菜、卷心菜、莴笋、芦笋、苦瓜、菠菜、青椒等。

（2）白色食品能提高宝宝机体免疫力，防癌抗癌，保护肺脏。包括土豆、萝卜、山药、花菜、白芝麻、牛奶、豆浆、百合、梨、银耳等。

（3）红色食物能保护心脏，预防心血管疾病，增强宝宝的记忆力与学习能力。包括番茄、红枣、樱桃、草莓、山楂、枸杞、西瓜、红色小果椒等。

（4）黄色食物能保护宝宝脾脏，预防近视、夜盲症、眼睛干涩，改善消化系统功能，预防癌症。包括南瓜、胡萝卜、玉米、菠萝、橘子、杧果、木瓜等。

（5）黑色食物能补肾，增强免疫力，稳定情绪，维护宝宝肾脏健康。包括乌鸡、紫菜、黑米、木耳、桑葚、乌梅等。

少吃含反式脂肪酸的食物

反式脂肪酸也叫反式脂肪，是油脂在"氢化"加工过程中的产物。反式脂肪酸会降低记忆力、影响宝宝的生长发育。所以，爸爸妈妈尽量不要让宝宝吃含有反式脂肪酸的食物。

所有含有"氢化油"或使用"氢化油"油炸过的食品都含有反式脂肪酸。如西式糕点、油炸食品和洋快餐大多使用氢化油。

购买食物尤其是西式零食时，妈妈应仔细查看食品成分表，标有"植物奶油""人造酥油""雪白奶油""起酥油""氢化植物油""部分氢化植物油""氢化脂肪"字样的食品都含有反式脂肪酸。

另外，平时妈妈做菜时不要等到油冒烟了再开始烹调，这个时候已经有反式脂肪酸产生了，植物油烧至七成热为宜，不应过度加热。

反复加热会导致反式脂肪酸大量产生，因此炸过食物的食用油不可反复使用，最好倒掉。

家庭诊所

宝宝发热，怎么降温

宝宝发热的分度目前尚不统一，一般采用以下标准：

37.5 ~ 38℃为低热；

38.1 ~ 39℃为中度发热；

39.1 ～ 40.4℃为高热；

40.5℃以上为超高热。

如果宝宝体温在38.5℃以内，不必吃退烧药，可以采取物理降温：

（1）少穿衣服，有利于宝宝散热：按传统的观念，宝宝一发热，就要用衣服和被子把宝宝裹得严严实实，目的是把汗"逼"出来，其实这是不对的。宝宝在发热时，会出现寒战的症状，爸爸妈妈会以为宝宝很冷，其实这是因为宝宝体温上升导致的相对的"冷"。

（2）头部湿敷：用 20 ～ 30℃温水浸湿软毛巾后稍作挤压，使不滴水为度，折好置于宝宝前额，每 3 ～ 5 分钟更换 1 次。

（3）头部冰枕：将小冰块及少量水装入冰袋至半满，排出袋内空气，压紧袋口，确定不漏水后放置于宝宝枕部。

（4）温水擦拭或温水浴：用温湿毛巾擦拭宝宝的头颈、腋下、腹股沟和四肢，或洗个温水澡，多擦洗皮肤，以促进散热。

（5）酒精擦浴：适用于 40℃以上不易退的高热。准备 75% 的酒精 100 毫升，混合 200 毫升温水，用纱布蘸湿后，从宝宝的颈部向下擦拭胸、腋窝、手心、脚心等部位，并在血管丰富处轻轻揉擦。

（6）补充足够的水分：高热时呼吸加快，出汗使机体丧失大量水分，所以爸爸妈妈在宝宝发热时应给予充足的水分，以增加尿量，促进体内毒素排出。

如果宝宝发热39℃（腋下温度超过38.5℃），即可服用退热药。给发热宝宝用药不可操之过急，如果服用一次后，热度不退，再次服药需间隔 4 ～ 6 小时，一天用药物退热不宜超过 4 次。给宝宝服用的退热药用量不可太大。不宜在短时间内让宝宝服用多种退热药，降温幅度不宜太大、太快，否则宝宝会出现体温不升、虚脱等情况。退热药只是在宝宝发热时才有退热作用，宝宝不发热时，服用退热药并无预防发热的作用。在给宝宝服用退热药后，如果宝宝出汗较多，要及时给他补充水分，以免发生虚脱。

如果宝宝发热，同时伴有精神不佳，应该及时去医院就诊，不宜频繁服用退热药，以免延误治疗。

如何选择助消化药

助消化药是指能促进胃肠消化功能的药物，其药物组成多为消化液的主要成分，如盐酸和多种消化酶制剂等。也有一些药物能促进消化液的分泌，并增强消化酶的活性（如康胃素等），以达到帮助消化的目的。胃蛋白酶、胰酶、淀粉酶等都属于助消化药。

当宝宝发热或患有全身性疾病时，消化系统功能往往会相应地降低，胃蛋白酶的分泌量就会相应减少，适当补充一些胃蛋白酶合剂对消化有帮助。

◉ 胃蛋白酶

当宝宝因为胃口不佳而就医时，医生会给开一些胃蛋白酶合剂。胃蛋白酶合剂是胃蛋白酶加稀盐酸、甘油和适量糖浆混合而成的液体。它适用于病后消化不良。

◉ 乳酸杆菌制剂

乳酸杆菌制剂，如妈咪爱等，可以改善肠道微生物环境，促进胃肠蠕动与胃液分泌，对宝宝消化不良有一定的改善作用。爸爸妈妈在使用时应注意咨询医生，并详细阅读说明书，正确使用相应的剂量，以保证宝宝的安全和健康。

如何预防宝宝烂眼边

睑缘由于长期暴露，容易粘上尘埃和细菌而引发炎症，医学上称为睑缘炎，俗称烂眼边。该病多以眼睑奇痒起病，尤其遇到炎热、日晒、出汗之后更痒。宝宝会用手揉眼或挠眼。表现为两眼角潮红，分泌物增多（以外眦部为主）。眼角皮肤被抓破后流水结痂，睫毛黏集成簇，经再次揉擦后，睫毛随即脱落。痂皮被擦掉后，露出红润溃烂面。如果反复发作，时间长了眼睑缘会变得肥厚，容易造成眼睑外翻。预防本病，要求宝宝养成良好的卫生习惯，不要用手揉眼，使眼部保持清洁，同时要注意改善宝宝的胃肠消化状况，多吃新鲜蔬菜，不吃刺激性食物。避免风沙、尘埃的刺激。晨起睫毛黏在一起封住眼睛时，可以用柔软的清洁纱布蘸温水或生理盐水湿润睫毛，清除分泌物与痂皮，再用红霉素或金霉素眼药膏涂睑缘皮肤，每日 2 ~ 3 次。

潜能开发

早教宜注意的问题

1岁半的宝宝已经懂事了，父母之间、祖辈之间都要在教育宝宝的问题上保持一致。切不可爸爸这样教，妈妈那样讲，父母刚批评了宝宝，奶奶又让他那样去做。这样，大人前后矛盾、要求不一，宝宝就会不分是非、不知所措，很多良好的习惯就无法养成。

有些宝宝非常任性，一不顺心就大哭大闹，打滚耍赖。对于这样的宝宝既不能打骂，又不能屈从，最好的办法是走开，不理他，在他情绪平稳的时候再教育他。有些宝宝过分胆小，对于这样的宝宝就不能经常批评、训斥，而要鼓励他，即使他做错了什么事，也不要过多唠叨。

语言能力训练

1岁半的宝宝喜欢和爸爸妈妈讲话，爸爸妈妈应该把握时机，通过图片、食物等耐心、反复地教宝宝认识事物、增加词汇，使宝宝的知识面加宽，增加语言的内容。但1岁半的宝宝记忆力有限，所以也不能教得太多。对于口齿不清的宝宝，爸爸妈妈要用标准语音给宝宝纠正，反复教他念。

✺ 亲子游戏：要不要

游戏目的 1岁多的宝宝已经有了自己的想法，应该多鼓励宝宝回答简单的问题，刺激他自主表达能力的发展。

游戏方法 在进行各种日常活动时，可以顺口问问宝宝"要不要"，让他适度表达意见。找出宝宝最感兴趣的事，如画画，问宝宝"要不要画画"，在宝宝做出回答后，可以再就该事情问一些简单的问题。

精细动作训练

1岁半的宝宝手部动作已经很灵活了，但仍不能放松对宝宝手部灵活性的锻炼。

✺ 亲子游戏：装糖果

游戏目的 训练宝宝手指肌肉力量和灵活性，培养宝宝初步的美感。

游戏方法 妈妈准备一个透明大口袋，一些五颜六色的皱纹纸（小方块）。妈妈示范糖果是怎样做的。将一张小方块纸裹起来,用手指捏紧,捏成一个小圆团,放进小瓶内。妈妈再让宝宝跟着学做纸糖果,启发宝宝用手把纸在手中揉捏和裹紧。把做好的糖果一个个放进小瓶里。再让宝宝看五颜六色的糖果装进瓶中是多么美丽。

装糖果

⊛ 亲子游戏:穿小珠

游戏目的 训练宝宝手眼协调能力,锻炼宝宝专注力,当宝宝会穿小珠后,宝宝的双手就学会了配合。

穿小珠

游戏方法 给宝宝5～6个不同颜色的小木珠,准备一根带硬头的彩色鞋带,让宝宝将小珠一个个穿过去,妈妈可以协助宝宝。开始穿时由于宝宝的左右手还不能很好配合,可先由妈妈拿起木珠让宝宝用绳子穿,再让宝宝用另一只手把穿过的一头拉出。当宝宝慢慢熟悉后,再由宝宝自己穿。不过,妈妈要注意,不要让宝宝将木珠放进嘴里。

大动作训练

1岁半的宝宝已经会跑了,可以训练他做许多大运动量的活动,如跳舞、双脚跳、快跑、踢球等,还可以训练他跳上、跳下楼梯,以增强腿部肌肉力量。此外,可以通过游戏,训练宝宝身体的协调能力。

⊛ 亲子游戏:小白兔跳跳跳

游戏目的 锻炼宝宝腿部力量,训练宝宝腿部屈伸动作和全身运动。

游戏方法 制作小白兔头饰,给宝宝戴上。先用双手扶着宝宝的腋下跳,也可以面对面拉住宝宝的双手,让宝宝自己试着跳,一边跳一边念:"小白兔白又白,两只耳朵竖起来,爱吃萝卜和青菜,蹦蹦跳跳真可爱。"原地跳和行走跳相结合。注意在拉手跳时，力度要适度。多次训练后，用适当的力度带动宝宝一下，宝宝就会靠自己的力量跳起来。

小白兔白又白，
两只耳朵竖起来，
爱吃萝卜和青菜，
蹦蹦跳跳真可爱。

认知能力训练

1岁5个月的宝宝对物品的区分能力有了进一步提高，不但能够区分大部分同类物品，还能区分相近物品，如宝宝知道碗、勺子和水壶是厨房里的物品，它们都属于餐具。宝宝不但会把鞋子放在一起，还知道鞋垫是放在鞋子里的，袜子、鞋子和鞋垫关系密切。

◉ 亲子游戏：叠叠高

游戏目的 训练宝宝手脑协调，认识高矮、上下的概念，培养宝宝的创造性。

游戏方法 用大小不同的纸盒让宝宝一个一个往上放，启发宝宝放上去时注意放稳，并注意位置。如果往上堆超过了宝宝的身高，可以拿小凳子辅助。让宝宝站在凳子上再堆高。每堆高一个要鼓励宝宝："宝宝真棒！"也可以用积木让宝宝做同样的游戏。注意堆高时要提醒宝宝放稳，如果不稳，要让宝宝把上面一个拿下来重放。当宝宝堆到一定高度时，可以让宝宝用力从下面把它推倒，并微笑着对宝宝说："啊！推倒了，垮下来了！我们再来堆，要越堆越高。"

叠叠高

◉ 亲子游戏：贴纸画

游戏目的 让宝宝在贴画中认识自然界的花草树木、小动物，启发宝宝的想象力。

游戏方法 用一张白纸，先勾画出大树小草，剪好各种各样小纸花蝴蝶、小纸动物，让宝宝和你一起完成一幅贴纸画。贴之前先涂一点糨糊，让宝宝自己贴，妈妈在旁边告诉宝宝，花在什么地方，蝴蝶飞到哪里，动物在草地上做什么，小虫在地洞里怎么爬。

贴纸画

情绪及社会交往能力训练

很多家长认为宝宝还小、不懂事，当着宝宝的面什么话都说。殊不知，宝宝比你想象的要懂事得多，他已经按照自己的方法理解你讲话的内容了。所以，爸爸妈妈在宝宝面前说话一定要注意文明，不在宝宝面前议论大人间的是非纠葛，也不要当着宝宝的面与别人吵架；不要在宝宝面前撒谎；当着客人的面不要议论宝宝的缺点。别看你的宝宝才 1 岁半，在他的面前，爸爸妈妈说话应特别注意。

◉ 亲子游戏：小球滚起来

游戏目的 培养宝宝与他人合作的良好性格，双手的抬起放下，能让宝宝知道高低的概念。

游戏方法 准备一条长毛巾，一个小皮球。和宝宝面对面坐好，中间有一定距离。妈妈和宝宝的左右手分别抓住毛巾的两端左右角，皮球放在毛巾上。先让宝宝双手抬高，让球滚向妈妈一端，然后妈妈抬高，让球滚向宝宝。妈妈尽量让球不要掉下来。慢慢训练宝宝，让宝宝体会到手一高一低与皮球滚动的关系。为了增加宝宝的兴趣，皮球还可以用其他的光滑物体代替。

小球滚起来

专家问答

宝宝吃饭不专注怎么办

注意力是构成智力的基本因素之一，宝宝吃饭时注意力不集中，长大后可能出现一系列负面效应，如学习时三心二意、上课集中不了精神、做事拖沓等，因此饭桌上的注意力教育应从小抓起。

拿走吸引宝宝的玩具、卡片，关掉电视，把饭菜做得可爱一些，吃饭时不要家长里短地聊天，更不能在吃饭时对宝宝的行为进行批评、训斥。总之，将干扰宝宝专心吃饭的一切外界因素都排除掉，才能避免宝宝东张西望。

1岁7个月至2岁的宝宝

生长发育特点

身体成长指标

性别 指标	男宝宝			女宝宝		
	最小值	均 值	最大值	最小值	均 值	最大值
体重（千克）	9.9	12.6	15.2	9.4	11.9	14.5
身长（厘米）	80.9	87.6	94.4	79.9	86.5	93.0
头围（厘米）	45.6	48.2	50.8	44.8	47.2	49.6
胸围（厘米）	45.4	49.4	53.4	44.2	48.2	52.2

感觉发育

现在宝宝各方面发育都更为成熟了，他已经知道做什么事会让爸爸妈妈生气，有了一定的是非观念。宝宝很喜欢纠正大人的错误，他也能发现自己的布娃娃掉了一只鞋，发现墙上多了一块污渍，这说明宝宝的观察能力也提高了。

语言发育

两岁宝宝注意力集中的时间比以前长，记忆力也加强，他已经掌握了300多个词汇。他能够迅速说出自己熟悉的物品名称，会说自己的名字，会说简单的句子，能够使用动词和代词，且说话时具有音调变化。他常会重复说一件事，他喜欢一页一页地翻书看。给宝宝看图片时，他能够正确地说出图片中所画物体的名字。

动作发育

将近两岁的宝宝走路已经很稳了，能够跑，还能自己单独上下楼梯。如果有什么东西掉在地上了，他会马上蹲下去把它捡起来。这时的宝宝很喜欢大运动量的活动和游戏，如跑、跳、爬、跳舞、踢球等，并且很淘气，常会推开椅子，爬上去拿东西，甚至从椅子上桌子，从桌子上柜子，你会发现他总是闲不住。

现在宝宝只用一只手就可以拿着小杯子很熟练地喝水，他能把6~7块积木叠起来，会把珠子穿起来，还会用蜡笔在纸上模仿着画垂直线和圆圈。

日常护理要点

理智对待宝宝耍赖

宝宝的任性心理不是天生的，而是爸爸妈妈不加约束、一味放纵的结果。宝宝的任性发展到一定程度，就有必要从心理上加以纠正。

（1）转移宝宝的注意力。宝宝注意力集中的时间比较短，爸爸妈妈可以利用这一特点想办法转移他的注意力，改变宝宝的任性行为。

（2）在情绪上表示理解，但在行为上要坚持对他的约束。如吃饭的时候，宝宝忽然想起爱吃的菜今天没有，就生气地拒绝吃饭。即使冰箱里有原料，妈妈也不应该迁就宝宝给他做，应明确表示饭菜准备好了，就不应该随便更换。如果宝宝继续闹，可以让他饿一顿，等他感到饥饿时，自然就会找食物吃。

（3）有时可以采用暂时回避的方法。有些宝宝的不合理要求没有得到满足就纠缠不休，这时，爸爸妈妈可以暂时不去理他，让他感到哭闹的方法是无效的，他就会停止。事后可以与他坦诚交流，让他知道原因。

当然，解决宝宝任性的方法还很多，关键在于培养宝宝认识和判断事物的能力。

让宝宝养成良好的卫生习惯

婴幼儿时期是习惯养成的重要时期，抓紧这个时期进行培养，将收到事半功倍的效果，习惯容易养成，而且牢固，会让宝宝受益一生。

（1）每天早晨起床、睡觉时应该让宝宝洗脸刷牙等，定期为宝宝洗头、洗澡、理发、剪指甲，培养宝宝卫生整洁的习惯。

（2）一两岁后培养宝宝睡午觉，不要让宝宝熬夜、睡懒觉。

（3）从小养成讲文明的卫生习惯。不要随地吐痰，不要随地大小便。爸爸妈妈还应耐心纠正宝宝挖鼻孔、抠耳朵等坏习惯。

不宜常带宝宝在路边玩

我们提倡宝宝多到户外玩，多晒太阳，但不赞成常带宝宝在路边玩。马路车多人多，而且马路两边是污染最严重的地方，对宝宝健康危害很大。车在路上跑，汽车排放的废气中含有大量一氧化碳、碳氢化合物等有害物质，马路边是空气污染严重的地段。

马路上各种汽车鸣笛声、刹车声、发动机声等，形成噪声污染，影响宝宝的听力。

马路上的扬尘，含有各种有害物质和病菌、微生物，损害宝宝的健康。妈妈带宝宝玩要，要到公园、郊外等空气新鲜的地方去。

宝宝粗言粗语怎么办

对这个年龄段宝宝来说，语言是借用的东西，大都是把大人的话、电视上的话以及小朋友的话拿来就用。

此外，语言还经常被宝宝当成游戏的工具，有时候也用于语言练习和学习。因此，这一阶段对语言的内容其实不必过分计较，爸爸妈妈要以冷静的态度对待。当宝宝说粗话时，应平心静气地引导，不要太过斥责，关键是自己做到文明用语，成为孩子的榜样。

科学喂养

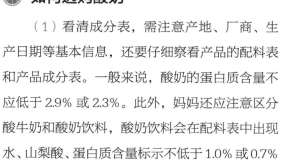

喝酸奶的学问

 **如何选购酸奶**

（1）看清成分表，需注意产地、厂商、生产日期等基本信息，还要仔细察看产品的配料表和产品成分表。一般来说，酸奶的蛋白质含量不应低于 2.9% 或 2.3%。此外，妈妈还应注意区分酸牛奶和酸奶饮料，酸奶饮料会在配料表中出现水、山梨酸、蛋白质含量标示不低于 1.0% 或 0.7% 等字样。

（2）选购时，考虑是否适合宝宝口味。

从工艺上区别：酸奶分为搅拌型与凝固型，两者在口味上略有差异（凝固型酸奶口味更酸些），但营养价值没有区别，妈妈只需要根据宝宝的喜好来选择。

从原料和添加物区分：酸奶主要分为纯酸奶、调味酸奶和果料酸奶 3 种，只用牛奶或复原奶作为原料发酵而成的是纯酸奶；在牛奶或复原奶中加入食糖、调味剂或天然果料等辅料发酵而成的是调味酸奶或果料酸奶。建议妈妈给宝宝选择原味酸奶。

从脂肪含量来看：一般分为全脂酸奶、低脂酸奶和脱脂酸奶。全脂酸奶有丰富的维生素 A 或维生素 D，是酸奶产品中最富营养价值的，妈妈不妨为宝宝选择全脂酸奶。

（3）购买后，先仔细品尝一下：酸奶应具有纯乳酸发酵剂制成的酸牛奶特有的口味；但酸奶饮料的奶味就淡多了，而且大多有水果味。

⊛ 喝酸奶的注意事项

（1）不要空腹喝：饭后两小时左右是宝宝喝酸奶的最佳时间，这个时候胃里的胃酸被食物稀释了，pH 值上升到 5 左右，最适宜乳酸菌的生长。

（2）无须加热：不要用开水冲调酸奶或给酸奶加热，否则会杀死乳酸菌。夏季给宝宝喝酸奶可以现买现喝，冬季可以先将酸奶取出冰箱，放置一段时间后再给宝宝饮用。

（3）不宜与某些药物同服：抗生素（如红霉素）、磺胺类药物和治疗腹泻的药物会杀死或破坏酸奶中的乳酸菌，宝宝吃了这些药后再喝酸奶起不到原有的保健作用。

（4）喝完酸奶要漱口：酸奶中的乳酸对宝宝的牙齿有腐蚀作用，如果喝了酸奶没有及时漱口，宝宝的牙齿就会被乳酸腐蚀，加大龋齿的发生率。

（5）买回来的酸奶需要放在 4℃以下冷藏，保存不当的酸奶会发生变质，不再适合饮用。

宝宝怎样喝果汁最健康

（1）选择鲜榨果汁。虽然榨汁过程中会损失一部分营养，但鲜榨果汁保留了水果的大部分营养物质，可以为宝宝补充水分、维生素和矿物质，属于健康食物。果汁饮料虽然号称添加了果汁、果肉，营养物质含量却微乎其微，防腐剂、香精含量大大增加，不适合宝宝饮用。

（2）果汁不宜加热，常温或冷藏后食用更有营养。如果是在冬天，浸在热水中至温即可。

（3）每次给宝宝喝完果汁后，特别是临睡前，妈妈应给宝宝喝少许白开水，以帮助宝宝清洁口腔。

（4）喝果汁不能代替饮水。由于果汁含糖量高，易造成宝宝食欲减退，甚至出现果汁综合征，即由于摄入过多含钠低的果汁，引起低钠血症和脑水肿，表现为头晕、呕吐、无热惊厥。所以，宝宝喝果汁每日总量不应超过250毫升。

（5）果汁不能代替水果和蔬菜，即使是现榨也会流失营养，有咀嚼能力的宝宝还是要吃蔬菜、水果。

（6）果汁宜在两餐之间喝。

（7）水果中含有丰富的糖分，宝宝大量喝果汁会造成体内摄入过多的糖，既影响正常的食欲，又会埋下肥胖的隐患，甚至引起烦躁、精神萎靡等不适。

带宝宝外出旅行的饮食安排

1岁以内的宝宝不适合远游，因为他们还不会走路，爸爸妈妈抱着他们长途跋涉很不容易。而且宝宝还小，抵抗力也差，万一得了病也很麻烦。

1~3岁的宝宝可以选近地旅游，爸爸妈妈选择的旅游地点，最好是乘车4小时以内能到达。这样一天内便可返回，避免环境改变给宝宝带来不适。

3~6岁的宝宝可以远游了。不过，不宜长时间坐车。

宝宝出游，要给宝宝准备什么饮食呢？这就需要妈妈提前做好准备，在出游的前一天给宝宝准备好第二天的食物。

（1）配方奶粉：同时准备一个密封好的旅行热水瓶和保温桶，带上小包装的配方奶粉，当宝宝想喝奶时，随时给宝宝冲。

（2）酸奶：需要冷藏储存，如果是短途旅行，可以在常温下放置一段时间。但如果是长时间旅行，又没有冷藏设备时，最好不要带酸奶，到当地购买即可。

（3）其他食品：适合一两岁宝宝吃的零食，尽量不买膨化食品。最好不给宝宝吃没有吃过的食品，宝宝可能会对这种食物过敏。最好的零食仍然是水果，那些小的、方便剥皮的水果是最佳选择。

（4）正餐：到正规餐厅就餐，其中西红柿鸡蛋汤或西红柿炒鸡蛋加大米饭，是比较好的选择。餐厅饭菜一般油水大、盐多，饭菜比较硬，因此要嘱咐厨师少放油和盐，一定不要放动物油，最好放橄榄油、色拉油或花生油。饭菜尽量做得软烂些。另外，不要让厨师淋明油，这可能会引起宝宝腹泻。

（5）即食食品：给宝宝带些打开即食的食品也是不错的选择。现在有不少适合宝宝吃的即食食品，可以选择几种带在路上，方便应急。

（6）去餐厅就餐，宜避开餐厅用餐高峰期，这样可以让宝宝在相对安静、安全的环境中进餐，避免宝宝哭闹带来的麻烦。

（7）在外就餐时，妈妈难以把握食材的新鲜度、食物制作的卫生情况，所以最好少给宝宝吃肉食，以免宝宝吃了在冰箱里存放过久的肉食出现腹泻、呕吐，新鲜的时令蔬菜和水果可以适量多给宝宝吃。

宝宝适合三餐两点

1 ～ 2 岁的宝宝胃容量有限，所以每次进食有限，除了一日三餐外，还应另外加两次点心，以帮助宝宝补充充足的营养和能量。

如果宝宝是和大人一起吃饭，宝宝的饭菜应该单独做，少放盐、糖等调味品，且要比成人的饭菜软一些。两餐之间加入两次点心，可以吃水果、奶制品，或面包、蛋糕、饼干，也可以同时让宝宝吃两种，如酸奶和水果、酸奶和面包。

宝宝要少吃高盐食物

宝宝吃高盐食物的危害很大，高盐食物会减少口腔唾液分泌，增加细菌与病毒的繁殖概率；进食高盐食物后，由于盐的渗透作用，可杀死上呼吸道的正常寄生菌群，造成菌群失调，导致疾病。

这些因素都会使上呼吸道黏膜抵抗疾病侵袭的作用减弱，加上宝宝的免疫能力又比成人低，更容易被各种细菌、病毒趁机而入，导致感染上呼吸道疾病。

火腿肠和油炸食物如炸土豆、炸小鱼、炸鸡腿（翅）等，熏制零食如熏鸡、熏鸭、熏肉等，酱料如沙拉酱、番茄酱、酱油等，还有小苏打点心等，这些食物含盐量或含钠量超标，都属于高盐食品，应该让宝宝尽量少吃。

宝宝早餐要吃好

对于生长发育旺盛期的宝宝来说，早餐一定要吃饱、吃好。现在许多家长往往因为早晨时间匆忙，来不及为宝宝认真准备早餐，或因为缺乏营养知识，不会为宝宝科学地安排早餐。殊不知，这样不利于宝宝的生长发育。

由于宝宝的胃容量有限，上午的活动量又比较大，所以早晨这顿饭尤为重要。宝宝早餐要吃饱、吃好，并不是说吃得越多越好，也不是说吃得越高档、越精细越好，而是应该进行科学搭配。

一顿营养丰富的早餐应该含有丰富的能量、碳水化合物、蛋白质、矿物质及维生素，包括谷物、奶类、蛋类或肉类及最容易被我们忽视的蔬菜和水果。宝宝的早餐中如果增加蔬菜和水果，能够维持血液酸碱度的平衡，减轻胃肠道的压力，并且能为宝宝及时地提供一定量的维生素。传统的粥、鸡蛋、馒头配上新鲜的水果和蔬菜就是一顿营养丰富而均衡的早餐了，用新鲜蔬菜和鸡蛋、肉类一起煮面也是不错的早餐选择。

家庭诊所

本阶段宜接种的疫苗

✹ 百白破混合剂加强针

宝宝快两岁了，应该接种白白破混合制剂加强针了。这时疫苗的剂量有所增加，接种前应该让宝宝好好休息，并多喝水。接种后宝宝有可能局部会出现轻微红肿、胀痛和硬块等现象，爸爸妈妈可以每天用温度适宜的热毛巾热敷针眼 15 分钟，每天 3 次，可以有效缓解针眼部位的红肿，同时一定要注意让宝宝好好休息。如果有其他特别严重的反应，如发热等，应及时去医院就诊。

宝宝食物中毒怎么办

宝宝食物中毒，是指患儿所进食物被细菌及毒素污染，或食物含有毒素，进食食物所引起的急性中毒性疾病。

食物中毒后第一反应往往是腹部不适，宝宝首先会感觉到腹胀，一些宝宝还会腹痛，个别的还会发生急性腹泻。与腹部不适伴发的还有恶心，随后会发生呕吐的情况。食物中毒一般后果很严重。那么如果宝宝食物中毒该怎么办呢？

（1）不要慌张：如果妈妈发现异常，怀疑宝宝是食物中毒，千万不要慌张，要尽快冷静下来，先问问宝宝吃了什么，然后检查宝宝口袋里或周围有没有吃剩的东西，看和宝宝一起吃东西的孩子或大人是否出现类似情况。

（2）及时催吐：妈妈在确定宝宝发生了食物中毒后，需要估算一下宝宝吃下有毒食物的时间。如果宝宝食物中毒发生的时间在 2～4 小时，

妈妈可以用手指或勺柄刺激宝宝的咽喉壁，让宝宝尽快把有毒的食物吐出来，以免毒素被吸收。如果食用有毒食物已经超过 4 个小时，妈妈需要给宝宝喝下大量的淡盐水，并且使用指压的方法让宝宝吐出胃中的残留物。

（3）保存毒物：如果妈妈找到了导致宝宝中毒的食物，或发现了造成宝宝食物中毒的可疑物，应该马上妥善保管起来，为医生分析宝宝中毒情况提供有力证据。

（4）尽快就医：在经过简单的急救后，妈妈应该立刻把宝宝送往医院，让专业的医生为宝宝做进一步的诊治，不可拖拖拉拉，以免贻误病情，对宝宝的健康造成危害，甚至危及宝宝的生命。

宝宝步态异常

正常情况下，1 岁至 1 岁半是宝宝从扶物行走发展到独立行走的阶段。在学步时期，宝宝为了防止摔倒，走路时不得不两脚分开，重心下移。大约 3 岁后这种现象就消失了。已经能独立行走的宝宝，如果出现步态异常，往往提示存在着某些疾病，应引起注意。

（1）八字步：有内八字和外八字之分，也就是我们常说的 X 型腿和 O 型腿。这两种类型都是佝偻病引起的后遗症。

（2）剪刀步：当宝宝站立或扶走时，腰背

部挺直，两脚尖着地，两腿呈剪刀样交叉，严重者双臂活动受限。剪刀步常见于脑瘫患儿。

（3）醉步：宝宝两岁后还出现走路不稳、左右摇晃或向一侧倾倒，犹如成人喝醉酒后的步态。主要见于小脑疾病患儿。

（4）鸭步：宝宝走路的姿势像鸭子，挺胸突肚，下肢缓慢向前移动。如果这种宝宝不慎跌倒在地，要采取一种特殊的姿势才能爬起来，即先以两手撑地，弯腰，再将两手撑在膝关节上，然后逐渐直腰起立。造成鸭步的主要原因是营养不良，此外还见于两侧先天性髋关节脱位。

（5）跛行：这种情况多见于小儿麻痹症或肠道病毒感染后引起的一侧下肢不完全瘫痪。发病前宝宝肢体活动正常，发病后才出现一侧肢体瘫痪而致跛行。而先天性跛行则由单侧髋关节脱位引起，学会走路后即出现一侧下肢跛行。

蛔虫病的预防

蛔虫病是人体最常见的寄生虫病之一。患了蛔虫病的宝宝，由于肠道内寄生的蛔虫吸收人体营养物质，宝宝常常会消瘦、腹痛，伴不爱吃饭和异食癖。成虫的代谢物被吸收后，会引起低热、精神萎靡、易惊、磨牙等。如果宝宝感染蛔虫病比较严重，可引起智力发育迟缓，极个别可引起神经性呕吐、肌肉麻痹等。因此，不能对蛔虫病

掉以轻心。快两岁的宝宝自己能够吃东西、喝水，活动范围扩大了，但如果没有养成讲卫生的好习惯，就很容易感染蛔虫病。为了预防蛔虫病，必须教育宝宝一定要在饭前、便后把手洗净；常剪指甲，避免虫卵藏在指甲缝内；生吃瓜果蔬菜要洗净、去皮，或用开水焯烫，防止沾染在蔬菜和水果上的蛔虫卵进入消化道；不要养成吸吮手指的坏习惯；要消灭苍蝇、蟑螂，不吃被它们爬过的食物，因为这些动物常常把粪便、蛔虫卵、细菌和病毒等带到食物上去，从而传播消化道疾病；不要喝生水，勤晒被褥，不要随地大小便。做到以上几点，不但可以预防蛔虫病，还能预防许多其他传染病。目前有效果很好的驱蛔虫药，但应在医生指导下服用。

潜能开发

开口说话有早晚

宝宝说话有早有晚，通常情况下，宝宝长到13～18个月的时候能够开口说出有意思的单词。少数宝宝可能早一些或晚一些，有些宝宝两岁左右才开始同大人有问有答，这种差异的形成与遗传有一定的关系。如果是这种情况，爸爸妈妈大可不必过分焦急。

除了遗传因素外，在此特别强调后天家庭环境与教育方式对学说话的直接影响。例如，有些爸爸妈妈性格内向，不善言辞，平时很少主动与宝宝说话，使宝宝很少得到练习说话的机会。有时还会强调"忙"，很少主动与宝宝接触，使得宝宝没有模仿说话的对象，缺乏进行言语交流的欲望，宝宝就很难得到开口说话的训练了。还有些爸爸妈妈不爱说话，还不喜欢带宝宝接触其他人，这就使宝宝更得不到语言刺激和训练了。所以，爸爸妈妈要多付出一些爱心，加强亲子间的言语沟通，给宝宝充分的言语刺激，宝宝一定不会辜负期望，他一定会在爸爸妈妈的关爱下迅速进步。

🍊 亲子游戏：它们吃什么

游戏目的 让宝宝根据儿歌故事，给动物找出食物。训练宝宝了解动物和食物之间简单的对应关系，训练宝宝学说简单句。

游戏方法 先将小白兔、小狗、小猫、小鸡4种动物卡片选出来，再选出萝卜、骨头、鱼、小虫四张卡片，分别给宝宝用故事的形式讲出动物喜欢吃的食物。也可以用儿歌的形式，念出动物喜欢吃的食物。如："小白兔白又白，两只耳朵竖起来，爱吃萝卜和青菜，蹦蹦跳跳真可爱。一只小花狗，蹲在大门口，两眼泪汪汪，想吃肉骨头。小猫小猫咪咪咪，看见小鱼笑嘻嘻，小鸡小鸡叽叽叽，啄到害虫笑嘻嘻。"

小白兔白又白，
两只耳朵竖起来，
爱吃萝卜和青菜，
蹦蹦跳跳真可爱。
一只小花狗，
蹲在大门口，
两眼泪汪汪，
想吃肉骨头。
小猫小猫咪咪咪，
看见小鱼笑嘻嘻，
小鸡小鸡叽叽叽，
啄到害虫笑嘻嘻。

让宝宝自己动手更重要

宝宝的模仿力很强，如果爸爸妈妈教宝宝正确的动手技巧与方法，宝宝会出色地完成很多事情。妈妈可以指导宝宝穿珠、穿线，也可以利用家里的废旧物品做游戏，如用挂历纸折飞机、叠小船，玩开飞机、轮船的游戏等。努力让宝宝认识到自己的小手很能干，体会到动手的乐趣、强化宝宝动手的欲望，养成爱动手的习惯、提高宝宝的动手能力。对于宝宝力所能及的事，爸爸妈妈应鼓励宝宝勇敢地去做，发展宝宝的动手操作能力，如鼓励宝宝自己穿脱衣服、自己系鞋带等。这样经常锻炼，可以增加宝宝手部的灵活性及独立性。

◉ 亲子游戏：抠图形

游戏目的 抠图锻炼宝宝手指的灵活性。图形镶上去，训练宝宝的观察能力和记忆力。

游戏方法 准备一些塑料泡沫镶嵌的图形（如动物、用品、植物等）。先让宝宝看镶在图形中的是什么，如果是动物，可以告诉宝宝："动物和宝宝一样要从家里出来玩，宝宝去抠抠它。"让宝宝用小手把图形一块一块抠出来，抠出来后再让宝宝看，然后让宝宝再一个一个镶上去，告诉宝宝："动物要回家找妈妈了。"

需要注意的是，镶嵌的图形要简单，最好只有一两个拼图。

抠图形

行走能力训练

随着宝宝骨骼及肌肉的发育，宝宝走得越来越稳，开始学习跑、跳等动作，不用扶就能蹲、能坐，能扶栏杆上下台阶，能踢球等。捡东西时不会跌倒，能将皮球踢出去。宝宝能很轻松地倒退着走5步以上，两步一级地走上楼梯也可以不用手扶，还能自己控制速度并转身。

◉ 亲子游戏：踢小罐

游戏目的 踢小罐可以让宝宝全身运动，也锻炼了宝宝小腿的力量，参与比赛培养了宝宝积极向上的精神，还能增强宝宝的自信心。

游戏方法 将易拉罐瓶内装少许豆子，封好口。将做好的易拉罐瓶放在地上，让宝宝去踢。可以设置距离，也可以用一个倒放的纸箱，让宝宝踢到设置的位置。在宝宝会踢之后可以进行比赛，看谁踢得快。

踢小罐

⊙ 亲子游戏：走方格

[游戏目的] 训练宝宝的行走能力，锻炼宝宝的平衡性。

[游戏方法] 在地上画出方格让宝宝行走。注意方格有一格、有两格，一格要宝宝两脚并拢站好，两格要宝宝两脚分开跨步站，一并一分，让宝宝慢慢懂得走方格的游戏规则。

走方格

训练宝宝的认知能力

这时的宝宝有极强的模仿力，也有极强的模仿欲望，妈妈要干什么，他就要干什么。两岁前的模仿大多是滞后的，宝宝或许几个小时后、几天后才开始模仿妈妈的动作。现在不是这样了，宝宝一般马上就会行动。如果妈妈拿着拖把拖地，宝宝马上就要抢过来干，成了"小捣乱鬼"。

这么大的宝宝已经会数数，但妈妈需要给宝宝加强数的概念，如果数1就给宝宝面前放1块积木，数2时放2块积木。宝宝还能分清2比1多，1比2少。此外，宝宝能分清一堆物品中哪些是可以吃的，哪些是不能吃的。

⊙ 亲子游戏：鞋袜配对

[游戏目的] 训练宝宝的数字概念，并让宝宝识别自己的物品，训练记忆力。

[游戏方法] 将宝宝的小鞋小袜脱下放在一起，然后散落在地板上，让宝宝去找出自己的鞋子和袜子，告诉宝宝："鞋是一双，一双是两只。宝宝的袜子也是一双，也是两只。"宝宝全部找到后，让宝宝自己试着穿起来。游戏尽量在天气暖和的时候进行。

❋ 亲子游戏：多少比较

游戏目的 训练宝宝观察力，学习多和少，为以后学数做准备。

游戏方法 准备两个盘子，盘子里可以放扣子、豆子、花生、红枣……妈妈和宝宝面对面坐好，分别在盘子里装上物品，一多一少，多少要明显。将多的推到妈妈面前，少的放在宝宝面前，告诉宝宝："这个扣子多，这个扣子少。"扣子也可以换成豆子、花生、红枣等。还可以把妈妈的和宝宝的盘子对换，再让宝宝指出哪个盘子里多，哪个盘子里少。

> 这个扣子多，这个扣子少。

培养宝宝的交往能力

虽然宝宝天生就有和人交往的本领，但在什么样的场合采取什么样的方式才能有效地达到目的，这是宝宝出生以后通过观察实际的效果才能逐渐了解的。

爸爸妈妈应该明白，宝宝喜欢用什么方式和你交往是由你的反应决定的。如果宝宝不哭不闹、语调平静地呼唤你，你不理不睬或认为宝宝没什么着急的事，就可以漫不经心地敷衍他，而在宝宝大哭大闹的时候才理睬他，他自然要把哭闹视为最佳手段。

所以，爸爸妈妈应该对宝宝那些好的交往方式给予鼓励，及时认真地做出回应，以微笑的表情、温柔的爱抚表示对他的关注，使宝宝感到爸爸妈妈欣赏自己的这种行为。与此同时，要对宝宝那些消极的方式进行冷处理，使宝宝懂得，哭闹、大喊大叫、耍赖、撒娇发脾气、砸东西等，都不是吸引爸爸妈妈注意的好方式。如果宝宝坚持如此，爸爸妈妈一定不要理他。几次之后，宝宝知道再怎么闹也没有用，会自己放弃消极的方式。

爸爸妈妈要给宝宝做好表率，帮助宝宝学习正确的交往方式，使他从小就处在有利于身心成长的、良好的人际关系氛围中。

❋ 亲子游戏：救小鸭

游戏目的 锻炼宝宝的钻爬穿越能力，激发宝宝保护小动物的爱心。

游戏方法 在装有水的盆里放上几只塑料小鸭子，盆的前面设置障碍，可以是木板桥，也可以是轮胎，让宝宝穿过障碍去把小鸭子从水里救起来，让它们回到鸭妈妈身边。每救起一只，先放回来，再救下一只，让宝宝一只只去完成救助。当所有的小鸭子被救起来后，要表扬宝宝的爱心。

救小鸭

专家问答

不宜给宝宝吃汤泡饭

不少宝宝不喜欢吃干饭，喜欢吃"汤泡饭"，爸爸妈妈为了贪图方便，便顺着宝宝，每餐用汤拌着饭喂宝宝。长此以往，宝宝不仅营养不良，而且也养成了不肯咀嚼的坏习惯。吃下去的食物不经过牙齿的咀嚼和唾液的搅拌，会影响消化吸收，也会导致一些消化道疾病的发生。

不经咀嚼的食物会增加胃肠负担，而过量的汤水又会将胃液冲淡，从而影响食物的消化吸收，时间长了还容易引发胃病。

宝宝一定要喝高钙奶吗

高钙奶中添加的钙多数属于化学钙，与有机钙不同，这种钙不易被人体吸收，吸收率一般只有 30% ~ 40%。

1 ~ 3 岁的宝宝每天需要 600 ~ 800 毫克的钙。奶制品中富含钙质且吸收率高，每天 500 毫升左右的奶即可满足宝宝身体对大部分钙质的需求。同时每天食用的肉类、鱼类、蛋类、豆类及谷物中都含有一定量的钙，饮食均衡、食物多样化的宝宝没有必要喝高钙奶，多余的钙不能被人体吸收，还会加重身体的负担，在体内沉积之后有可能形成肾结石。

2岁1个月至2岁6个月的宝宝

生长发育特点

身体成长指标

性别 / 指标	男宝宝			女宝宝		
	最小值	均 值	最大值	最小值	均 值	最大值
体重（千克）	10.8	13.6	16.7	10.3	13.0	16.2
身长（厘米）	85.4	92.3	99.2	84.5	91.3	98.1
头围（厘米）	46.2	48.8	51.4	45.3	47.7	50.1
胸围（厘米）	46.2	50.2	54.2	45.1	49.1	53.1

感觉发育

两岁半的宝宝能认识几种不同颜色的画片，还能认识圆形、长方形、三角形和正方形。

语言发育

两岁半左右的宝宝已经掌握了很多词汇，能用简单的句子进行完整的表达，会背诵简短的唐诗，学会用耳语传话，也会背诵2～3首儿歌。学会简单地看图讲故事。能和小朋友玩过家家的游戏，并扮演不同角色。

动作发育

宝宝大动作的平衡度提高，能用脚尖比较自如地在一条线上行走，拐弯的时候还能保持平衡不摔倒。可以不扶任何物体，单脚站立 3 ~ 5 秒。另外，宝宝的精细动作也大大提高，可以自己解开衣服上的按扣，还会开合末端封闭的拉锁。

日常护理要点

教会宝宝自己刷牙

发育正常的宝宝，一般在两岁半左右长完乳牙。此时就应该训练宝宝刷牙，让他从小养成良好的口腔卫生习惯。

要训练宝宝养成刷牙的习惯，爸爸妈妈首先要以身作则，让宝宝经常模仿爸爸妈妈的动作，同时给宝宝讲些刷牙的简单道理。

◉ 牙刷

要选用儿童牙刷。牙刷刷毛软硬适中，太硬的牙刷易损伤牙齿表面及牙龈，太软的牙刷则起不到清洁的作用。一般牙刷在使用 3 个月后就应该更换，如果发现刷毛颜色发黄或刷毛向外变形则要及时更换。

◉ 牙膏

最好选用刺激轻微且含水果香味的儿童牙膏，3 岁以下的宝宝不要使用含氟牙膏。早晚最好选用不同品牌的牙膏，因为不同品牌牙膏中含有不同的杀菌成分，如果总是使用同一种牙膏，口腔中的细菌就会产生耐受性，从而使除菌效果大打折扣。

◉ 方式

训练宝宝刷牙，一开始就应该注意掌握正确的刷牙方法，特别要避免拉锯式的横刷法。这种错误的刷牙方法不但不能把牙齿刷干净，还容易导致牙齿最薄弱的地方——牙颈部损伤，造成牙齿的楔状缺陷，把牙齿刷出一条沟来。

正确的刷牙方式是顺着牙缝由上而下、由下而上地竖刷。上下、内外都是顺着牙根向牙尖刷。牙合面可以横刷，这样清洁才彻底。

每次刷牙至少需要 3 分钟时间。此外，冬天最好用温水刷牙。建议早晚刷牙，进食后都应该漱口。

鼓励宝宝自己穿脱衣服

让宝宝自己穿脱衣服，是培养宝宝生活自理能力的一个重要内容。从宝宝 2 ~ 3 岁开始，就应该鼓励他自己穿脱衣服。开始时他可能穿不好，常穿反裤子，或将两条腿伸在一条裤腿里。在这样的情况下，爸爸妈妈要鼓励宝宝继续练习。穿衣练习最好是从夏天开始，因为夏天的衣服简单，而且慢慢穿也不易受凉。夏天学会穿短裤、背心，随着天气变化，渐渐增加衣服，同时渐渐学会穿厚衣服。

为了激发宝宝自己穿脱衣服的兴趣，防止宝宝把衣服穿反，可以买些有前后标记的衣服，如上衣胸前有他喜欢的小动物，裤子前面有口袋或膝盖上面有图案，使宝宝容易识别前后。

开始学穿脱衣服时，爸爸妈妈要教宝宝基本的方法。经过反复学习、实践，宝宝慢慢就能掌握穿脱衣服的技巧了。

宝宝是左撇子怎么办

我们知道，人的大脑分为左右两个半球，这两个半球的分工各有偏重，左半球的逻辑思维能力强，右半球的形象思维能力强。儿童时期，形象思维占主导地位，逻辑思维能力较差，因此宝宝的右脑功能偏强。而右脑负责左侧肢体的活动，因此儿童时期宝宝左撇子较多。

宝宝若是左撇子，爸爸妈妈不要强迫宝宝改用右手。因为虽然宝宝在爸爸妈妈的强迫下改用右手，但宝宝大脑中的优势半球却无法改变，反而起到了削弱优势、强化劣势的副作用。此外，还会造成宝宝心理上的一些障碍。对于左撇子宝

宝，爸爸妈妈应顺其自然，因为随着宝宝年龄的增长，左脑的逻辑思维能力会日趋增强，有一部分左撇子会改用右手，但依旧有些左撇子，很难改变过来，爸爸妈妈就不要再人为地强迫宝宝改用右手。反之，宝宝是左撇子，长期使用左手，还可以充分利用右脑的功能，自动平衡协调大脑的整体功能。

宝宝出现口吃怎么办

口吃俗称"结巴"，90％的患者是从两岁开始口吃的，这时宝宝急于讲话，一时张口结舌，要把话重复几次。如果情绪紧张，这种情况不断发生，就容易产生口吃。产生口吃的原因可能是说话太急，或者爸爸妈妈操之过急，宝宝因为好奇而模仿，宝宝受到惊吓等。

那么，宝宝出现口吃要怎么纠正呢？

（1）在宝宝讲话时要耐心、和蔼地倾听，鼓励宝宝慢点说，或先想好了再说，使宝宝养成从容不迫的讲话习惯。

（2）当宝宝说话不清楚时，爸爸妈妈不要嘲笑，以免宝宝紧张害羞，不能勇敢地学说话。

（3）纠正不正确的语言习惯。大多数口吃宝宝伴有不正常的姿势，我们称这种姿势为口吃行为模式。因此，纠正口吃应注意纠正口吃行为模式，必要时可对着镜子训练讲话姿势。

（4）培养宝宝的胆略、勇气、自信，鼓励他多与小朋友及大人交往，多教宝宝练习朗诵、说儿歌、讲故事，让宝宝勇于说话。

改善宝宝的独占行为

现在很多宝宝都有着强烈的占有欲，比如不让小朋友玩自己的玩具等。这种行为常令爸爸妈妈很尴尬，也会引起别人的不快，同时也影响着宝宝的成长。所以，爸爸妈妈需要及时发现，并正确引导宝宝。

（1）让宝宝学会与别人分享。鼓励宝宝和其他小朋友一起玩耍、一起分享玩具，如果宝宝把自己的零食或玩具分给小朋友，爸爸妈妈一定要及时对宝宝提出表扬。

（2）从小培养宝宝的物品归属概念，让他能分清"我的""你的""大家的"。比如可以带着宝宝一起分碗筷，告诉他："这是妈妈的，

那是爸爸的，最小的是宝宝的。"同时，让他知道有一些东西是公用的。

（3）不过分纵容、娇宠宝宝，及时制止他强要、硬抢的不当行为，并以身示范，让宝宝知道，无论拿谁的东西，都要征得主人的同意。

（4）吃东西的时候，可以让宝宝把吃的拿给家人，大家一起分着吃，把大的分给别人，小的留给自己，让宝宝懂得分享和礼让，防止宝宝养成自己优先和独占的坏习惯。

科学喂养

断奶后配方奶不能停

虽然此时宝宝的胃肠功能比婴儿时期更加成熟，但咀嚼和消化能力尚未发育健全。虽然此时的宝宝已经可以喝酸奶、牛奶了，但依然要继续喝配方奶。这是因为配方奶中的营养比例配置比较科学合理，各种营养物质更容易被宝宝消化吸收，比起其他奶类，更能促进宝宝的生长发育。

可以让宝宝吃一些坚果

坚果含有丰富的DHA，可以促进宝宝大脑发育。坚果中还含有丰富多样的脂溶性维生素及矿物质，如维生素A、钙、锌，这些营养素对于宝宝的视力发育必不可少。

不过，宝宝年纪小，吃坚果还有许多要注意的事项：

（1）不要整粒吃。整粒坚果不能被宝宝嚼碎，容易呛入气管或引起消化不良，最好将坚果压碎，再加工成食物给宝宝吃。

（2）不要吃调味坚果。加入盐、糖等调味品加工过的坚果卫生无法保证，营养也不如原味坚果。

（3）不要过量。建议每天给宝宝吃小半把花生或者4个腰果，也可以是1个核桃。

（4）不吃变质坚果。坚果受潮后会产生致癌物质，妈妈如果发现坚果发软变味就不要再给宝宝食用了。

让宝宝健康喝水

◉ 烧开水的学问

（1）我们平时烧开水，只能减少自来水中一部分有害物质，水中所含的有害化合物含量若要降到最低，一般来说应在水烧开2～3分钟后再关火。

（2）烧开水并不是越久越好，水沸后继续煮3分钟为宜，煮得过久会导致水分蒸发过多，水中的有害化合物含量相对增高，这样的开水对宝宝身体健康不利。

（3）由于输配管道和储水箱的二次污染，在自来水管道内存放过久的水不宜直接烧开饮用。清晨应打开水龙头，将水放流5分钟后再烧开饮用。流出来的自来水可以用来清洁地板或厕所等。另外，还可以把水放在容器中自然净化、沉淀后再烧开饮用。

◉ 四季饮水的学问

（1）春季：春季里细菌特别活跃，妈妈可以给宝宝喝些淡盐水，有利于预防上呼吸道感染等疾病。

（2）夏季：夏季最适合喝凉开水，可以帮助宝宝补充流汗损失的水分。

（3）秋季：秋季干燥，妈妈可以给宝宝多喝些温开水，以免宝宝出现秋燥症状。

（4）冬季：冬季寒冷，妈妈可以给宝宝喝些温热的开水，注意每次少倒一点，否则宝宝没喝完就凉了。

（5）妈妈不要在饭前给宝宝大量喝水，以免稀释了胃液，影响食欲和消化，也不要在睡前给宝宝喝水，这样会影响宝宝的睡眠。

少吃高糖食物

宝宝吃过量的高糖食物不仅会造成蛀牙，而且增加肾脏负担，会对心血管系统造成危害。高糖食物有哪些呢？

（1）糖果：如水果糖、太妃糖、牛奶糖、巧克力等含糖量都很高，宜少给宝宝吃。

（2）甜饮料：果汁、可乐、雪碧都属于甜饮料，宝宝每喝 1 瓶可乐就等于吃下 10 块以上方糖。

（3）甜点：果酱面包、甜甜圈、夹心饼干、巧克力蛋糕等含糖量较高，宝宝常吃这种零食会对健康造成严重影响。此外，妈妈要注意的是，咸味点心也不一定含糖量就低，比如制作咸味饼干时为了口感更好，厂家会添加一定比例的糖精。

（4）甜冰品：如冰淇淋、甜冰棍、水果沙冰等都是高糖食物，1 个普通的冰淇淋约含有相当于 17 茶匙的糖分。

（5）水果罐头：水果罐头制作过程中加入了大量的糖，而且没什么营养，宝宝要少吃。

宝宝晚餐要吃饱吃好

"晚餐要吃少"是对成年人尤其是老年人而言的，对宝宝来说，则另当别论。宝宝正处于生长发育的旺盛时期，不论身体生长还是大脑发育均需大量的营养物质。晚餐至次日早晨的时间间隔有 12 小时左右，虽说睡眠时无需补充食物，但宝宝的生长发育却一刻也不会停止，夜间也是一样，仍需要一定的营养物质。如果晚餐吃得太少太差，则无法满足这种需求，长此以往，就会影响宝宝的生长发育。由此可见，宝宝的晚餐不仅不能少吃，还应吃饱吃好。如果宝宝体重已经超标，则应坚持"晚餐吃少"的原则，但这个"少"指的是热量要少，而不是减少数量。

宝宝的晚餐应以清淡为原则，不要给宝宝吃过于油腻的食物。吃晚餐的最佳时间是 18 点左右，21 点之后不要再给宝宝吃任何固体食物。

家庭诊所

小心宝宝龋齿

龋齿影响宝宝的咀嚼能力，不利于食物的消化吸收，还会诱发牙髓炎、根尖周炎等口腔疾病，影响恒牙的正常发育。预防龋齿，妈妈应经常给宝宝检查牙齿。找个光线好的地方，让宝宝张开嘴巴，正常牙齿通常很光洁，如果宝宝的牙齿呈现白垩色，光泽度消失，说明宝宝的牙齿已经开始龋坏；如果有黑斑、黑洞则说明龋坏已经有些严重。此外，妈妈还需要留心宝宝的言行，如果妈妈发现宝宝的牙齿对冷、热、酸的食物反应敏感，有疼痛感，或宝宝告诉妈妈食物会塞入牙齿，吃冷、热、酸的食物时牙疼，妈妈应及时带宝宝去医院诊治。

警惕宝宝手足口病

手足口病是一种儿童传染病，多发生于5岁以下儿童，潜伏期一般为2~7天。发病初期出现类似感冒的症状，如发热、咳嗽、流鼻涕、恶心、呕吐等，低烧1~2天后，开始出现皮疹。典型的皮疹分布在手掌、脚底和口腔等部位，有时在膝盖和臀部也出现一些皮疹，但几乎都不会扩散到全身。皮疹呈颗粒状红色小疹，中央有透明小疱疹，疱疹2~3天后会吸收，不结痂。口腔内出疹特别多的时候，宝宝的口水会增多。

🍊 如果宝宝得了手足口病该如何护理呢？

（1）一旦发现宝宝有手足口病的症状，要立即带宝宝到医院诊治。按医生的嘱咐服药，并让宝宝卧床休息。必要时可以服用小儿咽扁冲剂、蒲公英颗粒、板蓝根冲剂等药物。外用鱼肝油涂搽口腔患处，每天2~3次，同时每天用生理盐水清洁患儿的口腔。

（2）及时隔离。手足口病患儿应及时隔离两周，对密切接触者一定要隔离观察7~10天。患儿的粪便及被污染的日常用品、餐具、玩具等应及时清洗消毒，在阳光下暴晒，以免传染其他孩子。

（3）饮食清淡，多喝水。发热时注意多喝温开水。因患儿口腔疼痛，所以宜提供清淡稀软的流食或半流食。如果患儿因疼痛而无法进食，应及时去医院输液。

（4）注意卫生。勤给患儿洗手，并将指甲剪短，以防抓破疹子；保持患儿手足部位及衣着、寝具的清洁，避免污染破溃处，造成皮肤感染。

勤洗手　　　　吃热食

喝温开水　　　勤通风

晒太阳　　　远离手足口病

感冒时为什么会腹痛

感冒是急性咽炎、急性扁桃体炎、急性鼻咽炎的统称，医学全名为"急性上呼吸道感染"。有些宝宝患感冒时除发热、流涕、咽痛、头痛、咳嗽外，经常伴随着腹痛症状。

感冒腹痛多在病初出现，常以脐周为主，呈阵发性发作，疼痛程度轻重不一，发作后一切正常。当给这些宝宝体检时，腹部平坦，无固定性压痛，或仅脐周有轻度压痛，这是因为上呼吸道感染引起了胃肠功能紊乱，肠蠕动增强导致肠痉挛，这种腹痛常伴有恶心、呕吐，少数宝宝还有轻度腹泻。

腹痛的另一种原因是感冒并发肠系膜淋巴结炎，如急性扁桃体炎时肠系膜淋巴结也同时发生炎症。典型症状为腹痛、发热、呕吐，有时出现腹泻或便秘。腹痛可在任何部位，因主要病变常为回肠末端的一组淋巴结水肿、充血，因此以右下腹痛多见，常易误诊为阑尾炎。与阑尾炎的区别是压痛部位靠近中线偏高，不如患阑尾炎时那么固定，少见腹肌紧张，偶尔能摸到小结节样肿物。

还有一种腹痛原因是肠道蛔虫病，当上呼吸道感染伴发热时，肠道内温度也随之升高，蛔虫不能适应生存的环境，引起蛔虫骚动，发生阵发性腹痛。严重时可引起蛔虫性肠梗阻、胆道蛔虫症。发作时疼痛剧烈，常伴有呕吐，询问病史有排虫史。用解痉药治疗后可使腹痛缓解，腹部检查缺乏阳性体征。目前随着生活水平的提高及卫生条件的改善，本病较少见。

潜能开发

夸奖宝宝有学问

"乖，你真棒！""妈妈为你感到骄傲！"我们经常这样赞扬宝宝，然而看似简单的赞扬，也许存在某些问题。例如"乖，你真棒！"这个赞扬过于笼统，宝宝根本无法感知自己究竟为什么棒。"妈妈为你感到骄傲！"这个赞扬过分地强调了别人的感受，而不是宝宝。

其实，这样的赞扬忽视了宝宝行为的具体过程，忽视了能力，而强调了结果。久而久之，在无形中强化了宝宝这样的观念——除非获得赞扬，否则我所做的都是没有价值的。久而久之容易使宝宝形成自私自利的性格，害怕甚至经不起失败。

爸爸妈妈给宝宝的应该是鼓励，而不是赞扬。鼓励是对宝宝能力的尊重和信任，赏识的是宝宝的努力过程。

鼓励多用"你……"的句式。例如，对正在画画的宝宝说："你的色彩搭配得真好！"强调细节和宝宝的感受。多用鼓励之后，你会发现宝宝培养了自我意识，能够平静地承认不完美的现实。

爸爸妈妈鼓励宝宝时，要特别注意以下几点：

（1）采用肯定的，避免否定的语言。例如："我明白，你在这个题目上努力了很长时间了！"

（2）强调优点，弱化不足。例如，宝宝的画色彩很失败，爸爸妈妈可以夸奖说："你的构图很大胆！"

（3）鼓励宝宝提高，而不是尽善尽美。例如："想想你可以做哪些改进呢？"

（4）注意辨别哪些行为值得鼓励。例如："你很有耐心！"

（5）鼓励宝宝所做的努力。例如："看，你已经有了进步！"

宝宝胆小如何纠正

对于胆小的宝宝，爸爸妈妈不要急切地进行矫正，更不要埋怨、数落宝宝，或在宝宝面前表现出忧心忡忡，这样只会使宝宝更加胆怯，甚至丧失信心。

改变宝宝的怯懦心理，首先要改掉大人的过度保护。应该有意识地为宝宝创造外出活动、与他人交往的机会。有目的地给宝宝一些可以独立完成的，有时间限制的任务，让宝宝在实践中体验成功的过程。如果中间遇到困难，爸爸妈妈的鼓励、指导和帮助更能让宝宝从中体验乐趣，并增长生活经验。当任务完成时，宝宝赢得的不仅是爸爸妈妈的赞许，还有自信心。

语言能力训练

宝宝两岁半的时候，应该引导他学会做自我介绍，知道自己的姓和名，知道爸爸妈妈的姓和名。教宝宝记住爷爷、奶奶、姥姥、姥爷、小姨等称呼。教宝宝用手指表示自己的年龄，并能表达出来。如果宝宝学说话的过程比较顺利，可以告诉宝宝他的性别，并自己说出来。

教会宝宝学说完整句子。完整的句子是指包括主语、谓语、宾语的句子，如"宝宝吃饭了""妈妈爱宝宝""你是个乖宝宝"。同时，要教宝宝使用一些简单的形容词，如"绿色的小草""蓝色的天空""宝宝喜欢粉色的衣服"等。在引导宝宝学习形容词时，一定要先选择简单、形象、生活中常见的，这样有助于宝宝认知能力的形成。

让宝宝学习分辨声音。随时随地引导宝宝分辨身边的声音，如门铃声、鸟叫声、电话声、汽车声、钟表声、不同人的说话声等。在听到这些声音时，就问宝宝这是什么声音。如果宝宝答不出来，就告诉他，并指给他看发出声音的物体，还要引导宝宝分辨身边人的声音，如爷爷的声音、姥姥的声音等。

⊛ 亲子游戏：圣诞公公大口袋

游戏目的 刺激宝宝探索的兴趣，同时也增加宝宝的词汇量。

游戏方法 准备一个大布口袋，袋口用绳子系牢。在袋中装入各种各样的玩具（如积木、毛巾、小书、小钥匙、牙刷、小石头等），和宝宝面对面坐好。拉开袋口（不用太大），让宝宝把手伸进去，鼓励宝宝把袋中的物品一样一样地拿出来。一边拿一边让宝宝认这是什么。不认识时，妈妈要教他。全部拿出来后，再和宝宝一起一件件放回口袋中，根据宝宝的兴趣反复拿取。还可以更换另一些物品让宝宝再拿。

圣诞公公大口袋

精细动作训练

两岁半的宝宝会简单地穿脱衣服，会解扣子、拉拉链，会画直线、横线。妈妈还要给宝宝准备一套橡皮泥玩具，训练宝宝的手指灵活性，还可以教宝宝简单的手工折纸。

✳ 亲子游戏：包饺子

游戏目的 锻炼宝宝手部力量和手指的灵活性，增加宝宝的生活常识。

游戏方法 让宝宝用小手去捏揉、拍打面团。妈妈先示范饺子是怎样做成的，让宝宝照妈妈的样子模仿。当宝宝把面一团一团压扁后，在面团上放上红枣，让宝宝把边捏起来攒紧，饺子就做成了。

包饺子

大动作训练

许多宝宝或许早就能自己双脚跳或单脚跳了。如果还不能跳，妈妈也不必着急。每个宝宝都有自己的发育进程，不可能完全都按照普遍发展模式发育。这一段时间的发育，可能落后于一般水平，但另一段时间，很可能又超前于一般水平。另外，这方面落后些，而另一方面又超前些，这种情况也是很普遍的。妈妈要全面观察宝宝生长发育情况，用发展的眼光看待宝宝的成长问题。

✱ 亲子游戏：老鹰捉小鸡

游戏目的 这是最经典的亲子游戏，训练宝宝遵守游戏规则，让宝宝在快乐跑动中学会躲避，学会保护自己，学会合作。

游戏方法 先给宝宝讲老鹰捉小鸡的故事。告诉宝宝老鹰来了，小鸡要藏起来，或立即蹲下，不让老鹰看见，然后和宝宝一起做游戏。妈妈和宝宝分别戴上老鹰和小鸡的头饰，妈妈模仿老鹰飞起来扑向小鸡，一边飞一边告诉宝宝老鹰来了，让宝宝赶快蹲下。游戏过程中，妈妈要注意适当减缓速度，以便保护宝宝，让宝宝在安全的环境中享受游戏的快乐。

老鹰捉小鸡

认知能力训练

在生活和游戏中随时培养想象力和创造力，可以使宝宝的生活变得丰富多彩，还可以培养他解决问题的能力。为此，妈妈可以让宝宝尽可能多地接触大自然，选择优秀的电视节目和书籍，多做动手动脑的游戏。同时对宝宝天真烂漫的想法要给予鼓励，千万不可进行干涉和嘲笑。

🍊 亲子游戏：找错误

游戏目的　训练宝宝的专注精神，并鼓励宝宝找出错误，改正错误。

游戏方法　画出 3～4 种小动物（宝宝熟悉的），有意识漏画眼睛、耳朵等某些部位，让宝宝观察并指出错误，然后和妈妈一起把它们添上。

🍊 亲子游戏：大手和小手

游戏目的　让宝宝学会分辨、比较，促进宝宝判断力的发展。

游戏方法　让宝宝看看妈妈的手，再看看自己的小手，问问宝宝两只手有什么不同。妈妈和宝宝同时把手涂上颜色，并把手印在一张白色的画纸上。多印几次，等纸干后把一只一只手印剪下来。再让宝宝分一分哪一只是妈妈的手印，哪一只是宝宝的手印。然后再看看妈妈有几只手印，宝宝有几只手印。

情绪及社会交往能力训练

这个年龄的宝宝都喜欢玩"过家家"，喜欢听从大孩子的吩咐，扮演游戏中的不同角色。孩子们在玩中学会与人和平相处，获得并积累与人交往的经验。爸爸妈妈要尽量为宝宝提供条件，让他多和其他孩子接触，使他能短时间离开爸爸妈妈，同孩子们一起游戏。

🍊 亲子游戏：两人开车

游戏目的　培养宝宝与人交往的能力及合作能力。

游戏方法　准备大一点的长方形纸箱，两边扎上绳子，当作车厢。在集体活动中让两个宝宝同时站到镂空的纸箱里，一前一后。左右手分别拉住绳子，一起向前开车。要求两个宝宝配合，跑一段路后互相交换前后位置。提醒宝宝变换速度，时而加快，时而减慢，到达设置的车站时要停车。

两人开车

专家问答

不宜给宝宝吃含磷钙制剂

钙和磷是组成骨骼的重要元素，人体摄入的钙和磷必须符合一定的比例，如果摄入磷过多，多余的磷元素就会形成不溶于水的磷酸钙排出体外，间接导致钙质流失。

由于水源和日常饮食的影响，中国人摄入的磷已经超标很多，如果妈妈再给宝宝吃含磷的钙制剂，必然会导致宝宝体内矿物质失衡，易引发一系列严重后果。

两岁后要给宝宝刻意补钙吗

育儿专家建议，宝宝服用钙制剂补钙，补到两岁时就可以了。两岁以后最好通过食物来满足宝宝生长发育所需要的钙质，这才是正确的补钙方法。过量补钙，会使血压偏低，增加日后患心脏病的风险。两岁后的宝宝，只要坚持平衡膳食的原则，如每天喝 1 ~ 2 杯牛奶，再加上摄入蔬菜、水果和豆制品中的钙，已经能够满足人体所需，这就不必另外再补充钙片。如果盲目给宝宝吃钙片，反而易造成体内钙含量过高，从而对宝宝的健康造成危害。

2 岁 7 个月至 3 岁的宝宝

生长发育特点

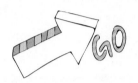

身体成长指标

性别 指标	男宝宝			女宝宝		
	最小值	均 值	最大值	最小值	均 值	最大值
体重（千克）	11.4	14.6	18.3	11.2	14.1	17.9
身长（厘米）	87.3	94.9	102.5	86.5	93.9	101.4
头围（厘米）	46.5	49.1	51.7	45.7	48.1	50.5
胸围（厘米）	46.7	50.9	55.1	45.8	49.8	53.8

感觉发育

3 岁左右的宝宝，空间概念进一步建立，能够懂得"里""外"；认识 3 种以上颜色；能够懂得数字 1 ～ 5 的概念；能够按照物品的大小、颜色、形状进行简单的分类和配对。

语言发育

这一时期的宝宝能够说出自己的性别；能够连续执行 3 个命令，即告诉宝宝"你先做什么，再做什么，最后再做什么"，让宝宝依次去执行；懂得饿了、冷了、累了该怎么办；会正确使用"我们""你们"或"他们""因为""但是""如果"等词汇；会讲情节简单的故事，或流利地背诵儿歌。

动作发育

这个时期的宝宝会骑小三轮车，但是有些宝宝不太会拐弯；能独自开门关门，能帮妈妈做些端水、擦桌子的家务。手指灵活的宝宝还能用剪刀剪出各种图形。当妈妈洗衣做饭时，宝宝有时会热衷于"帮忙"，虽然他常常越帮越忙，但妈妈还是要爱护宝宝的积极性，并适当给宝宝机会做一些力所能及的事。

日常护理要点

保护好宝宝的好奇心

好奇心推动宝宝积极主动观察世界，是开展创造性思维的内在动力，是创造力的起点，爸爸妈妈要善于保护宝宝的好奇心，并因势利导，让宝宝学会主动观察，积极思考。

爸爸妈妈要为宝宝创造一个丰富多彩的环境，激发他对这个世界的好奇向往。

（1）爸爸妈妈可以带宝宝观察四季里各种花草树木的变化，和宝宝一起种花，观察花蕾是怎样绽放的。

（2）引导宝宝运用正确的方法来满足自己的好奇心，使宝宝对知识充满渴求和探索。爸爸妈妈可以给宝宝讲故事，做科学手工和实验。如动手做小传声筒和三原色实验。

（3）首先，认真对待宝宝的提问。爸爸妈妈不应该对宝宝的问题置之不理，应该多给宝宝鼓励和积极的建议。其次，回答宝宝问题要多引导他自己思考。简单的问题可以直接给宝宝回答，复杂的问题可以鼓励宝宝从自己的思维角度出发，通过观察对比得出答案。再次，有些问题暂时不能给宝宝答案的，爸爸妈妈需要运用语言进行疏导，比如"宝宝现在还小，慢慢就会明白了"等。不过回答宝宝问题的时候不能传递错误的信息，爸爸妈妈如果不知道就要实事求是，可以等查阅后再告诉宝宝正确的答案。这种严谨的态度可以让宝宝受到正面的影响。

定期给宝宝检查视力

新生儿的视力在 0.1 以下，需要用专业的检测仪器才能查出，他的晶状体还不具有调节功能，只能看见距眼睛 20 厘米左右的物体。宝宝眼睛的调节能力，约从出生后 3 个月开始发育，

6~12 个月，眼睛功能逐步发育完善。两岁宝宝的视力在 0.4 ～ 0.5 之间都属正常。3 岁宝宝的视力 60% 能达到 1.0。6~7 岁时，大多数宝宝的眼睛将进入一个正常的张弛状态，既没有近视，也没有远视。爸爸妈妈应该带宝宝去医院儿童眼科进行眼睛的定期检查，以及时发现宝宝的视力问题，医生还会对宝宝的眼睛健康给出建议。

在宝宝满 3 个月、半岁、1 岁时都应去儿童眼科进行专业检查。如果没有异常，以后每年检查 1 次即可。高度近视具有遗传性，如果父母双方都是高度近视（600 度以上），家族中还有其他长辈患有高度近视，宝宝患近视的概率是 80% 以上。但多数人都是后天用眼不当造成的屈光不正，所以要注意用眼卫生和正确的读写姿势。

爸爸妈妈吵架对宝宝影响坏

爸爸妈妈的关系不和谐，经常吵吵闹闹，这是宝宝最害怕发生的。爸爸妈妈的争吵使得宝宝对爸爸妈妈的爱患得患失，总是感觉爸爸妈妈随时会分开。而且宝宝年纪还小，他们不能理解爸爸妈妈为什么像仇人一样互相攻击，他不能辨别谁是谁非。宝宝很容易会有一种感受，就是会认为爸爸妈妈吵架是因为自己不好，这样会给宝宝造成不良的心理影响。宝宝心灵长期被紧张、恐惧、不安折磨，易导致胆怯、懦弱、自卑的心理，久而久之可能会形成内向抑郁的性格，不利于宝宝的心理健康。

·爸爸妈妈吵架的学问·

（1）吵架时尽量避开宝宝，有什么问题要等宝宝离开后再进行沟通，但千万不要冷战，因为那样会给宝宝带来更大的心理伤害。宝宝会不知所措，甚至认为是自己的原因造成了爸爸妈妈的不和。长此以往，便会形成孤僻自卑的性格。

（2）吵架后要当着宝宝面和好，并好好安慰一下受惊宝宝的情绪。要鼓励宝宝把自己的感受说出来，再有针对性地加以宽慰。要勇于承认错误，爸爸妈妈是宝宝的榜样，语言、行为、习惯等都可能成为宝宝模仿的对象。

（3）把握程度，尽量不要让争吵发展到无法收拾的地步，这样也能减轻宝宝的恐惧感。让宝宝生活得有安全感是为人父母最起码的责任，爸爸妈妈不要认为感情是两个人的事，便相互攻击、谩骂，这对宝宝心理造成的负面影响将终生难以弥补。

宝宝爱打人怎么办

对于爱打人的宝宝，千万不能以暴制暴，要给予宝宝充分的关爱，多和宝宝交流。当宝宝感受到被爱之后，内心的安全感逐渐增加，慢慢地就会改变自己的行为，表现出亲和的一面。此外，对于爱打人的宝宝，有些爸爸妈妈生怕宝宝惹事，就减少宝宝和其他小朋友接触的机会，这样也是不妥的。爱打人的宝宝更需要多参加集体活动，需要在爸爸妈妈的耐心引导下培养良好的行为习惯，学习正确的社会交往方式。

爸爸妈妈要注意言传身教，一味批评指责反而不利于宝宝改正。在教宝宝的过程中，爸爸妈妈要坚持原则，又要态度柔和。比如，1岁多的宝宝打了人，妈妈要坚定地告诉他这个行为是不好的，妈妈很不喜欢，而且被打的人会很痛。说话的时候语气要严肃，但为了让宝宝明白"痛的感觉"，还可以轻轻捏一下宝宝，让他体会"痛"是什么滋味。对于两岁多的宝宝，爸爸妈妈的态度要更加坚决，宝宝打人要及时制止，同时警告他再有同样的行为就要受到惩罚。惩罚要落到实处，如果只是随口说说，不坚决执行，宝宝不会引以为戒，今后依旧会继续这种行为。

养成良好的餐桌规矩

3岁左右的宝宝一般都可以自己吃饭了，这时候妈妈要把餐桌上的规矩教给宝宝，为上幼儿园做好准备。

（1）吃饭时不能把饭菜弄得到处都是，必须保持整洁。

（2）不能把喜欢吃的菜拖到自己面前，这样很不礼貌。

（3）不能用筷子挑拣、翻动盘子里的菜，夹菜时筷子上不能残留食物。

（4）嘴里有食物时不能说话。

（5）不能对着饭菜打喷嚏、咳嗽、打嗝。

（6）不能用手抓着饭菜玩。

（7）不能"眼大肚皮小"，尽量把碗里的食物吃完，不浪费食物。

（8）不要在餐桌上对饭菜评头论足，也不要又说又笑。

（9）饭后将食物残渣拾入自己碗里，自己坐的餐椅要摆回原位。

（10）培养宝宝良好的餐桌礼仪，教育宝宝吃饭时不能抢先坐下，要等长辈们坐好之后再坐到属于自己的位置上。长辈们没有开始吃饭，自己不能先动筷子，长辈夹菜给自己要说谢谢。

（11）教育宝宝吃饭时不能影响身边的人，夹菜时不能碰着旁边的人，更不能把饭菜洒到别人身上，尤其是用左手拿餐具吃饭的宝宝。在外就餐时，妈妈要教育宝宝不要大闹，这样会影响旁边的客人进餐。

科学喂养

少吃高脂肪食物

如果宝宝吃过量的高脂肪食物，不仅容易肥胖，而且会造成营养不良。这是因为宝宝的消化功能不强，无法快速消化大量的脂肪，常常会产生强烈的饱腹感，从而导致宝宝的食欲下降、饭量减少，久而久之各种营养素都会出现缺乏，导致营养不良。同时，宝宝如果习惯了吃高脂肪食物，长大后还容易患高血压、高血脂、冠心病、糖尿病、动脉硬化等疾病。

因此，为了宝宝的健康着想，妈妈不要给宝宝吃太多的高脂肪食物，如肉类罐头、洋快餐、肉类烧烤、奶油糕点、油炸零食等。

彩色食品不适合宝宝吃

色彩鲜艳的食物更能引起宝宝的食欲和兴趣，不过市场上出售的各种彩色食品并不适合宝宝吃。这类食品吸引眼球的颜色大多来自合成色素，含有一定的毒性。宝宝经常吃这类食物会消耗体内的解毒物质，引发慢性中毒甚至多动症。妈妈可以利用蔬菜和水果的天然颜色制作出健康的彩色食物，如用苋菜汁和面可以做出粉红色的面条，用菠菜汁和面可以包出碧绿饺子、烧卖等。

不宜吃过量的胡萝卜

胡萝卜含有丰富的胡萝卜素，在蔬菜中的营养价值名列前茅。但胡萝卜吃得过多，宝宝会患高胡萝卜素血症，宝宝的皮肤会发黄。胡萝卜里含有大量的胡萝卜素，如果在短时间内摄入过量，肝脏来不及将其转化成维生素 A，多余的胡萝卜

素就会随着血液流到全身各处，这时宝宝会出现手掌、足掌和鼻尖、鼻唇沟、前额等处皮肤的黄染（一般巩膜、黏膜无黄染，这一点与肝炎引起的黄疸不一样）。严重者黄染部位可遍及全身，同时宝宝可能出现恶心、呕吐、食欲不振、全身乏力等症状。有些宝宝会出现中医所说的"上火"表现，如舌炎、牙周炎、咽喉炎等。

不过，如果宝宝出现高胡萝卜素血症，妈妈也不必太过紧张。因为只要停吃胡萝卜几天，宝宝的皮肤黄色就会褪去。当然，毕竟高胡萝卜素血症是个病理过程，如果宝宝真有这种情况出现，妈妈就不要给宝宝持续地大量食用胡萝卜了。

蛋白质补充要适量

过量的蛋白质对健康有害无益，会增加宝宝的肾脏负担，影响心脏、大脑功能，降低免疫力，引发多动症。宝宝需不需要补充蛋白粉，妈妈最好咨询医生。快满 3 岁的宝宝每天需要蛋白质约 40 克，营养均衡的宝宝可以从奶、蛋、肉、鱼、豆制品及主食中获得充足的蛋白质，不需要额外补充。

家庭诊所

本阶段宜接种的疫苗

✲ 流行性脑脊髓膜炎疫苗

这一时期，宝宝需要加强接种流行性脑脊髓膜炎疫苗，接种形式为口服糖丸 1 粒。接种时需要注意：口服前半小时和口服后 1 小时不能饮水、喝奶、吃饭；宝宝口服疫苗后要在接种现场观察 30 分钟，如果出现不良反应可以及时请医生给予治疗；少数宝宝口服疫苗后会出现轻度腹泻。

宝宝尿频是怎么回事

宝宝的小便次数太多，每天少则 20 次，多则 40 次，各方面的检查均正常，发病年龄多在 3 ~ 4 岁，这种症状在医学上称为"神经性尿频"。

宝宝出生后前几个月内，排尿纯属先天生理反射。随着大脑皮层的发育，到 5 ~ 6 个月时，后天条件反射逐渐形成，到 1 岁末，可以训练宝宝主动控制排尿。

新生宝宝出生后前几天，因为液体摄入量少，每天排尿仅 4 ~ 5 次。1 周后，因为宝宝新陈代谢旺盛，进食量增多，而膀胱容量小，因此排尿次数可增至 20 ~ 25 次，等到宝宝能自动控制排尿后，排尿间隔会逐渐延长。宝宝 1 岁时每天排尿 15 ~ 16 次，到学龄期每天 6 ~ 7 次。

这个阶段的宝宝大脑皮层发育尚未完善，对初级排尿中枢的抑制能力较弱，膀胱括约肌的功能相对较低，当宝宝的膀胱神经功能失调时，就容易出现神经性尿频。

宝宝得了神经性尿频，爸爸妈妈不必着急。随着年龄的增长，大脑皮层发育逐渐完善，症状可自行消失。平时爸爸妈妈应该鼓励宝宝想尿尿的时候稍稍憋一下，将两次排尿间隔时间尽可能延长，以减少排尿的次数。记录宝宝每天两次排尿间隙的最长时间，如果有进步，则给予奖励。严重者可请医生采用药物治疗。

不要滥用抗生素

气候变化，宝宝容易感冒。有些爸爸妈妈一看到宝宝出现发热、流鼻涕、鼻塞、咳嗽、咽喉疼痛等感冒症状，就急着马上给宝宝吃药，尤其爱给宝宝吃抗生素。其实很多感冒是由呼吸道病毒引起的，纯粹的细菌性感冒并不多，而抗生素只对细菌引起的炎症有效，对于病毒性感冒是没用的。

对于病毒性感冒，不合理使用抗生素对宝宝有害无益。宝宝生理功能发育尚不成熟，许多抗生素都是通过肝肾脏代谢的，滥用抗生素容易造成肝肾脏功能损害。此外，不合理服用抗生素，容易破坏宝宝体内正常菌群，因为抗生素在杀灭病原菌的同时，也杀灭了许多益生菌。这样，轻者可引起腹泻、便秘、食欲下降，重者可导致真菌感染，如真菌性肠炎、鹅口疮等。同时，反复使用抗生素还会产生耐药性，等真的有了细菌感染，使用抗生素反而效果差了很多。

要不要打流感疫苗

流行性感冒简称流感，是流行性感冒病毒引起的急性呼吸道传染病。其特点是传播力强，有严格季节性，北方多发生于冬季，南方多发生于冬季和夏季。主要表现为突发高热、头痛、全身酸痛、乏力、咳嗽、咽痛、干咳、眼结膜充血、流泪，婴幼儿可有严重的高热惊厥等。在流感肆虐时注射流感疫苗是预防流感的有效措施。流感疫苗自应用以来，对降低发病率起到了一定的作用。每年在秋末、流感高发期到来之前进行接种。不过，对鸡蛋过敏的宝宝不宜接种。

❋ 接种方法

灭活疫苗：皮下注射灭活疫苗 2 次，每次 0.5 ~ 1 毫升，相隔 6 ~ 8 个月，每年秋后加强 1 次。接种后两周，抗体上升至最高峰，4 ~ 5 个月后降至 1/3，一般 1 年后消失，有效保护时间为半年至 1 年。减毒活疫苗：用鼻腔喷雾法，每侧 0.25 毫升，保护期也为半年到 1 年。

长了针眼不要挤

麦粒肿又称针眼、睑腺炎，是睫毛毛囊附近的皮脂腺或睑板腺的急性化脓性炎症。婴幼儿由于抵抗力低，皮肤娇嫩，易多发。宝宝得了麦粒肿千万不要用手挤，否则会使炎症扩散，引起严重的并发症。

麦粒肿分两种，即内麦粒肿和外麦粒肿。外麦粒肿表现为眼睑局部性红肿，有小硬结，自觉疼痛及触疼。数日后，毛囊根部出现脓头，切开排脓或自行破溃出脓，症状会很快消失痊愈。内麦粒肿因炎症在较坚实的睑板组织内，所以疼痛较剧烈，持续时间也长。

麦粒肿初起时，妈妈可以用干净的热毛巾给宝宝湿敷，每次 15 分钟，每天 3 次。或患处涂抹抗生素眼药膏。有时无需任何治疗，3～5 天后脓液会自然流出，病情好转。当脓肿成熟时，小的脓肿自行破溃后，可用消毒纱布拭去脓液；出现大的脓肿则需要带宝宝到医院切开排脓，脓排出后再涂抹抗生素眼膏即可。

潜能开发

不宜吓唬宝宝

吓唬宝宝是一些爸爸妈妈常用的育儿手段。为了让宝宝快些入睡，妈妈经常会说："快睡，再不睡老虎就来咬你！"这种做法对宝宝的心理危害很大。

（1）会使宝宝对某些事物产生错误的观念，是非不明，真假不分。

（2）会使宝宝遭受精神损伤，使宝宝形成胆小、懦弱的性格。

教育幼小的宝宝要创造轻松愉快的环境，如果宝宝不听话，可以用诱导的教育方式，也可以讲一些有比喻性的小故事，但必须注意故事的内容要健康向上，如果故事的内容总是很恐怖，使宝宝经常处于紧张恐惧的状态，会导致宝宝性格发育不健全，变得胆小怕事。我们常会遇到一些胆子小的宝宝，甚至天黑就不敢出门，一个人独处时总是疑神疑鬼，这都与幼儿时期爸爸妈妈不当的教育方式有关。

有研究表明，婴幼儿在轻松愉悦的状态下学习比在紧张压抑的状态下学习时的效果好，这是因为恐惧情绪对大脑细胞的抑制作用。所以，我们提倡科学正确的育儿方式，反对吓唬宝宝。

如何培养宝宝坚强的性格

爸爸妈妈与其担心宝宝日后会遇到困难，不如从现在开始培养宝宝坚强的好性格。这样宝宝就像拥有了一桶用不完的金子，遇到困难的时候会自己努力解决，这对宝宝的一生来说都非常重要。

宝宝的坚强性格在很大程度上有赖于后天的培养，而 3 岁左右是开始培养的好时机。首先爸爸妈妈可以先观察，了解宝宝的性格。比如，在宝宝玩积木的过程中，就可以发现宝宝不同的性格。有些宝宝能够自己想出各种玩法，不断变换不同的模型，玩完游戏后还自觉地收拾积木；有些宝宝却只会按爸爸妈妈的要求玩，搭好一种模型后就不知如何玩下去，经常还要爸爸妈妈帮忙。这反映了宝宝在独立性方面的性格差异。

如果宝宝处处都依赖爸爸妈妈，一有困难就要爸爸妈妈为他解决，甚至稍微遭受挫折就在爸爸妈妈面前撒娇，要求补偿，那么作为父母，就应该多教宝宝如何去做，一旦宝宝做对了，要及时给予表扬，即使做得不对，也要充分给予鼓励，这对培养宝宝坚强的性格非常重要。

语言能力训练

3 岁宝宝的语言能力发展极为迅速。他们变得特别爱说话，即使一个人玩的时候也会自言自语地边说边玩，跟小朋友或大人在一起时，话就更多。所以，这一时期也是训练宝宝讲话的关键时期。

✺ 亲子游戏：耳语传话

游戏目的 让宝宝听懂耳语并进行传话，学习复述短语。发展宝宝语言能力、理解能力和表达能力。

游戏方法 （1）妈妈在宝宝耳边说一句话，如"快点起床""我们一起去散步"等。

（2）让宝宝跑到爸爸身边，告诉他妈妈刚才在说什么。

（3）爸爸将话再讲出来，看宝宝是否将话听懂了，并能正确地将话传出去。

精细动作训练

对 3 岁左右的宝宝来说，搭积木、拼图、涂鸦，做简单的家务等活动都是提高他动手能力、训练精细动作发展的好方法。爸爸妈妈要让宝宝充分享受自己的劳动成果，并深刻体会到劳动创造价值的快乐。

✺ 亲子游戏：做风车

游戏目的 锻炼宝宝的动手能力，发展手指动作的灵活性，促进思维发展。

游戏方法 给宝宝一只筷子、一根大头针、一张方形的纸、一把剪刀和一瓶固体糨糊，和宝宝一起做风车。在做的过程中，要仔细给宝宝示范，和宝宝一起动手。风车做好后，用大头针将其钉在筷子上，让它迎风转动。做的过程中要注意大头针和剪刀的安全使用。

做风车

大动作训练

3岁的宝宝总是不停地活动，跑、踢、跳、蹬，精力旺盛。爸爸妈妈应尽量提供安全、宽敞的场地，可以带宝宝到户外活动，在院子里、公园或公共幼儿活动场所玩耍。在踢球的时候，人体全身上下都在运动，这项运动能促进宝宝骨骼的生长和大脑的发育，对于宝宝的身体健康和智力发展都很有帮助。另外，这项全身性的运动也能帮助宝宝提高全身动作的协调性，如脚与眼睛之间的协调性。爸爸用凳子搭一个球门，并示范将球踢进球门。然后让宝宝模仿爸爸的动作试着踢。如果宝宝将球踢进去了，就要及时鼓励宝宝。

☀ 亲子游戏：练习跳远

游戏目的 跳远是锻炼宝宝腿部肌肉力量的好方法，跳远还是发展下肢爆发力与弹跳力的运动项目，能促进宝宝腿部肌肉的爆发力。

游戏方法 将宝宝带到操场上的沙坑前，妈妈先做示范，然后让宝宝模仿自己的样子跳远，或者由妈妈拉着宝宝的手，和宝宝一起跳，坚持每天练习。

练习跳远

认知能力训练

游戏是3岁左右宝宝的主导活动。由于这个时期宝宝的想象力异常丰富，因而他们的游戏也非常有趣。他们可以给任何一样东西加上他们自己的想象。例如，一片树叶在过家家时可以当作盘子，在"买东西"时可以当钱用；一根木棍，一会儿当火车，一会儿当手枪，一会儿又当木头人；宝宝在一起游戏时，如果一块积木掉在地毯上，马上会有一辆纸盒急救车开去救援。每一种游戏都有宝宝赋予的特殊意义，每一个游戏里都藏有打开宝宝心灵大门的钥匙。这个时期宝宝游戏的另一个特点是共同游戏，他们不再像 1 ~ 2 岁时那样各玩各的。

✳ 亲子游戏：冰块与蜡烛

游戏目的 知道冰与水的区别，认识火的危险性，告诉宝宝不要玩火。

游戏方法 在小碗里放一块冰块，让宝宝用手摸一摸。点一根蜡烛，让宝宝的小手靠近，问宝宝有什么不同的感觉。告诉宝宝火的危险性。然后让宝宝观察冰块的融化和蜡烛的熔化。当宝宝看到融（熔）化后的水和烟，告诉宝宝融（熔）化的道理。提醒宝宝不能玩火，讲解火的用途和危险性。

冰块与蜡烛

✳ 亲子游戏：火柴棒的奇妙

游戏目的 训练宝宝的动手能力、想象力和创造力。

游戏方法 用很多根火柴棒，让宝宝摆出三角形、正方形、长方形、五角星、火车厢，还要教会宝宝变换图形。还可以先画出图形让宝宝照图形摆好，会摆之后自己摆，自己进行设计。

火柴棒的奇妙

情绪及社会交往能力训练

3 岁的宝宝很喜欢结识伙伴。在同小朋友一起游戏的过程中，宝宝的知识、想象力和各种社会能力都能得到较为充分的发展。这种在伙伴帮助下的自主活动能使宝宝认识到自我的存在。因此，在这段时间里为宝宝创造同众多小伙伴相互接触的机会，对宝宝的心理发展十分重要。

✳ 亲子游戏：角色扮演

游戏目的 培养宝宝的社会交往能力，并学会在交往中适当表达自己的意愿。

游戏方法 妈妈和宝宝分别扮演不同角

色，角色之间的语言交流尽量是宝宝的常用语言。可以是一问一答式，也可以是故事表演，让宝宝参与其中，理解自己扮演的角色与妈妈扮演的角色之间的关系。

角色扮演

专家问答

宝宝说谎怎么办

发现宝宝说谎，爸爸妈妈先不要怒斥宝宝，甚至说他是坏宝宝等，而应该首先弄清楚宝宝为什么要说谎，了解了说谎的原因后，才能加以引导。那么，面对说谎的宝宝，爸爸妈妈应该怎么办呢？

（1）要增强宝宝的自我意识。爸爸妈妈帮助和启发宝宝重新认识自己的所作所为，以及哪些地方夸大或歪曲了事实真相。当宝宝讲述真实情况时，要对他坦诚的态度予以赞同和肯定，引导他自己认识到说谎是可耻的。

（2）在日常生活中要经常对宝宝进行道德教育。如对诚实的赞许，对谎言的否定，告诫宝宝人与人之间的尊重和信任的基础就是诚实。对宝宝的初次说谎不能掉以轻心，尽量防止暴怒和对他轻易地加以否定，同时要遏制住说谎的苗头，使之不再发展。

（3）爸爸妈妈要起榜样作用。要言传身教地教育宝宝，认识到任何形式的不诚实都是不道德的。让宝宝深深记住，说谎是不光彩的事。

（4）正确运用奖惩手段。让宝宝认识到谎言总会被识破，说谎只会受到更加严厉的惩罚。而诚实是美德，是高尚的品质，同时诚实也会减轻对过失的惩罚程度。

（5）家庭气氛应民主。要让宝宝对爸爸妈妈既尊重又相信，不因害怕爸爸妈妈而编造谎话。

可以给宝宝吃果冻吗

又软又滑的果冻容易呛入宝宝的气管，造成咳嗽甚至窒息。把果冻捣碎了再给宝宝吃也不安全，这是因为果冻中含有甜味剂、酸味剂、增稠剂、香精、着色剂等添加剂，具有一定的毒性，含糖量高的果冻吃多了还会消耗体内的 B 族维生素，引发宝宝注意力不集中、暴躁易怒、多动。所以，妈妈最好不要给宝宝吃果冻。